工控技术精品丛书

西门子 S7–200 PLC 功能指令应用详解

韩战涛　编著

U0299659

电子工业出版社

Publishing House of Electronics Industry

北京·BEIJING

内 容 简 介

本书详细介绍了西门子 S7-200 系列 PLC 程序设计和功能指令应用。为了使读者能够在较短的时间内正确理解、掌握和应用功能指令，书中除了对指令本身进行了详细的说明外，还增加了与功能指令相关的基础知识和应用知识。同时，针对指令的应用编写了许多实例来说明指令的应用技巧。按照本书的应用范例，读者可以快速掌握 PLC 在实际工作中的应用，有些实例还可以直接移植到工程中使用。

本书深入浅出、图文并茂，具有实用性强、操作性强、理论与实践相结合等特点，可供从事 PLC 控制系统设计、开发的广大科技人员阅读，也可以作为各类高等学校工业自动化、电气工程及自动化、机电一体化等相关专业的参考资料。

图书在版编目（CIP）数据

西门子 S7-200 PLC 功能指令应用详解/韩战涛编著. —北京：电子工业出版社，2014.2

（工控技术精品丛书）

ISBN 978-7-121-22198-9

Ⅰ．①西… Ⅱ．①韩… Ⅲ．①plc 技术—程序设计 Ⅳ．①TM571.6

中国版本图书馆 CIP 数据核字（2013）第 307189 号

策划编辑：陈韦凯
责任编辑：桑　昀
印　　刷：北京七彩京通数码快印有限公司
装　　订：北京七彩京通数码快印有限公司
出版发行：电子工业出版社
　　　　　北京市海淀区万寿路 173 信箱　邮编　100036
开　　本：787×1 092　1/16　印张：24　字数：649 千字
版　　次：2014 年 2 月第 1 版
印　　次：2024 年 2 月第 16 次印刷
定　　价：59.00 元

凡所购买电子工业出版社图书有缺损问题，请向购买书店调换。若书店售缺，请与本社发行部联系，联系及邮购电话：（010）88254888，88258888。

质量投诉请发邮件至 zlts@phei.com.cn，盗版侵权举报请发邮件至 dbqq@phei.com.cn。

本书咨询联系方式：chenwk@phei.com.cn。

前　言

功能指令又称应用指令，是对 PLC 的基本逻辑指令的扩充，它的出现使 PLC 的应用从逻辑顺序控制领域扩展到运动控制和通信控制领域。因此，学习功能指令应用是掌握 PLC 在这些扩展领域中使用的前提。

本书详细介绍了西门子 S7-200 系列 PLC 程序设计和功能指令。本书以实用、易学为目的，包含了许多应用实例，辅以程序代码及清晰明了的程序注释。作者凭借对 S7-200 PLC 的透彻理解，对 S7-200 的功能指令进行了深入浅出的讲解。同时，作者的应用经验也贯穿本书始终，希望能够对读者有所启迪。

全书共分为 14 章。第 1 章系统地介绍了西门子 S7-200 系列 PLC 的硬件结构及其工作模式；第 2 章详细介绍了 STEP7-Micro/Win 4.0 编程软件的安装和使用，以及仿真软件的使用；第 3 章介绍了功能指令的预备知识，为后续学习功能指令打下基础；第 4 章详细介绍了基本指令系统；第 5 章至第 14 章是本书的重点，详细地介绍了 S7-200 系列 PLC 的功能指令，并增加了与功能指令相关的基础知识和应用知识；同时，针对指令的应用编写了许多实例，说明指令的应用应用技巧，使读者可以快速掌握 PLC 在实际工作中的应用。

在编写过程中，作者参阅和引用了西门子公司的最新技术资料和相关文献，有些正式出版的文献已在本书的参考文献中列出，有些难免遗漏，对未能列出的文献和资料，在这里向其作者表示诚挚的感谢。

本书主要由韩战涛编著，在本书的编写过程中，得到了父母、同事以及朋友们的支持和鼓励，在此表示衷心的感谢。参与本书编写的还有李龙、魏勇、王华、李辉、刘峰、徐浩、李建国、马建军、唐爱华、苏小平、朱丽云、马淑娟、周毅、高克臻等。

由于时间仓促，加之水平有限，书中的缺点和不足之处在所难免，敬请读者批评指正。

编　著　者

目　　录

第 1 章　西门子 S7-200 PLC 介绍

由于 S7-200 系列 PLC 具有紧凑的设计、丰富的扩展能力、极高的可靠性、便捷的操作性、强大的指令系统和低廉的价格，使得它能够近乎完美地满足小规模的控制要求，覆盖所有与自动检测、控制相关的工业及民用领域，包括各种机床、机械、电力设施、民用设施、环境保护设备，等等。S7-200 系列 PLC 的强大功能使其无论在独立运行中还是相连网络中，皆能实现复杂的控制功能。本章主要介绍 S7-200 系列 PLC 的组成结构、安装拆卸和工作方式。

1.1　S7-200 的构成

SIMATIC S7-200 系列 PLC 是一类小型 PLC，其外观如图 1-1 所示。S7-200 系列 PLC 的基本构成包括 CPU、人机界面、编程设备和根据实际需要增加的扩展模块等。CPU 包含一定数量的 I/O 接口，同时还可以扩展各种 I/O 模块和功能模块。因此 S7-200 系列 PLC 既可以单独 CPU 运行，也可以连接扩展模块运行。

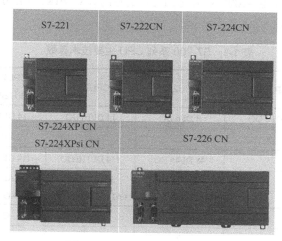

图 1-1　S7-200 系列 PLC 外观

S7-200 系列 PLC 的 CPU 外形结构如图 1-2 所示。

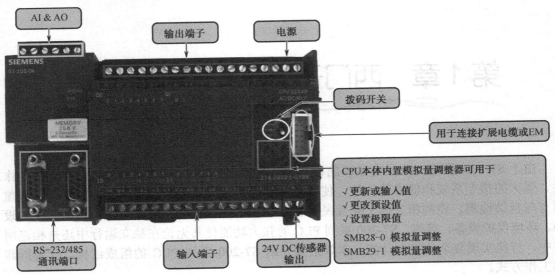

图 1-2　CPU 外形结构图

1.1.1　CPU 模块

S7-200 的 CPU 模块共有两个系列：CPU21×和 CPU22×。CPU21×系列包括 CPU212、CPU214、CPU215 和 CPU216；CPU22×系列包括 CPU221、CPU222、CPU224、CPU224XP、CPU224XPsi 和 CPU226。由于 CPU21×系列属于 S7-200 的第一代产品，这里不再做具体介绍。2004 年，西门子公司推出了 S7-200CN 系列 PLC，是专门针对中国市场的产品。S7-200 系列 CPU 主要技术参数参见表 1-1。

表 1-1　S7-200 系列 CPU 主要技术参数

型　号 参　数	CPU221	CPU222	CPU224	CPU224XP CPU224XPsi	CPU226
集成的数字量 I/O	6 DI/4 DO	8 DI/6 DO	14 DI/10 DO	14 DI/10 DO	24 DI/16 DO
集成的模拟量输出	无	无	无	2 AI/1 AO	无
最大数字量 I/O	无	48 DI/46 DO	114 DI/110 DO	114 DI/110 DO	128 DI/128 DO
最大模拟量 I/O	无	16 AI/8 AO (AI+AO 最大 16)	32 AI/28 AO (AI+AO 最大 44)	32 AI/28 AO (AI+AO 最大 44)	32 AI/28 AO (AI+AO 最大 44)
程序存储区（KB）	4	4	8/12	12/16	16/24
数据存储区（KB）	2	2	8	10	10
高性能电容（h） 存储动态数据（h）	50	50	100	100	100
高速计数器（kHz）	4×30	4×30	6×30	4×30 2×200	6×30
高速脉冲输出（kHz）	2×20 支持 A/B 模式	2×20 支持 A/B 模式	2×20 支持 A/B 模式	2×100 支持 A/B 模式	2×20 支持 A/B 模式

续表

参 数　型 号	CPU221	CPU222	CPU224	CPU224XP CPU224XPsi	CPU226
PID 控制器（个）	8	8	8	8	8
位处理速度（ s）	0.22	0.22	0.22	0.22	0.22
硬件中断（个）	4	4	4	4	4
定时器（个）	256	256	256	256	256
计数器（个）	256	256	256	256	256
通信接口 RS-485（个）	1	1	1	2	2
最大波特率（kbps）	187.5	187.5	187.5	187.5	187.5
PPI 主站/从站	支持	支持	支持	支持	支持
MPI 从站	支持	支持	支持	支持	支持
自由口通信	支持	支持	支持	支持	支持
集成 8 位模拟电位器	1	1	2	2	2
实时时钟	可选	可选	集成	集成	集成

1.1.2 扩展模块

为了扩展 I/O 接口和执行特殊的功能，S7-200 系列 PLC 可以连接扩展模块（CPU221 除外）。扩展模块主要有以下 5 类：数字量扩展模块、模拟量扩展模块、温度测量模块、特殊功能模块和通信模块，下面将分别介绍这 5 类扩展模块。

1. 数字量扩展模块

数字量扩展模块主要分为：数字量输入扩展模块（EM221）、数字量输出扩展模块（EM222）以及数字量输入/输出扩展模块（EM223），具体介绍参见表 1-2。

表 1-2　数字量扩展模块

订 货 号	模 块 描 述	输 入	输 出
6ES7 221-1BF22-0XA8	EM 221 DI8×24 V DC	8	—
6ES7 221-1EF22-0XA0	EM 221 DI8×120/230 V AC	8	—
6ES7 221-1BH22-0XA8	EM 221 DI16×24 V DC	16	—
6ES7 222-1BD22-0XA0	EM 222 DO4×24 V DC—5 A	—	4
6ES7 222-1HD22-0XA0	EM 222 DO4×继电器—10 A	—	4
6ES7 222-1BF22-0XA8	EM 222 DO8×24 V DC	—	8
6ES7 222-1HF22-0XA8	EM 222 DO8×继电器	—	8
6ES7 222-1EF22-0XA0	EM 222 DO8×120/230 V AC	—	8
6ES7 223-1BF22-0XA8	EM 223 24 V DC 4 输入/4 输出	4	4
6ES7 223-1HF22-0XA8	EM 223 24 V DC 4 输入/4 继电器	4	4

订 货 号	模 块 描 述	输　入	输　出
6ES7 223-1BH22-0AX8	EM 223 24 V DC 8 输入/8 输出	8	8
6ES7 223-1PH22-0XA8	EM 223 24 V DC 8 输入/8 继电器	8	8
6ES7 223-1BL22-0XA8	EM 223 24 V DC 16 输入/16 输出	16	16
6ES7 223-1PL22-0XA8	EM 223 24 V DC 16 输入/16 继电器	16	16
6ES7 223-1BM22-0XA8	EM 223 24 V DC 32 输入/32 输出	32	32
6ES7 223-1PM22-0XA8	EM 223 24 V DC 32 输入/32 继电器	32	32

数字量输入扩展模块根据输入信号不同，分为 24V DC 和 120/230V AC。数字量输出扩展模块根据输出信号不同，分为晶体管输出和继电器输出。

2. 模拟量扩展模块

模拟量扩展模块主要分为：模拟量输入扩展模块（EM231）、模拟量输出扩展模块（EM232）以及模拟量输入/输出扩展模块（EM235），具体介绍参见表1-3。

表1-3　模拟量扩展模块

订 货 号	模 块 描 述	输　入	输　出
6ES7 231-0HC22-0XA8	EM 231 模拟量输入，4 输入	4	—
6ES7 231-0HF22-0XA0	EM 231 模拟量输入，8 输入	8	—
6ES7 232-0HB22-0XA8	EM 232 模拟量输出，2 输出	—	2
6ES7 232-0HD22-0XA0	EM 232 模拟量输出，4 输出	—	4
6ES7 235-0KD22-0XA8	EM 235 模拟量组合，4 输入/1 输出	4	1

模拟量输入扩展模块的主要技术参数参见表1-4。

表1-4　模拟量输入扩展模块技术参数

订 货 号	6ES7 231-0HC22-0XA8 6ES7 235-0KD22-0XA8	6ES7 231-0HF22-0XA0
双极性，满量程	−32000～+32000	−32000～+32000
单极性，满量程	0～32000	0～32000
DC 输入阻抗	>2MΩ电压输入 250Ω电流输入	>2MΩ电压输入 250Ω电流输入
最大输入电流	32mA	32mA
双极性精度	11 位，加 1 位符号位	11 位，加 1 位符号位
单极性精度	12 位	12 位
隔离	无	无
输入类型	差分	差动电压
电压输入范围	0～10V，0～5V，±5V，±2.5V	0～10V，0～5V，±2.5V
电流输入范围	0～20mA	通道 6 和 7，0～20mA
模拟到数字转换时间	<250μs	<250μs

模拟量输出扩展模块的主要技术参数参见表 1-5。

表 1-5　模拟量输出扩展模块技术参数

订 货 号	6ES7 232-0HB22-0XA8 6ES7 232-0HD22-0XA0 6ES7 235-0KD22-0XA8
隔离	无
电压输出范围	±10V
电流输出范围	0～20mA
电压输出精度	11 位
电流输出精度	11 位
电压输出数据字格式	−32000～+32000
电流输出数据字格式	0～+32000
电压输出分辨率	满量程的±2%
电流输出分辨率	满量程的±2%
电压输出建立时间	100μs
电流输出建立时间	2ms
电压输出最大驱动能力	最小 5000Ω
电流输出最大驱动能力	最大 500Ω

3. 温度测量模块

温度测量模块主要分为：热电偶模块和热电阻（RTD）模块，具体介绍参见表 1-6。

表 1-6　温度测量模块

订 货 号	模 块 描 述	输　入
6ES7 231-7PD22-0XA8	EM 231 模拟输入热电偶，4 输入	4 热电偶
6ES7 231-7PF22-0XA0	EM 231 模拟输入热电偶，8 输入	8 热电偶
6ES7 231-7PB22-0XA8	EM 231 模拟输入 RTD，2 输入	2 RTD
6ES7 231-7PC22-0XA0	EM 231 模拟输入 RTD，2 输入	4 RTD

温度测量模块的主要技术参数参见表 1-7。

表 1-7　温度测量模块技术参数

模 块 类 型	热电偶模块	热电阻模块
输 入 类 型	悬浮型热电偶	模块参考接地的热电阻
输 入 范 围	TC 类型 S, T, R, E, N, K, J 电压范围：±80mV	热电阻类型 铂（Pt），铜（Cu），镍（Ni）
温度分辨率	0.1℃	0.1℃
模块更新时间	405ms	405ms

续表

导 线 长 度	最大长度为 100m	最大长度为 100m
数据字格式	−27648～+27648	−27648～+27648

4. 特殊功能模块

特殊功能模块包括 EM253 位置控制模块和 SIWAREX MS 称重模块。

（1）EM253 位置控制模块，集成有 5 个数字量输入点（STP，停止；RPS，参考点开关；ZP，零脉冲信号；LMT+，正方向硬极限位置开关；LMT-，负方向硬极限位置开关）和 6 个数字量输出点（4 个信号，即 DIS，CLR，P0，P1 或者 P0+，P0-，P1+，P1-），用于 S7-200 PLC 定位控制系统中。通过产生高速脉冲来实现对单轴步进电动机的开环速度、位置控制。通过 S7-200 PLC 的扩展接口，实现与 CPU 间通信控制。位置控制模块 EM253 主要具有以下特点：

- 高速脉冲输出，提供从 20Hz 到 200kHz 的脉冲频率；
- 增、减速度的曲线拐点，既支持 S 曲线，也支持直线；
- 控制系统的测量单位，既可以采用脉冲数，也可以采用工程单位（如英尺（ft），厘米（cm））；
- 提供可组态的螺距补偿功能；
- 支持绝对方式、相对方式和手动方式等多种工作模式；
- 提供连续操作；
- 最多可以支持 25 组移动包络，每组最多可有 4 种速度；
- 便捷安装、拆卸的端子连接器。

（2）SIWAREX MS 称重模块是一种多用途的、灵活的称量模块，通过 S7-200 PLC 的扩展接口，实现与 CPU 间通信控制。称重模块 SIWAREX MS 主要具有以下特点：

- 分辨率高达 16 位的重量测量或力的测量；
- 0.05% 的高准确性；
- 可以在 20ms 或 33ms 之间选择快速测量时间；
- 极限值的监视；
- 使用 SIWATOOL MS 程序，通过 RS-232 接口，就能容易地实现秤的调节；
- 允许理论校称；
- 更换模块后无须重新校订，只需要重新下载校称数据即可；
- 诊断功能。

5. 通信模块

通信模块包括 PROFIBUS-DP 模块 EM277、AS-i 接口主站模块 CP243-2、调制解调模块 EM241、以太网模块 CP243-1 和因特网模块 CP243-1 IT 等。

（1）EM277 是 PROFIBUS-BUS 从站模块，通过 EM277 可将 S7-200 CPU 作为 PROFIBUS-DP 的从站连接到 PROFIBUS-DP 网络。EM277 通过 S7-200 PLC 的扩展接口，实现与 CPU 间通信控制。EM277 有一个 RS-485 接口，支持 PROFIBUS-DP 从站和 MPI 从站协议，传输速率从 9.6kb/s 到 12Mb/s 并可自适应。站地址由旋转开关设定，范围是 0～99。

（2）CP234-2 是 AS-i 主站模块，通过 AS-i 总线可扩展 S7-200 的 I/O 接口数。CP234-2 AS-i 主站模块最多可连接 62 个 AS-i 从站，每个从站最多可以配置 4DI/4DO 或者 4AI/4AO。

（3）EM241 是调制解调（MODEM）通信模块，可将 S7-200 PLC 直接连到模拟电话线上。

EM241 通信模块支持 Modbus RTU 协议，支持数字和文本间的寻呼，支持 SMS 短消息，允许 CPU 到 CPU 或 CPU 到 modbus 的数据传送。通过 EM241 模块，STEP7-Micro/WIN 软件可进行远程编程和诊断。

（4）CP243-1 是以太网通信模块，可将 S7-200 系统连接到工业以太网中。它的传输速率为 10Mb/s 和 100Mb/s 并可自适应。有一个标准的 RJ45 接口，完全支持 TCP/IP 协议。CP243-1 以太网模块允许 S7-200 PLC 与 S7-300 和 S7-400 设备间通信，并支持 STEP7-Micro/WIN 软件远程编程和诊断。

（5）CP243-1 IT 是因特网通信模块，它不仅完全支持以太网模块 CP243-1 的功能，而且增加了 IT 功能。它提供用于 S7-200 PLC 系统诊断和过程变量访问的 HTML 界面，可以作为发送 E-Mail 的 SMTP 客户机，并可以组态为 FTP 服务器和客户机。

1.1.3　人机界面

在 S7-200 PLC 系统中，除了 CPU 和扩展模块外，一般还需要人机界面，用来显示设备状态、设置设备参数等。

1. 文本显示器

文本显示器（TD）是一种可连接至 S7-200 的显示设备。通过使用文本显示向导，可以容易地编程 S7-200 来显示与应用相关的文本消息和其他数据。TD 设备允许查看、监视和更改与应用相关的过程变量，提供到应用的一个低成本接口。S7-200 产品系列提供 4 个 TD 设备：TD100、TD200、TD200C 和 TD400C。

2. 操作和触摸面板显示

OP73Micro 和 TP177Micro 面板专门设计用于使用 SIMATIC S7-200 PLC 的应用，它们为小型机器和设备提供操作和监视功能。这些面板支持高达 32 种组态语言和 5 种在线语言，包括亚洲和西里尔字符集。3ft 带图形显示器的操作面板 OP73Micro 的安装尺寸与 TD200 兼容。触摸面板 TP177Micro 可垂直安装，能容纳附加应用。该特征允许即使在空间有限时也能进行使用。

1.2　S7-200 PLC 的安装

S7-200 的设计使其便于安装，可以利用安装孔把模块固定在控制柜的背板上，或者利用设备上的 DIN 夹子，把模块固定在一个标准（DIN）的导轨上。本节将介绍 S7-200 系统的安装和接线。

1.2.1　S7-200 设备安装指南

S7-200 PLC 可采用水平或垂直方式安装。在安装元器件时，应把产生高电压和高电子噪声的设备与诸如 S7-200 这样的低压、逻辑型的设备分隔开。在控制柜背板上安排 S7-200 时，应区分发热装置，并把电子器件安排在控制柜中温度较低的区域内。电子器件在高温环境下工作会缩短其无故障时间。还要考虑面板中设备的布线，避免将低压信号线和通信电缆与交流供电线和高能量、开关频率很高的直流线路布置在一个线槽中。

所有的 S7-200 CPU 都有一个内部电源，为 CPU 自身、扩展模块和其他用电设备提供 24V 直流电源。此 24V 直流电源可以为输入点、扩展模块上的继电器线圈或者其他设备供电。如果设备用电量超过了传感器供电定额，必须为系统另配一个外部 24V DC 供电电源。对于特定的 S7-200 CPU，可以在附录 C 中查询到其 24V DC 传感器供电电源定额。如果使用了外部 24V DC 供电电源，要确保该电源没有与 S7-200 CPU 上的传感器电源并联使用。为了加强电子噪声保护，建议将不同电源的公共端（M）连接在一起。

S7-200 为系统中的所有扩展模块提供 5V 直流逻辑电源。必须确保 CPU 所提供的 5V 直流电源能够满足所选择的所有扩展模块的需要。如果配置要求超出了 CPU 的供电能力，只能去掉一些模块或者选择一个供电能力更强的 CPU。可以在附录 C 中查询到到有关 S7-200 CPU 5V DC 逻辑电源的供电能力以及扩展模块对 5V DC 电源需求的信息。

S7-200 设备的设计采用自然对流散热方式。在元器件的上方和下方都必须留有至少 25mm 的空间，以便于正常的散热；前面板与背板的板间距离也应保持至少 75mm 的空间。对于垂直安装，允许的最高环境温度需降低 10℃，而且 CPU 应安装在所有扩展模块的下方。在安排 S7-200 设备时，应留出接线和连接通信电缆的足够空间。当配置 S7-200 系统时，可以灵活地使用 I/O 扩展电缆，但一个 S7-200 设备系统只允许使用一根扩展电缆。S7-200 设备安装方式如图 1-3 所示。

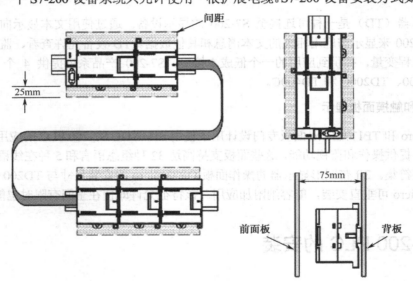

图 1-3　S7-200 设备安装方式

1.2.2　S7-200 模块的安装与拆卸

S7-200 模块可以很容易地安装在一个标准 DIN 导轨或控制柜背板上。在安装和拆卸 S7-200 之前，必须确认 S7-200 的电源已断开。同样，也要确保与 S7-200 相关联的设备供电已被切断。

S7-200 CPU 和扩展模块都有安装孔，可以很方便地安装在背板上。S7-200 CPU 的安装尺寸如图 1-4 和表 1-8 所示。

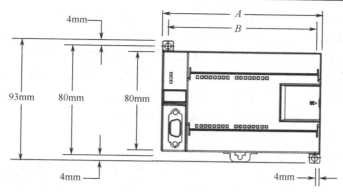

图 1-4　S7-200 CPU 的安装尺寸

表 1-8　S7-200 CPU 的安装尺寸

CPU 模块	宽度 A	宽度 B
CPU221 和 CPU222	90mm	82mm
CPU224	120.5mm	112.5mm
CPU224XP 和 CPU224XPsi	140mm	132mm
CPU226	196mm	188mm

扩展模块安装尺寸如图 1-5 和表 1-9 所示。

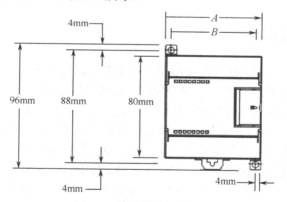

图 1-5　扩展模块安装尺寸

表 1-9　扩展模块安装尺寸

扩展模块	宽度 A	宽度 B
4 点或 8 点数字 I/O 和模拟量输出（2AQ）	46mm	38mm
16 点数字 I/O，模拟 I/O，特殊功能模块，通信模块	71.2mm	63.2mm
32 点数字 I/O（16I/16Q）	137.3mm	129.3mm
64 点数字 I/O（32I/32Q）	196mm	188mm

　　采用背板安装时，根据所需要的尺寸进行定位、钻孔安装。然后用合适的螺钉将模块固定在背板上。如果使用了扩展模块，将扩展模块的扁平电缆连接到盖板下面的扩展口上。如果系

统处于高振动环境中，使用背板安装方式可以得到较高的振动保护等级。

采用 DIN 导轨安装时，保持导轨固定点的间隔为 75 mm。打开模块底部的 DIN 夹子，将模块背部卡在 DIN 导轨上。如果使用了扩展模块，将扩展模块的扁平电缆连接到盖板下面的扩展口上。旋转模块贴近 DIN 导轨，合上 DIN 夹子。仔细检查模块上 DIN 夹子与 DIN 导轨是否紧密固定好。为避免模块损坏，不要直接按压模块正面，而要按压安装孔的部分。当 S7-200 设备的使用环境振动比较大或者采用垂直安装方式时，应该使用 DIN 导轨挡块。

拆卸 S7-200 CPU 和扩展模块时，应先拆卸 S7-200 的电源，然后拆卸模块上的所有连线和电缆。大多数的 CPU 和扩展模块都有可拆卸的端子排，可以直接拆卸端子排而不必拆卸连线和电缆。如果有其他扩展模块连接在所拆卸的模块上，请打开盖板，拔掉相邻模块的扩展扁平电缆。拆掉安装螺钉或者打开 DIN 夹子并拆下模块。

为了安装和更换模块方便，大多数的 S7-200 模块都有可拆卸的端子排。拆卸端子排时，打开端子排的上盖板，把螺丝刀插入端子块中央的槽口中，然后用力下压并撬出端子排，如图 1-6 所示。重新安装端子排时，打开端子排的上盖板，确保模块上的插针与端子排边缘的小孔对正，将端子排向下压入模块，确保端子块对准了位置并锁住。

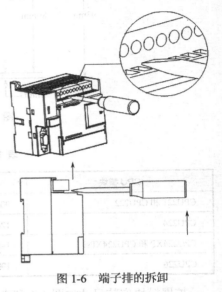

图 1-6　端子排的拆卸

1.2.3　接地及接线指南

对 S7-200 设备进行合理的接地和接线是非常重要的，它能够确保系统具备最优的操作特性，同时能够为 S7-200 提供更好的电子噪声保护。在接地和接线之前，必须先确保设备的电源已被切断。同样，也要确保与该设备相关联的设备的供电已被切断。

对于 S7-200 的接地，最佳的方案应该确保 S7-200 及其相关设备的所有接地点在一个点上接地。这个单独的接地点应该直接连接到大地。为了提高抗电子噪声保护特性，建议将所有直流电源的公共点连接到同一个接地点上。同样建议将 24V DC 传感器供电的公共点（M）接地。所有的接地线应该尽量短并且用较粗的线径。当选择接地点时，应该考虑安全接地要求和对隔离元器件的适当保护。

在设计 S7-200 的接线时，应该提供一个单独的开关，能够同时切断 S7-200 CPU、输入电路和输出电路的所有供电。提供熔断器或断路器等过流保护装置来限制供电线路中的电流，也可以为每一路输出电路都提供熔断器或其他限流设备作为额外的保护。在有可能遭受雷击浪涌的线路上安装浪涌抑制元器件。避免将低压信号线和通信电缆放在与交流导线和高能量、快速转换的直流导线相同的线盒中。应始终成对布线，导线采用中性导线或通用导线，并用热电阻线或信号线进行配对。导线尽量短且保证线粗能够满足电流要求。使用屏蔽电缆可以得到最佳的抗电子噪声特性。通常将屏蔽层接地可以得到最佳效果。当输入电路由一个外部电源供电时，要在电路中添加过流保护元器件。如果使用 S7-200 CPU 上的 24V DC 传感器供电电源，则无须额外添加过流保护元器件，因为此电源已经有限流保护。大多数的 S7-200 模块都有可拆卸的端子排。为了防止连接松动，要确保端子排插接牢固，同时也要确保导线牢固地连接在端子排上。为了避免损坏端子排，螺钉不要拧得太紧。为了避免意想不到的电流流入系统，S7-200 在合适的部分提供电气隔离。

1.3　S7-200 PLC 的工作方式

　　了解 S7-200 的工作模式和工作过程，能够加深对 PLC 的理解，为 PLC 编写出更好的程序。下面具体介绍 S7-200 的工作模式和工作过程。

1.3.1　S7-200 PLC 的工作模式

　　S7-200 CPU 有 2 种工作模式：STOP 模式和 RUN 模式，其工作模式可通过 CPU 右侧的模式转换开关进行切换，同时在 CPU 面板上以工作状态指示灯来显示 CPU 当前的操作模式。

　　S7-200 CPU 的工作模式选择开关有 3 个位置：RUN、TERM 和 STOP。将模式开关切换到 STOP 位置时，CPU 进入 STOP 模式；将模式开关切换到 RUN 位置时，CPU 进入 RUN 模式；将模式开关切换到 TERM 模式时，保持当前的工作模式不变。

　　（1）RUN 模式：CPU 在 RUN 模式下执行完整的扫描过程，通过执行反映控制要求的用户程序来实现控制功能。此时，在 CPU 显示面板上用 LED 显示当前 "RUN" 的工作模式。在 RUN 模式下，允许 STEP7-Micro/WIN 软件控制 PLC 的运行模式。如果 PLC 检测到致命错误，会强制从 RUN 模式更改为 STOP 模式。

　　（2）STOP 模式：PLC 处于停止方式，CPU 不执行用户程序，但仍然扫描 PLC RAM 和 I/O 接口状态。此模式可与安装了 STEP7-Micro/WIN 编程软件的计算机进行通信、创建和编辑用户程序、组态 PLC 的硬件功能、向 PLC 装入用户程序和组态信息等。在 STOP 模式下，不允许 STEP7-Micro/WIN 软件控制 PLC 的运行模式。如果 PLC 检测到致命错误，在致命错误条件依然存在时不允许从 STOP 模式更改为 RUN 模式。

　　（3）TERM 模式：将模式开关从 RUN 位置切换至 TERM 位置时，CPU 仍处于 RUN 模式。但如果电源状态发生变化，当电源恢复时，CPU 会自动进入 STOP 模式。将模式开关从 STOP 位置切换至 TERM 位置时，CPU 仍处于 STOP 模式。当模式开关处于 TERM 位置时，允许 STEP7-Micro/WIN 软件控制 PLC 的运行模式。TERM 状态还和机器的特殊存储器状态位 SM0.7 有关，可用于自由口通信的控制，在现场调试程序时很有用处。

1.3.2　S7-200 PLC 的工作过程

　　S7-200 PLC 采用周期性循环处理的顺序扫描工作方式。整个扫描工作过程包括读取输入、执行用户程序、处理通信请求、执行 CPU 自诊断程序和写入输出 5 个阶段，如图 1-7 所示。但在 STOP 模式下，会跳过执行用户程序阶段。整个扫描过程执行一遍所需的时间称为扫描周期。扫描周期与 CPU 运行速度、PLC 硬件配置以及用户程序大小有关，典型值为 1～100ms。

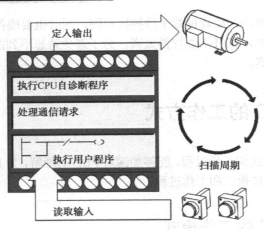

定入输出

执行CPU自诊断程序

处理通信请求

执行用户程序

扫描周期

读取输入

图 1-7　S7-200 PLC 的工作过程

1. 读取输入

S7-200 PLC 在每次扫描周期开始时先读取数字量输入点状态，并将这些状态值写入输入映像寄存器中。无相应的实际物理输入点的数字量输入位，在每次更新时，PLC 将相应的映像寄存器清零，除非它被强制。在工作过程的其他阶段，过程映像输入寄存器与外界隔离，无论输入信号如何变化，其内容保持不变，直到下一个扫描周期的读取输入阶段。

对于模拟量输入，除非启用了模拟量输入过滤，否则 S7-200 在正常扫描周期中不更新来自扩展模块的模拟量输入。当启用了模拟量输入滤波功能后，S7-200 会在每一个扫描周期刷新模拟量、执行滤波功能并且在内部存储滤波值。当程序访问模拟量输入时使用滤波值。如果没有启用模拟量输入滤波，则当程序访问模拟量输入时，S7-200 都会直接从扩展模块读取模拟值。

在每次扫描期间，CPU224XP 的 AIW0 和 AIW2 模拟量输入都会读取模数转换器上生成的最新值，从而完成刷新。该转换器求取的是均值，因此通常无须软件滤波。

2. 执行用户程序

在扫描周期执行用户程序阶段，CPU 从头至尾执行用户程序，直至遇到结束指令。遇到结束指令时，PLC 检查系统的智能模块是否需要服务。如果需要，信息将被读取并缓存，以用于循环周期的下一个阶段。

在程序或中断程序的执行过程中，当指令中涉及数字量输入、输出状态时，PLC 从输入映像寄存器和输出映像寄存器中读出，根据用户程序进行运算，将数字量输出的运算结果再存入输出映像寄存器，并立即刷新 I/O 指令允许直接访问物理输入与输出。

如果在程序中使用子程序，则子程序作为程序的一部分存储，当由主程序、另一个子程序或中断程序调用时，则执行子程序。如果在程序中使用了中断，与中断事件相关的中断程序就作为程序的一部分被存储。中断程序并不作为正常扫描周期的一部分来执行，而是当中断事件发生时才执行（可能在扫描周期的任意点）。

3. 处理通信请求

在处理通信请求阶段，S7-200 PLC 处理从通信端口或智能 I/O 接口模块接收到的任何信息。

4. 执行 CPU 自诊断程序

在执行 CPU 自诊断程序阶段，S7-200 PLC 检查 CPU 的操作、操作系统 EEPROM、用户程序存储区以及 I/O 扩展模块状态是否正常。

5. 写入输出

在每个扫描周期的结尾，CPU 执行写入输出阶段，把存储在输出映像寄存器中的数据写入数字输出点（模拟量输出直接刷新，与扫描周期无关）。

因此，PLC 在一个扫描周期内，对数字量输入状态的采样只在读取输入阶段进行，当 PLC 开始执行用户程序后，输入端将被封锁，直到下一个扫描周期的读取输入阶段才对输入状态重新采样。在用户程序中如果对数字量输出结果多次赋值，只有最后一次有效。在一个扫描周期内，只在写入输出阶段才将输出状态从输出映像寄存器中输出，在其他阶段，输出状态一直保存在输出映像寄存器中。对于没有启用滤波功能的模拟量输入和模拟量输出，是直接刷新到模块的物理输入和输出，与扫描周期无关。

第2章 编程及仿真软件的使用

S7-200 的编程软件经历了一个长期的发展过程，从 STEP7-Micro/DOS（DOS 下运行）到 STEP7-Micro/WIN16（运行于 16 位 Windows 下），一直到现在的 STEP7-Micro/WIN32。STEP7-Micro/WIN32（简称 Micro/WIN 或 STEP7-Micro/WIN）运行在 32 位 Windows 操作系统下，即 Windows95 以后的微软视窗操作系统。目前最新的版本是 STEP7-Micro/WIN V4.0 SP9。STEP7-Micro/WIN V4.0 以上版本完全支持中文编程界面和在线帮助，为用户开发程序提供了方便。

2.1 STEP7-Micro/WIN 安装与升级

2.1.1 系统要求

STEP7-Micro/WIN 编程软件对计算机的最低配置要求如下。

（1）操作系统：Windows2000，Windows XP，Windows Vista，Windows7。

（2）硬盘空间：至少 350M 空闲硬盘空间。

STEP7-Micro/WIN 的各个版本与 Windows 操作系统的各个版本之间，有一定的兼容关系。如果安装的 Micro/WIN 版本和操作系统不兼容，会发生各种问题。Micro/WIN 与 Windows 版本兼容关系参见表 2-1。

表 2-1 Micro/WIN 与 Windows 版本兼容关系一览表

STEP 7-Micro/WIN	WinME	Win NT4.0	Win 2000	Win XP	Win Vista	Win7
V4.0.0.81（V4.0）	不支持	不支持	支持 SP3	支持	不支持	不支持
V4.0.1.10（V4.0 SP1）	不支持	不支持	支持 SP3	支持	不支持	不支持
V4.0.2.29（V4.0 SP2）	不支持	不支持	支持 SP3	支持	不支持	不支持
V4.0.3.08（V4.0 SP3）	不支持	不支持	支持 SP3	支持	不支持	不支持
V4.0.4.16（V4.0 SP4）	不支持	不支持	支持 SP3	支持	不支持	不支持
V4.0.5.08（V4.0 SP5）	不支持	不支持	支持 SP3	支持	不支持	不支持
V4.0.6.35（V4.0 SP6）	不支持	不支持	不支持	支持	支持	不支持
V4.0.7.10（V4.0 SP7）	不支持	不支持	不支持	支持	支持	不支持
V4.0.8.6（V4.0 SP8）	不支持	不支持	不支持	支持	支持	支持
V4.0.8.6（V4.0 SP9）	不支持	不支持	不支持	支持	支持	支持

2.1.2 软件安装

STEP7-Micro/WIN 可以安装在 PC 及西门子编程计算机上，在 PC 上的安装方法如下：

（1）在光盘驱动器插入安装光盘，关闭所有应用程序，双击光盘中的"Setup.exe"文件；

（2）选择英语作为安装过程中使用的语言，单击"确定"按钮，并在随后出现的对话框中，单击"Next"按钮；

（3）在"License Agreement"界面中，单击"Yes"按钮，同意许可协议；

（4）选择安装目录文件夹后，单击"Next"按钮，开始安装程序；

（5）在安装过程中会出现"Set PG/PC Interface"提示框，单击"OK"按钮；

（6）安装完成后，单击"Finish"按钮，完成安装。

2.1.3 软件升级

STEP7-Micro/WIN 以服务包（SP×）的形式来进行升级，SP 升级包只能升级同一版本的编程软件，而且不能单独安装。如果在本地硬盘上没有安装正式版本，则会退出安装。SP 升级包可以从西门子的官方网站直接下载，安装步骤如下：

（1）运行升级包的可执行文件（.exe）；

（2）在"Location to Save Files"界口中指定解压缩文件的文件夹；

（3）自动寻找已在本地硬盘上安装的正式版本，如没有找到，则退出安装；

（4）找到正式版后，指定安装目标文件夹。如果使用默认的路径，需要退出安装，卸载已有的正式版软件，然后找到解压缩的文件夹，运行 Setup.exe 文件；如果指定其他路径则继续安装。

2.2 STEP7-Micro/WIN 的使用

STEP7-Micro/WIN 作为 S7-200 系列 PLC 的专用编程软件，功能强大、操作方便，而且支持全中文编程操作。STEP7-Micro/WIN 作为 Windows 平台下的用户编程软件，主要具有以下功能。

（1）支持梯形图（LAD）、指令表（STL）和功能图（FBD）3 种编程语言，可以在三者之间随时切换。

（2）在离线方式下（计算机不与 PLC 连接），可以对程序进行创建、编辑、编译和系统组态等工作。

（3）在在线方式下（计算机与 PLC 连接），可以上载及下载用户程序、数据和系统组态，编辑和修改用户程序和数据，启动和停止 PLC 等。

（4）具有密码保护功能，可以为 CPU、用户程序和项目文件设置密码，以保护程序开发者的知识产权，防止未经授权的操作。

（5）指令向导功能，可以用指令向导完成 PID 自整定、高速计数、脉冲输出、以太网和数据记录等功能。

（6）在编程过程中进行语法检查，避免用户在编程过程中出现一些语法错误和数据类型错误。

2.2.1 软件界面

STEP7-Micro/WIN 编程软件作为用户开发、编程和监控自己的应用程序提供了良好的编程环境。编程软件提供多种语言显示界面，下面依据中文界面介绍 Micro/WIN 的功能。

STEP7-Micro/WIN 的软件界面由浏览条、指令树、菜单栏、工具栏、局部变量表、输出窗口、状态栏和程序编辑器组成，如图 2-1 所示。

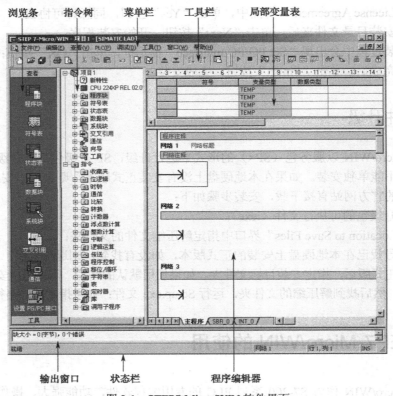

图 2-1　STEP7-Micro/WIN 软件界面

1. 浏览条

浏览条提供了在编程过程中进行编程窗口快速切换的功能，包括"查看"和"工具"两部分。查看用于显示程序块、符号表、状态表、数据块、系统块、交叉引用和通信等组件。单击任何一个按钮，主窗口都会切换到按钮对应的界面或者弹出相应的对话框。工具用于显示指令向导、文本显示向导、位置控制向导、以太网向导等按钮。

2. 指令树

指令树提供编程时用到的全部 PLC 命令和快捷操作命令的树状视图。

3. 菜单栏

菜单栏包括文件、编辑、查看、PLC、调试、工具、窗口和帮助等操作。

（1）文件（F）：具有新建、打开、关闭、保存文件，上载和下载程序、导入和导出程序、页面设置、打印预览等操作。

（2）编辑（E）：程序编程工具。可进行剪切、复制、粘贴程序块和数据块，以及查找、替换、删除和插入等操作。

（3）查看（V）：可以设置窗口界面，选择编程语言（LAD、FBD 和 STL），设置符号信息表。

（4）PLC（P）：具有编译程序、启动或停止 PLC、查看 PLC 信息、操作 PLC 存储卡等功能。

（5）调试（D）：具有启动或停止程序状态监控、状态表监控、强制外部 IO 输入、在线编辑程序等功能。

（6）工具（T）：可以调用复杂指令向导（如高速计数指令、脉冲输出指令、网络读/写指令和 PID 操作指令）、修改界面语言、改变编辑字体等功能。

（7）窗口（W）：可以进行窗口间切换、设置窗口的摆放形式。

（8）帮助（H）：可以检索各种帮助信息、查看软件版本。

4. 工具栏

工具栏包括标准工具栏、调试工具栏、公用工具栏、LAD 指令工具栏和 FBD 指令工具栏。工具栏的作用是提供简单的鼠标操作，将最常用的操作以按钮的形式安放在工具栏中。

5. 局部变量表

每个程序块都对应一个局部变量表，包含对局部变量所作的定义。在带参数的子程序调用中，局部变量表用来进行参数传递。

6. 输出窗口

输出窗口用来显示程序编译的结果信息，如各程序块的大小、编译结果有无错误等。当该窗口列出程序错误时，双击错误信息，会自动在程序编辑器窗口中显示相应的程序网络。

7. 状态栏

状态栏担任操作状态的信息，如网络数、行数、列数等。

8. 程序编辑器

程序编辑器可以用于梯形图、语句表或功能图进行编写用户程序。它包括局部变量表、编辑器、网络注释和程序注释 4 个部分。单击程序编辑器底部的标签，可以在各程序之间进行切换。

2.2.2 项目文件

STEP7-Micro/WIN 把用户程序、系统设置等保存在一个项目文件中，扩展名为.mwp。打开一个.mwp 文件就打开了相应的项目文件。项目文件中主要包括下列组件。

1. 程序块

单击程序块，可以切换到程序编程窗口，实现编辑程序和注释、插入子程序和中断程序等功能。

2. 符号表

符号表可用来建立程序数据和 I/O 接口的符号名，并附加注释。实际编程时，为增加程序的可读性，用带有实际含义的符号作为编程符号，而不是直接用元件地址。例如，系统运行状态的输入地址是 I0.0，如果在符号表中，将 I0.0 的地址定义为 Running，这样在程序中，所有用地址 I0.0 的编程元件都由 Running 代替，增加了程序的可读性。

3. 状态表

状态表用于联机调试时，监视变量的状态及当前值，并不下载到 PLC 中。该表允许用户将程序输入、输出和程序变量置入图表中。可以建立多个状态图表，以利于分组查看不同的变量。

4. 数据块

数据块由数据、变量寄存器地址和注释组成。数据块主要功能是在 PLC 中存储程序数据和初始条件数据。数据块编译后被下载到 PLC 中，注释被忽略。

5. 系统块

系统块是用于系统组态和设置系统参数的，以适应具体应用。系统需要经编译和下载到 PLC 中才起作用。系统块中参数的设置方法详见 2.2.3 节。

6. 交叉引用

交叉引用表提供交叉引用信息、字节使用情况和位使用情况信息。它列举出程序中使用的各个变量在哪一个程序块的哪一个网络中出现，还可以查看哪些内存域已经被使用。交叉引用表不下载到 PLC 中，程序只有编译成功后，才能看到交叉引用表的内容。

2.2.3　系统组态（系统块）

系统组态是指设置 S7-200 CPU 的系统选项和参数。更改系统组态后，需要下载到 CPU 中，新的设置才能生效。

使用 Micro/WIN "查看" → "组件" → "系统块" 命令，或者在主界面左侧的浏览条中用鼠标单击系统块图标（见图 2-1），打开系统组态窗口，如图 2-2 所示。系统组态包括通信端口、断电数据保持、密码、输出表（包括数字量和模拟量输出表）、输入滤波器（包括数字量和模拟量输入滤波器）、脉冲捕捉位、背景时间、EM 配置、LED 配置和增加存储区。下面详细介绍这几种系统组态的设置过程。

1. 通信端口

通信端口设置可以设置 PLC 端口的地址、最高地址、波特率、重试次数和地址间隔刷新系数，如图 2-3 所示。如果 PLC 只有一个端口，端口 1 为灰色，不可设置。如果 PLC 有两个通信端口，它们的地址可以相同，但不能连接到同一个网络中。重试次数是指通信失败时重新尝试的次数。地址间隔刷新系数是设置本站每隔几次获得网络令牌后，尝试在本站地址和下一个已知的主站地址空间内寻找新加入的主站。一般情况下使用默认值 10 比较合适。

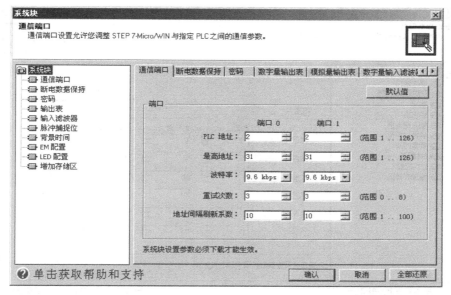

图 2-2 "系统块"界面

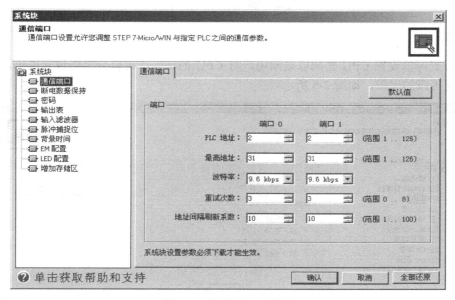

图 2-3 "通信端口"设置

2. 断电数据保持

断电数据保持设置定义了 CPU 如何处理各数据区的数据保持任务。所谓"保持"就是在 CPU 断电后再上电，数据区域的内容是否保持断电前的状态。断电数据保持设置如图 2-4 所示。在存储区 V、M、T 和 C 中，最多可以定义 6 个需要断电保持的存储器区。在断电数据保持设置区中选中的就是要"保持"其数据内容的数据区。对于未设置为"保持"的存储区，在 CPU 重新上电时，V 存储区的内容会调用 EEPROM 的内容覆盖（通常都是 0），其他数据区的内容会清零。

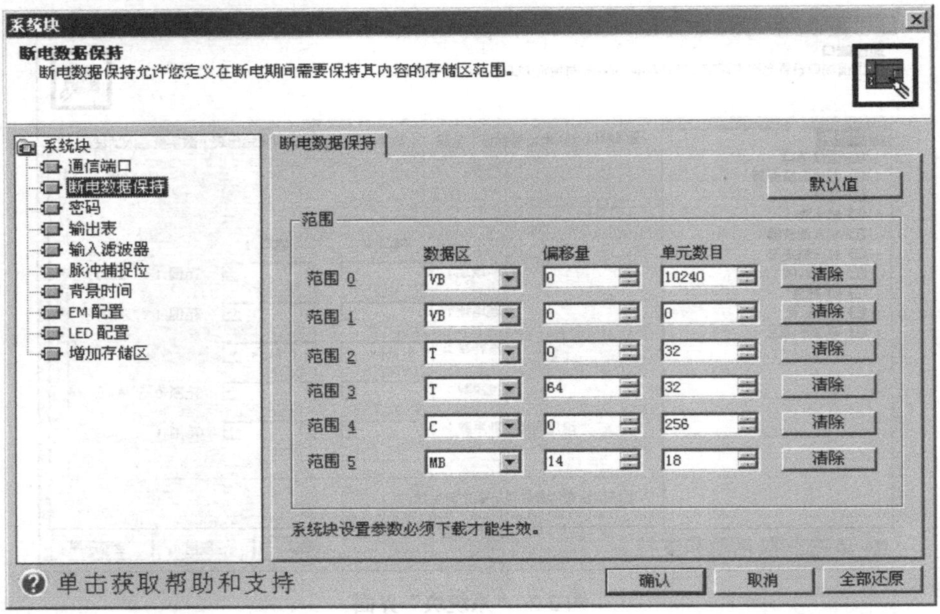

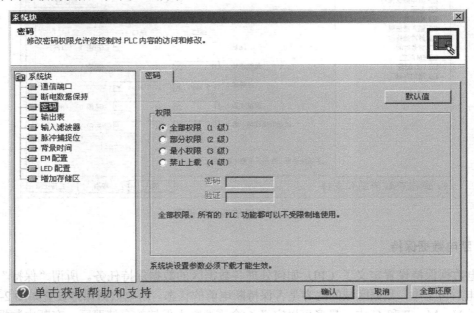

图 2-4 "断电数据保持"设置

3. 密码

密码设置可以设置 CPU 密码以限制用户对 CPU 的访问,可以分等级设置密码,给不同人员开放不同等级的权限,如图 2-5 所示。

图 2-5 "密码"设置

S7-200 对存取功能提供了 4 个等级的限制,系统默认状态是 1 级(不受任何限制),CPU 的密码保护等级参见表 2-2。

表2-2　CPU 密码保护等级

操作与功能	全部权限（1级）	部分权限（2级）	最小权限（3级）	禁止上载（4级）
读/写用户数据	不限制	不限制	不限制	第4级密码保护禁止上载程序，即使有正确的密码也不行。其他功能处于和第3级密码相同的保护状态
启动、停止 CPU				
读取、设置系统时钟				
上载程序、数据块、系统块	不限制	不限制		
下载程序、数据块、系统块	不限制	要密码	要密码	
监视程序状态				
运行模式程序编辑				
删除程序、数据块、系统块				
在状态表中强制数据				
执行单/多周期扫描				
复制程序、数据块、系统块到存储卡				
在 STOP 模式下写输出				

4. 输出表

输出表包括数字量输出表和模拟量输出表，它是规定当 CPU 处于停机（STOP）状态时，数字量输出点或者模拟量输出通道如何操作的。数字量输出表如图 2-6 所示。

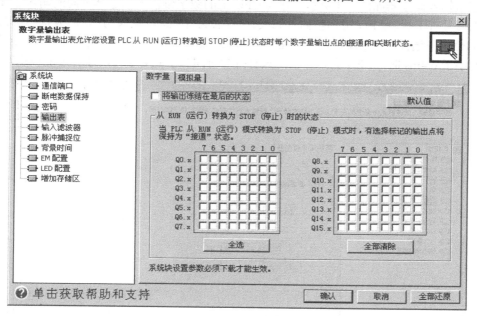

图 2-6　数字量输出表

模拟量输出表如图 2-7 所示。

此设置对于一些必须保持动作、运转的设备非常重要，如抱闸，或者一些关键的阀门等。不允许在调试 PLC 时停止动作，就必须在系统块的输出表中进行设置。

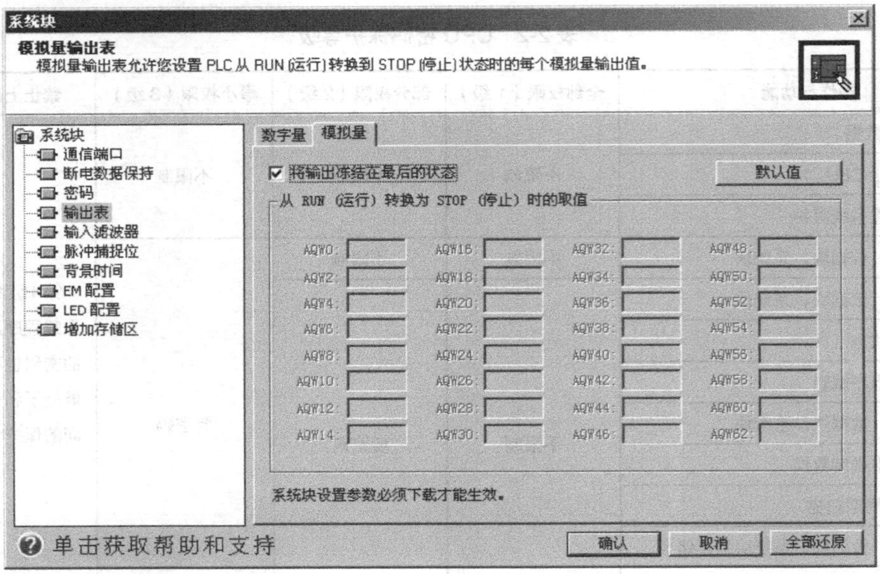

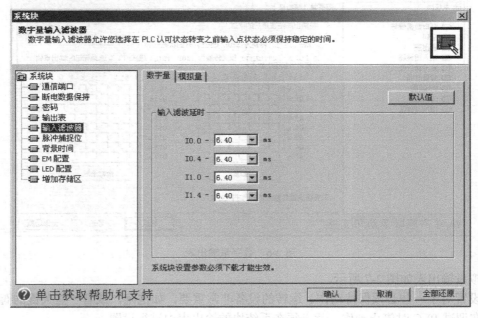

图 2-7　模拟量输出表

5. 输入滤波器

输入滤波器包括数字量输入滤波器和模拟量输入滤波器。

数字量输入滤波器如图 2-8 所示，它为 CPU 上的数字量输入点选择不同的输入滤波延时。如果输入信号有干扰、噪声，可调整输入滤波延时，滤除干扰，以免误动作。滤波延时可在 0.20～12.8ms 的范围中选择。如果滤波延时设定为 6.40ms，数字量输入信号的有效电平（高或低电平）持续时间小于 6.4ms 时，CPU 会忽略它；只有持续时间长于 6.4ms 时，才有可能被识别。

图 2-8　数字量输入滤波器

模拟量输入滤波器如图 2-9 所示，S7-200 允许用户为每一路模拟量输入选择软件滤波器。如果对某个通道选用了模拟量滤波，CPU 将在每一程序扫描周期前自动读取模拟量输入值，这个值就是滤波后的值，是所设置的采样数的平均值。采样数及死区值设置对所有选中的模拟量输入通道有效。采样数 64 表示模拟量滤波后的值为包括当前采样的前 64 个采样值的平均值。死区值定义了计算模拟量平均值的取值范围。如果采样值都在这个范围内，就计算采样数所设定的平均值；如果当前最新采样的值超过了死区的上限或下限，则该平均值立刻被采用为当前的新采样值，并作为以后平均值计算的起始值。这就允许滤波器对模拟量值有较大变化时做出的一个快速的响应。

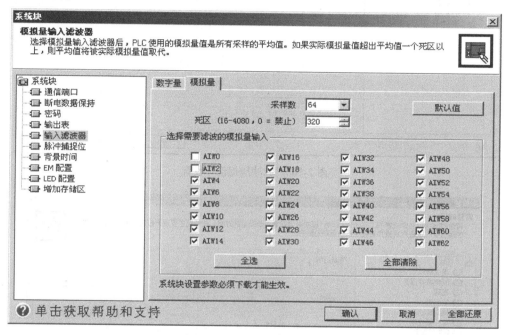

图 2-9　模拟量输入滤波器

6. 脉冲捕捉位

脉冲捕捉功能允许用户捕捉高电平脉冲或低电平脉冲，此类脉冲出现的时间极短，PLC 在扫描周期开始读取数字量输入时，可能无法始终扫描到此类脉冲。脉冲捕捉位设置如图 2-10 所示。当为某一输入点启用脉冲捕捉时，输入状态的改变被锁定并保持至下一次输入循环更新。这样可确保延续时间很短的脉冲被捕捉到，并保持至 S7-200 读取输入扫描时。该功能可使用的最大数字量输入数目取决于 PLC 的型号。

7. 背景时间

背景时间规定了"运行模式编程"和"程序、数据监控的 Micro/WIN 和 CPU 的通信时间"占整个程序扫描周期的百分比，设置界面如图 2-11 所示。增加背景时间可以增加 PC 监控的通信机会，在 Micro/WIN 中的响应会快一些，但同时会加长程序扫描时间。

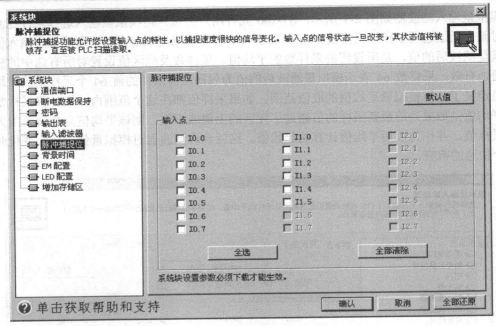

图 2-10 "脉冲捕捉位"设置

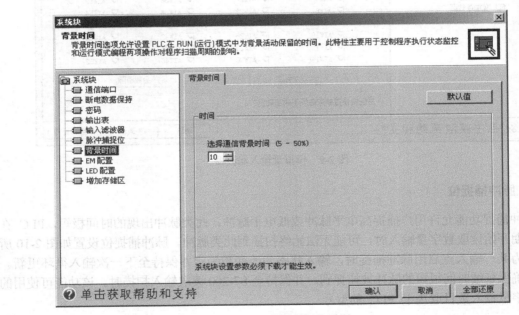

图 2-11 "背景时间"设置

8. EM 配置

EM 配置只读标签允许在项目（存储在 V 存储区中）内查看已定义的智能模块。对于 EM241 模块，这些 V 存储区地址在"调制解调器扩展向导"中指定。对于 EM243 模块，这些 V 存储区的地址在"以太网向导"中指定。对于 EM253 模块，这些 V 存储区地址在"位置控制向导"中指定。对于 EM277 模块，不在这里显示使用任何 V 存储区地址，配置参数由 DP 主站发送。

EM 配置界面如图 2-12 所示。

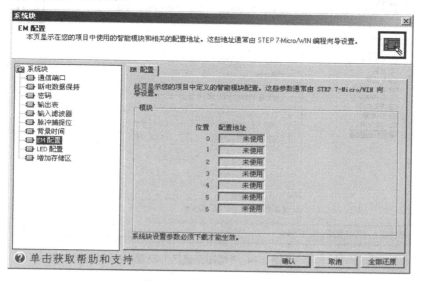

图 2-12 "EM 配置"设置

9. LED 配置

S7-200 CPU 的 LED 指示灯能够显示红色和黄色两种颜色。红色指示系统故障，黄色指示可以由用户自定义，如图 2-13 所示。

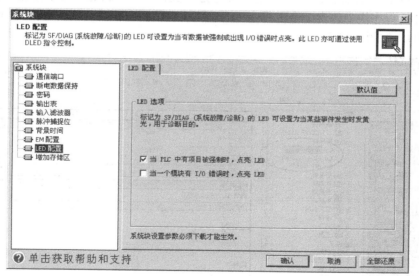

图 2-13 "LED 配置"设置

10. 增加存储区

"运行模式编辑"需要占用一部分程序存储空间。如果要利用全部的程序存储区，需要禁用"运行模式编程"功能以增加存储区，如图 2-14 所示。

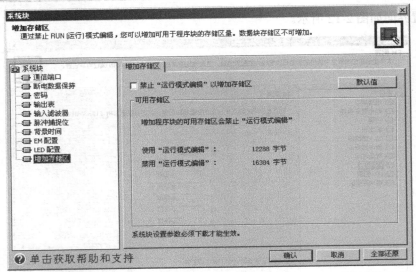

图 2-14 "增加存储区"设置

2.2.4 创建项目

双击桌面上的 STEP7-Micro/WIN 图标，打开 Micro/WIN 编程软件。软件打开后，会自动创建名字为"项目 1"的默认项目文件。也可以通过"文件"→"新建"命令创建一个新的项目。默认项目文件的程序块中包含 1 个主程序（OB1）、1 个子程序 SBR_0（SBR0）和 1 个中断程序 INT_0（INT0），如图 2-15 所示。

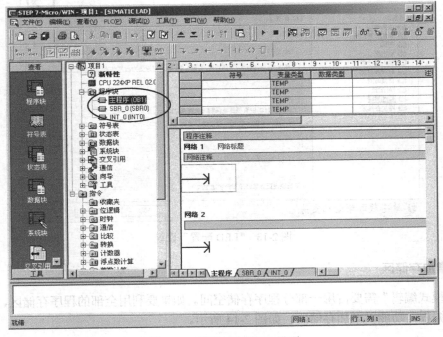

图 2-15 新建"项目 1"界面

创建项目文件后，需要根据实际项目情况，修改文件的初始设置，如更改 CPU 型号、修改程序名称、添加新的子程序或中断程序、修改项目名称等。

1. 更改 CPU 型号

根据项目实际用到的 CPU 类型来更改 CPU 型号。单击菜单栏中"PLC"→"类型"，弹出如图 2-16 所示对话框。如果项目中使用的 PLC 为 CPU226CN，则在"PLC 类型"选择框中选中"CPU 226 CN"，在"CPU 版本"选择框中选择相应版本，如"02.01"。

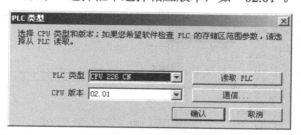

图 2-16 "PLC 类型"对话框

如果计算机已经通过 PPI 编程电缆与 PLC 连通，单击"读取 PLC"按钮，程序会自动修改 PLC 类型和 CPU 版本信息。单击"确定"按钮后，PLC 类型就更改为 CPU226CN，如图 2-17 所示。

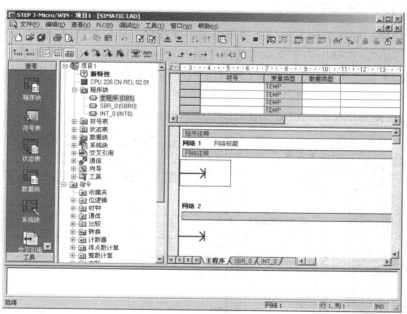

图 2-17 PLC 类型更改为 CPU 226 CN

2. 修改程序名称

主程序（OB1）的名称一般用默认值，不用修改。如果子程序或中断程序需要修改，则在"程序块"中右击相应的子程序或中断程序名称，在弹出的菜单中选择"重命名（R）"命令，如图 2-18 所示。此时原有程序名称被选中，键入新的程序名称即可。

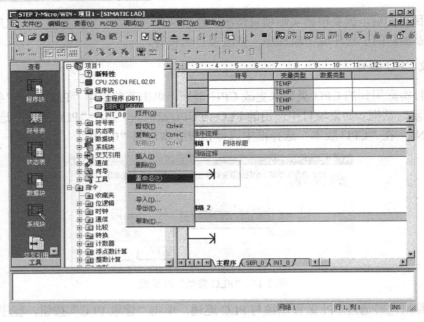

图 2-18 修改程序名称

3. 添加新的子程序或中断程序

在一个项目中，往往用到不止一个子程序或中断程序，此时就要添加新的子程序或中断程序。右击"程序块"，在弹出的子菜单中选择"插入"→"子程序"或"中断程序"，如图 2-19 所示。新插入的子程序和中断程序根据已有的子程序和中断程序的数目，分别被命名为 SBR_n 和 INT_n。此时可以根据图 2-18 所示，修改程序名称。

图 2-19 插入子程序或中断程序

4. 修改项目名称

创建项目完成后，可以通过"文件"→"保存"命令，保存项目文件，同时修改项目名称。

2.2.5 编辑程序

程序由可执行代码和注释组成，可执行代码由主程序和若干子程序或者中断程序组成。每个子程序必须在主程序（OB1）中直接或间接被调用才会执行，否则不能执行。软件默认的编程语言是梯形图（LAD），如果需要修改编程语言，可以在"查看"菜单下，选择语句表（STL）或功能图（FBD），如图 2-20 所示。梯形图编辑器以图形方式显示程序，与电气接线图类似。梯形图也是最基本、最容易学会的编程语言，本节主要介绍如何使用梯形图来编写程序。

梯形图程序被划分为若干个网络（程序段），每个网络相当于继电器控制图中的一个电路。一个网络中只能有一个能流通路，不能有两条互不联系的能流通路。梯形图编程元件主要有触点、线圈、指令盒、标号及连接线。

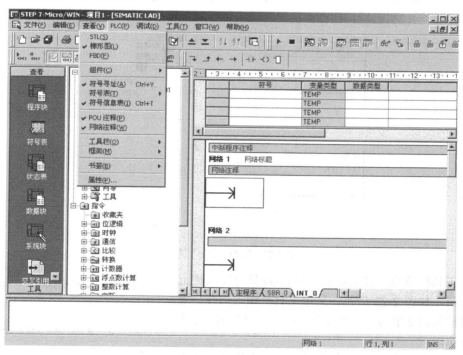

图 2-20 选择编程语言

1. 输入指令

在 LAD 编辑器中有 4 种输入程序指令的方法：鼠标拖放、鼠标双击、工具栏按钮和功能键（F4，F6，F9）。下面分别以图示方式介绍这几种方法。

（1）鼠标拖放。首先在指令树下单击相关指令，如图 2-21（a）所示；然后拖动鼠标，将指令拖至所需位置，如图 2-21（b）所示；此时松开鼠标按钮，将指令放至所需位置，如图 2-21（c）所示。

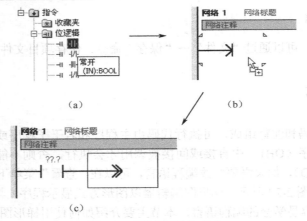

（a）

（b）

（c）

图 2-21 "鼠标拖放"方式

（2）鼠标双击。首先在程序编辑器窗口中将光标放在所需的位置，这时一个选择方框在该位置周围出现，如图 2-22（a）所示；然后在指令树中，浏览至所需的指令并双击该指令，如图 2-22（b）所示；双击后，指令会在程序编辑器窗口中显示，如图 2-22（c）所示。

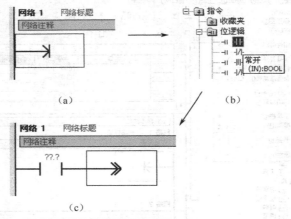

（a）

（b）

（c）

图 2-22 "鼠标双击"方式

（3）工具栏按钮。首先需要熟悉 LAD 指令工具栏上的编程按钮，如图 2-23 所示。采用工具栏输入指令与采用功能键输入指令的方法大同小异，将在"功能键"方式中一起介绍。

（4）功能键。首先在程序编辑器窗口中将光标放在所需的位置，这时一个选择方框在该位置周围出现，如图 2-24（a）所示；然后在 LAD 指令工具栏中单击相关的指令按钮或者按相应的功能键（F4=触点，F6=线圈，F9=指令盒），这时会在程序编辑器中出现下拉列表，如图 2-24（b）所示；滚动下拉列表，浏览至所需指令，单击所需指令，指令会在程序编辑器窗口中显示，如图 2-24（c）所示。

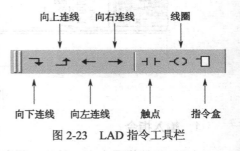

图 2-23 LAD 指令工具栏

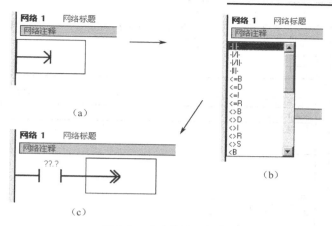

（a）

（b）

（c）

图 2-24 "功能键"方式

2. 输入地址

在 LAD 中输入一条指令后，参数开始用问号表示，例如 "??.?" 或 "????"，如图 2-25（a）所示。问号表示参数未赋值，用户可以在输入元素时为该元素的参数指定一个常数或绝对值、符号或变量地址。如果出现任何参数未赋值，程序将不能正确编译。用鼠标单击 "??.?"，选中 "??.?"，如图 2-25（b）所示；然后输入所需地址，如 "I0.0"，如图 2-25（c）所示；此时按下键盘上的回车键，完成地址输入，如图 2-25（d）所示。

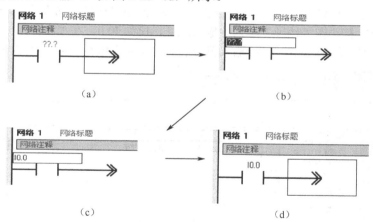

（a）

（b）

（c）

（d）

图 2-25 输入地址

3. 输入程序注释

STEP7-Micro/WIN 软件允许为 LAD 程序中的每一个程序段增加注释，LAD 程序编辑器中共有三种注释：程序注释、网络标题和网络注释，如图 2-26 所示。程序注释是在网络 1 上方的灰色方框中输入，它主要是为了说明整个程序块的功能。网络标题作为识别一个逻辑网络的标题，可以在网络标题行输入。网络注释是在每个网络下方的灰色方框中输入，它是为了说明此逻辑网络的功能。

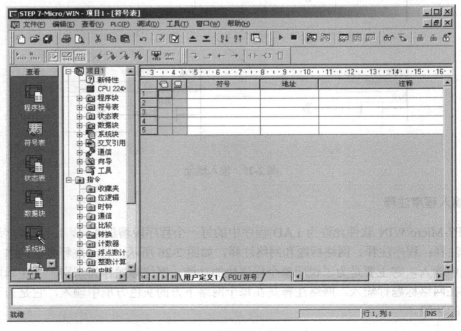

图 2-26　LAD 程序注释

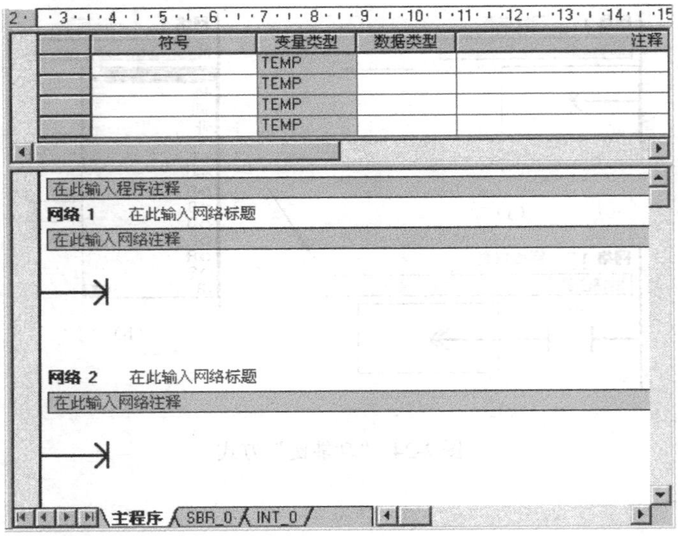

4. 使用符号表

符号表编辑器允许用户定义和编辑符号名，使得在程序中能够用符号地址访问变量。符号通常在编写程序前预先定义，通过单击"浏览条"中的"符号表"按钮，切换到符号表编辑器，如图 2-27 所示。在"符号"一列中填写符号名，比如"就地电动机启动"，符号名支持中文输入，最大长度为 23 个字符；在"地址"一列中输入地址，比如 I0.0。在"注释"一列中输入符号的注释，比如"就地启动电动机按钮"；输入符号名后，符号表编辑器如图 2-28 所示。

图 2-27　"符号表"编辑器

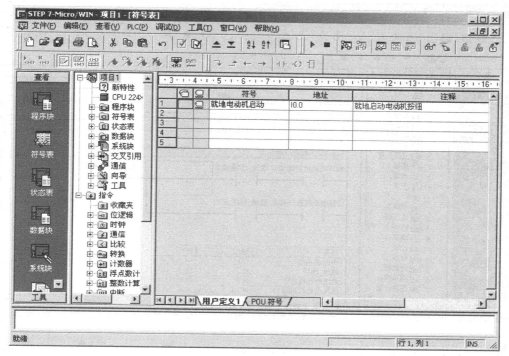

图 2-28 在符号表中输入符号

符号表编辑器中第一列的图标是指示此地址是否与另一个符号的地址相重叠，第二列的图标是指示此符号在程序中是否被使用，如图 2-29 所示。

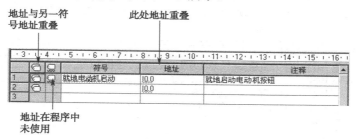

图 2-29 检测符号是否重叠

5. 编辑程序元素

到目前为止，已经介绍了在 STEP7-Micro/WIN 编程软件中如何输入指令、如何输入地址、如何输入注释以及如何使用符号表。现在我们将综合利用上面所讲的内容，完成如图 2-30 所示的程序。

首先在符号表中输入相应的符号名和地址，如图 2-31 所示。

单击"浏览条"中的程序块，切换到 LAD 程序编辑器，在编辑器中输入程序注释、网络 1 标题和网络 1 注释，并在网络 1 中依次输入两个常开触点和一个线圈，如图 2-32 所示。

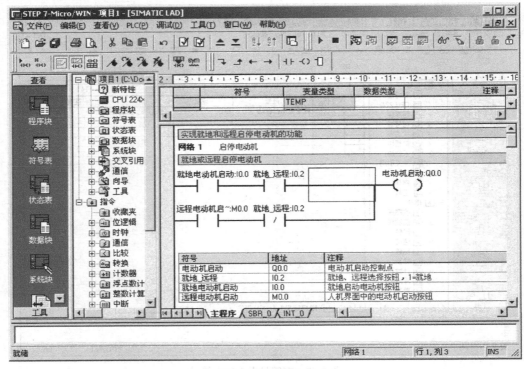

图 2-30　示例程序

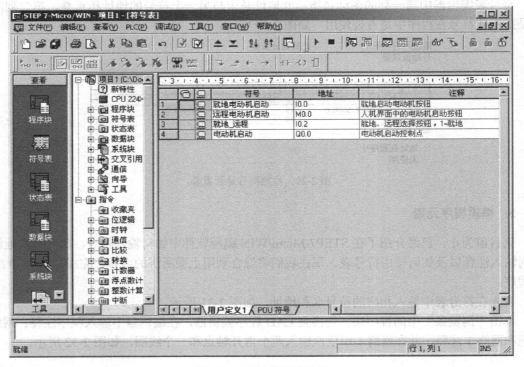

图 2-31　示例程序符号表

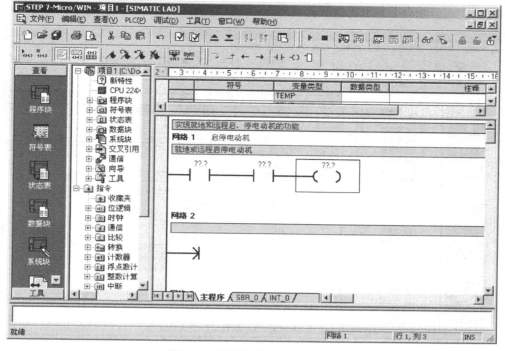

图 2-32 程序编辑器中输入指令

在网络 1 中输入指令地址,如图 2-33 所示。

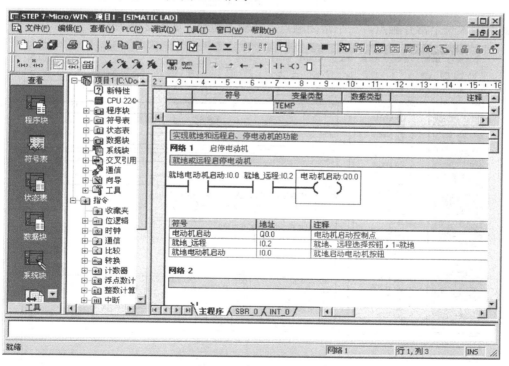

图 2-33 程序编辑器中输入地址

在第一个常开触点下方用鼠标单击，会出现一个选中的方框，如图 2-34 所示。

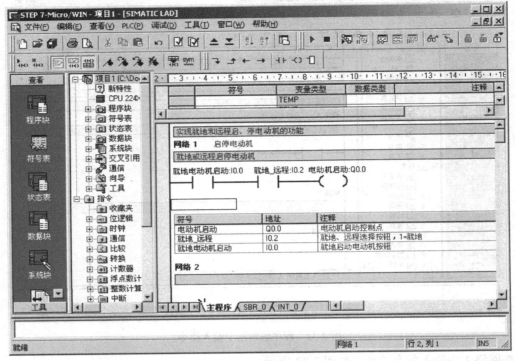

图 2-34　准备输入其他指令

此时输入一个常开触点，一个常闭触点，并输入地址，如图 2-35 所示。

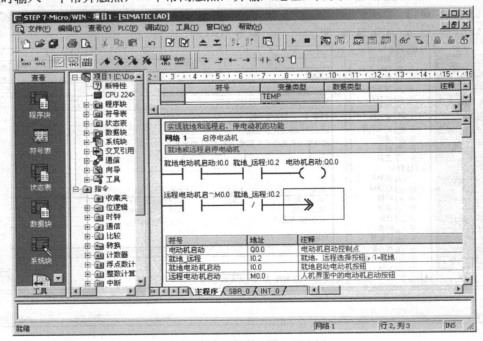

图 2-35　输入其他指令及地址

在线圈上单击，选择"编辑"→"插入"→"列"命令或者单击 LAD 指令工具栏中"向右连线"按钮，可以在置位线圈前插入一列，如图 2-36 所示。单击常闭触点 I0.2 后面的箭头，然后单击 LAD 指令工具栏中的"向上连线"按钮，画出垂直线，将两行指令并联在一起，如图 2-30 所示。

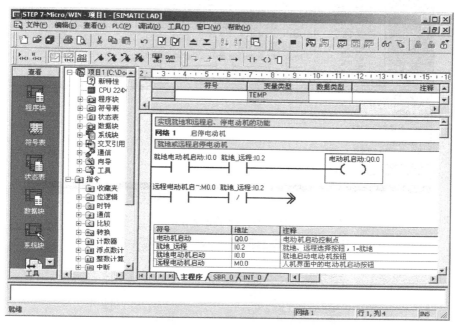

图 2-36　在程序中插入一列

2.2.6　程序编译及下载

程序编辑完成后，应该进行离线编译操作，检查程序有无错误并编译成 PLC 能够识别的机器指令。选择菜单"PLC"→"编译（C）"或"全部编译（A）"命令，进行离线编译。也可以单击工具栏中的 ✓ 或 ✓ 按钮执行编译功能。"编译"是指编译当前所在程序窗口中的内容；"全部编译"是指编译整个项目文件。编译结束后，调整指令的设置并在输出窗口中显示结果信息，包括程序中的语法错误个数、错误原因以及错误在程序中的位置，如图 2-37 所示。

程序编译无误后，就可以将程序下载到 PLC 中。下载程序前，请先使用 PC/PPI 编程通信电缆将 PLC 与编程计算机连接，然后单击"浏览条"中"设置 PG/PC 接口"按钮，选中"PC/PPI cable（PPI）"选项，如图 2-38 所示。

单击"属性"按钮，弹出"属性-PC/PPI cable（PPI）"对话框。在"PPI"选项卡中设置"站参数"和"网络参数"，此处参数一般选择默认值即可。在"本地连接"选项卡中，根据编程通信电缆的接口类型（USB 或串口），设置本地计算机的编程通信接口，如图 2-39 所示。单击"确认"按钮，完成通信设置。通过菜单"文件"→"下载"命令或单击工具栏中的 ▼ 图标，将程序下载到 PLC 中。

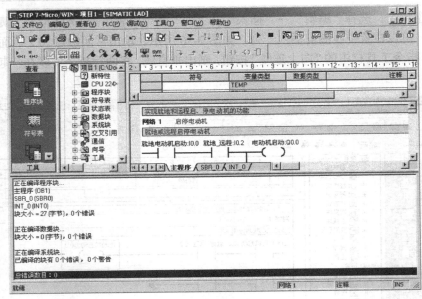

图 2-37　程序编译结果

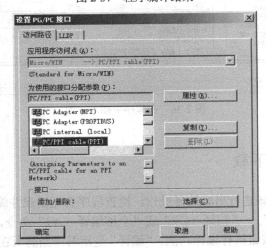

图 2-38　"设置 PG/PC 接口"对话框

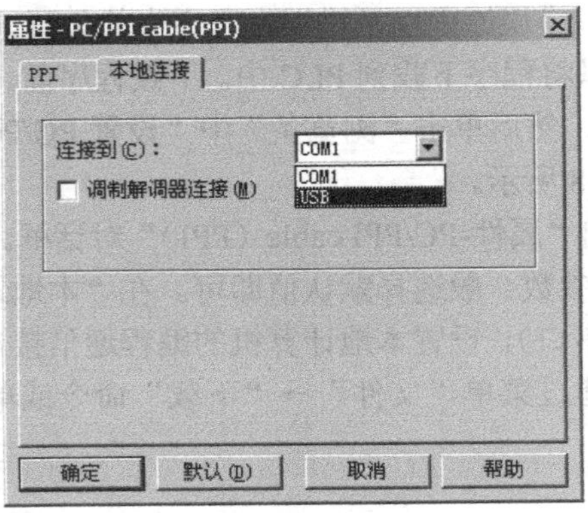

图 2-39　"本地连接"选项卡

2.3　S7-200 仿真软件

学习 PLC 最有效的手段是联机编程和调试,但实体 PLC 和编程通信电缆对用户来说是笔不小的开销。仿真软件是解决没有实体 PLC 无法检验程序是否正确的理想软件工具。

2.3.1　仿真软件简介

S7-200 仿真器 V3.0 版是一款优秀的仿真软件,不仅能仿真 S7-200 主机,而且能仿真数字量扩展模块、模拟量扩展模块和 TD200 文本显示器。S7-200 仿真软件不是西门子公司提供的,用户可以在互联网上搜索"S7-200 仿真软件",找到 S7-200 仿真软件并下载。

下载的 S7-200 仿真软件一般是一个压缩包,解压缩后通常包含英文版和西班牙文原版两个执行文件。双击执行英文版的 S7_200.exe 文件,就可以打开它。

仿真软件不能直接使用 S7-200 的用户程序,必须用"导出"功能将用户程序转换成 ASCII 码文件,然后用仿真软件打开。

2.3.2　仿真软件使用

仿真软件的使用步骤如下。

1. 新建项目并导出程序

在 STEP7-Micro/WIN 中新建一个项目并输入程序,将 CPU 类型改为 CPU226,如图 2-40 所示。编译完成后,利用菜单"文件"→"导出(E)"命令,将程序导出为 Project.awl 文件。

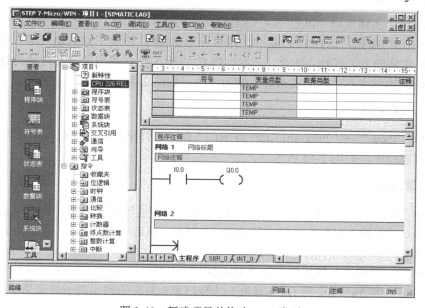

图 2-40　新建项目并修改 CPU 类型

2. 启动仿真软件

双击 S7-200.exe 文件，打开仿真软件，在密码输入框中输入相应密码（如 6596），如图 2-41 所示。单击"OK"按钮，就可以进入仿真软件。

3. 配置 CPU 类型

选择菜单"Configuration"→"CPU Type"命令，在弹出的"CPU Type"对话框中选择 CPU 类型，要与项目中的 CPU 类型相同，如图 2-42 所示。单击"Accept"按钮，关闭该对话框。

图 2-41 密码输入框

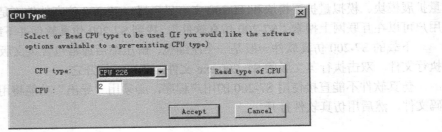

图 2-42 选择项目中使用的 CPU 类型

4. 装载 PLC 程序

选择菜单"Program"→"Load Program"命令，在弹出的"Load in CPU"对话框中勾选"Logic Block"的单选框，如果有数据块的话，也要勾选"Data Block"的单选框，如图 2-43 所示。单击"Accept"按钮，关闭该对话框并打开的 Project.awl 文件。

5. 运行 PLC 程序

打开程序后，选择菜单"PLC"→"RUN"命令或单击工具栏上的 ▶ 按钮，在弹出的对话框中，单击"Yes"按钮，运行 PLC 程序。用鼠标单击 CPU 模块下方的输入端开关的第一个开关，使开关的手柄向上，即触点闭合。此时，PLC 的输入点 0 对应的状态灯变为绿色，根据程序逻辑，PLC 的输出点 0 对应的状态灯也变为绿色，如图 2-44 所示。

6. 监视 PLC 程序

选择菜单"View"→"Program KOP（OB1）"命令，弹出程序对话框。单击工具栏上的 按钮，开始监视程序，如图 2-45 所示。

7. 状态表监控

选择菜单"View"→"State Table"命令或单击工具栏上的 按钮，打开状态表。在状态表的"Addres"列中输入需要监视的地址 I0.0 和 Q0.0，然后单击"Start"按钮，在"Current"列中可以监视 I0.0 和 Q0.0 的值，如图 2-46 所示。

利用状态表也可修改变量的值，在"Addres"列中继续输入 Q0.1，在"New"列中输入 1，然后单击工具栏上的 按钮，将 Q0.1 写为 1，同时 Q0.1 对应的输出指示灯变为绿色，如图 2-47 所示。

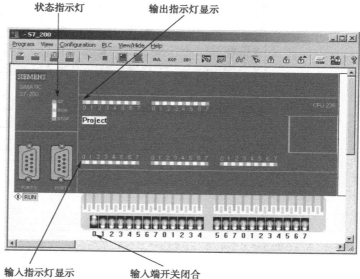

图 2-44 运行 PLC 程序

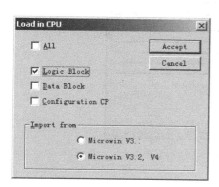

图 2-43 "Load in CPU" 对话框

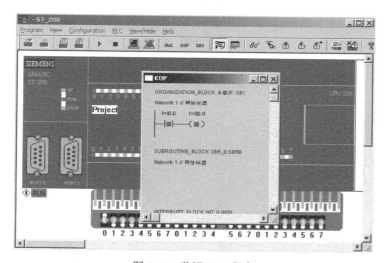

图 2-45 监视 PLC 程序

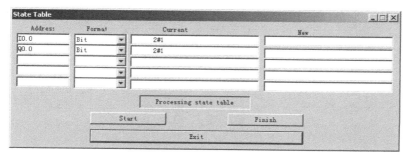

图 2-46 状态表监视

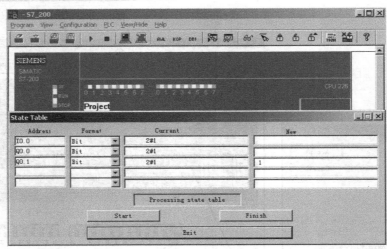

图 2-47 利用状态表写入新值

第3章 功能指令预备知识

在学习功能指令之前，首先要熟悉 PLC 的存储结构和寻址方式。本章着重介绍了 PLC 的编程语言、存储性能和寻址方式，使读者有一定的知识储备，为后续学习功能指令打下基础。

3.1 编程语言简介

S7-200 系列 PLC 的基本编程语言有梯形图（LAD）、语句表（STL）和功能图（FBD）。其中梯形图和功能图是图形语言，语句表是文字语言。不同的编程语言可供不同知识背景的人员使用，下面简单介绍这几种 PLC 编程语言的特点。

3.1.1 梯形图（LAD）编程语言

梯形图是用得最多的可编程控制器图形语言。梯形图与继电器电控系统的电路图很相似，具有直观易懂的优点，很容易被工厂熟悉继电器控制的电气工程师掌握，特别适用于开关量逻辑控制。

梯形图主要由触点、线圈和用方框表示的功能块组成。触点代表逻辑输入条件，如外部的开关、按钮等。线圈代表逻辑输出结果，用来控制外部的指示灯、中间继电器等。功能块代表附加指令，如定时器、计数器和数学运算指令。

梯形图程序允许程序仿真来自电源的能流通过一系列逻辑输入条件，决定是否启用逻辑输出。一个梯形图程序包括左侧提供能流的能量线，闭合的触点允许能量通过它们流到下一个元素，而打开的触点阻止能量的流动。如图 3-1 所示，给出了梯形图程序的一个例子。当图中 I0.0 与 I0.1 的触点接通或 I0.0 与 I0.2 的触点接通，有一假想的能流通过 Q0.0 线圈。利用能流的概念，可以帮助我们更好地理解和分析梯形图程序，能流只能从左向右、从上向下流动。

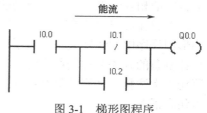

图 3-1 梯形图程序

触点和线圈组成的独立电路称为网络（Network），用编程软件生成的梯形图程序有网络编号，允许以网络为单位给梯形图增加注释。在网络中，程序的逻辑运算按从左到右的方向执行，与能流方向一致。各网络按从上到下的顺序执行，执行完成所有的网络后，返回到最上面的网络重新执行。

3.1.2 语句表（STL）编程语言

可编程控制器的指令是一种与微机的汇编语言中指令相似的助记符表达式，但比汇编语言易懂易学。语句表编程语言比较适合于熟悉可编程控制器和逻辑程序设计经验丰富的程序员使用，语句表可以实现某些不能用梯形图或功能图实现的功能。与图 3-1 所示的梯形图等价的指令表程序如下：

```
LD      I0.0
LDN     I0.1
O       I0.2
ALD
=       Q0.0
```

S7-200 CPU 从上到下按照程序的次序执行每一条指令，当执行到底部时，再从头重新开始执行每条指令。在执行程序时要用到逻辑堆栈，梯形图和功能图编辑器会自动地插入处理堆栈操作所需要的指令。在语句表中，必须由编程人员加入这些堆栈处理指令。

3.1.3 功能图（FBD）编程语言

功能图程序由通用逻辑门图形组成。在程序编辑器中看不到触点和线圈，但是有等价的、以框指令形式出现的指令。程序逻辑由这些框指令之间的连接决定。也就是说，一条指令的输出可以被用来启用另一条指令，这样可以建立所需要的控制逻辑。这样的连接概念可以解决各种各样的逻辑问题。

功能图编程语言是类似于数字逻辑门电路的编程语言，有数字电路基础的人很容易理解掌握。功能图程序使用类似与门、或门的方框来表示逻辑关系，迎合了逻辑设计人员的思维习惯。如图 3-2 所示，是由图 3-1 中梯形图转换而来的功能图程序。

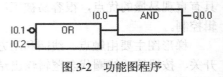

图 3-2 功能图程序

上述 3 种编程语言既可以独立使用，又可以混合使用。STEP7-Micro/WIN 软件可为用户做语言间的相互转换。梯形图或功能图程序一定能转换成语句表，而语句表编写的程序，不一定能转换成梯形图或功能图。原因是某些指令只有语句表形式，没有梯形图和功能图的表示方式。梯形图程序中的逻辑关系一目了然，易于理解，与继电器电路图的表达方式极为相似，所以在设计复杂的开关量控制程序时，一般使用梯形图语言。语句表程序输入方便快捷，可以为每条语句加上注释，使用于复杂程序的阅读。在设计通信、数据运算等高级应用程序时，建议使用语句表语言。

3.2 S7-200 的存储性能

S7-200 系列 PLC 提供了多种存储器件来确保用户程序、程序数据和组态数据不丢失。

（1）保持数据存储器（RAM）：易失性的存储器，失去电源供电后，由超级电容加外插电池卡提供电源缓冲。只要超级电容和可选电池卡电源没有耗尽，该存储区的数据就不会被改变。RAM 保存 V、M、T（定时器）和 C（计数器）等各数据区的内容，用户可以在系统块的"断电数据保持"界面中设置各数据区断电后是否存储到永久存储器中。

（2）外部程序存储器（EEPROM）：非易失的电可擦除存储器，保存数据不需要供电，并且可以改写其内容，用来保存程序块、数据块、系统块、强制值、组态为掉电保存的 M 存储区和用户程序控制下写入的指定值。

（3）外插存储卡：可拆卸的非易失的存储器，用来保存用户程序、数据记录（归档）和配方数据等。通过 S7-200 资源管理器，可以将文档文件（.doc，.txt，.pdf 等）存储在存储卡内。

3.2.1 S7-200 的存储区类型

S7-200 CPU 的存储区在使用时是有限制的，不同的 CPU 可使用范围也不尽相同，用户设计程序时，必须确保所使用的 I/O 接口和内存范围与所选 CPU 相适应。否则，如果用户程序所用的 I/O 接口或内存范围超出 S7-200 CPU 的允许范围，在编译程序时，就会收到错误的提示信息。S7-200 各种 CPU 存储区的有效范围参见表 3-1。

表 3-1 S7-200 CPU 的存储范围

描　　述	CPU221	CPU222	CPU224	CPU224XP CPU224XPsi	CPU226
"运行模式下编辑"用户程序大小（B）	4096	4096	8192	12 288	16 384
"非运行模式下编辑"用户程序大小（B）	4096	4096	12 288	16 384	24 576
用户数据大小（B）	2048	2048	8192	10 240	10 240
输入映像寄存器	I0.0～I15.7	I0.0～I15.7	I0.0～I15.7	I0.0～I15.7	I0.0～I15.7
输出映像寄存器	Q0.0～Q15.7	Q0.0～Q15.7	Q0.0～Q15.7	Q0.0～Q15.7	Q0.0～Q15.7
模拟量输入（只读）	AIW0～AIW30	AIW0～AIW30	AIW0～AIW62	AIW0～AIW62	AIW0～AIW62
模拟量输出（只写）	AQW0～AQW30	AQW0～AQW30	AQW0～AQW62	AQW0～AQW62	AQW0～AQW62
变量存储器（V）	VB0～VB2047	VB0～VB2047	VB0～VB8191	VB0～VB10239	VB0～VB10239
局部存储区（L）	LB0～LB63	LB0～LB63	LB0～LB63	LB0～LB63	LB0～LB63
位存储区（M）	M0.0～M31.7	M0.0～M31.7	M0.0～M31.7	M0.0～M31.7	M0.0～M31.7
特殊寄存器（SM）范围	SM0.0～SM179.7	SM0.0～SM299.7	SM0.0～SM549.7	SM0.0～SM549.7	SM0.0～SM549.7
只读特殊寄存器	SM0.0～SM29.7	SM0.0～SM29.7	SM0.0～SM29.7	SM0.0～SM29.7	SM0.0～SM29.7
定时器（T）	T0～T255	T0～T255	T0～T255	T0～T255	T0～T255

描　述	CPU221	CPU222	CPU224	CPU224XP CPU224XPsi	CPU226
1ms 保持接通延时	T0, T64	T0, T64	T0, T64	T0, T64	T0, T64
10ms 保持接通延时	T1~T4, T65~T68	T1~T4, T65~T68	T1~T4, T65~T68	T1~T4, T65~T68	T1~T4, T65~T68
100ms 保持接通延时	T5~T31, T69~T95	T5~T31, T69~T95	T5~T31, T69~T95	T5~T31, T69~T95	T5~T31, T69~T95
1ms 开/关延时	T32, T96	T32, T96	T32, T96	T32, T96	T32, T96
10ms 开/关延时	T33~T36, T97~T100	T33~T36, T97~T100	T33~T36, T97~T100	T33~T36, T97~T100	T33~T36, T97~T100
100ms 开/关延时	T37~T63, T101~T255	T37~T63, T101~T255	T37~T63, T101~T255	T37~T63, T101~T255	T37~T63, T101~T255
计数器	C0~C255	C0~C255	C0~C255	C0~C255	C0~C255
高数计数器	HC0~HC5	HC0~HC5	HC0~HC5	HC0~HC5	HC0~HC5
顺序控制继电器（S）	S0.0~S31.7	S0.0~S31.7	S0.0~S31.7	S0.0~S31.7	S0.0~S31.7
累加器寄存器	AC0~AC3	AC0~AC3	AC0~AC3	AC0~AC3	AC0~AC3
跳转/标号	0~255	0~255	0~255	0~255	0~255
调用/子程序	0~63	0~63	0~63	0~63	0~127
中断程序	0~127	0~127	0~127	0~127	0~127
正/负跳变	256	256	256	256	256
PID 回路	0~7	0~7	0~7	0~7	0~7
端口	端口 0	端口 0	端口 0	端口 0、端口 1	端口 0、端口 1

　　S7-200 CPU 将信息存储于不同的存储器区中，存储区的类型主要有：输入映像寄存器、输出映像寄存器、变量存储区、位存储区、定时器存储区、计数器存储区、高速计数器、累加器、特殊存储器、局部存储器、模拟量输入、模拟量输出和顺序控制继电器存储区。

1. 输入映像寄存器（I）

　　输入映像寄存器的标识符为 I，在每次扫描周期的开始，CPU 对物理输入点进行采样并将采样值写入输入映像寄存器中。可以按位、字节、字或双字来存取输入过程映像寄存器中的数据。输入映像寄存器是可编程控制器接收外部输入开关量信号的窗口。可编程控制器通过光耦合器，将外部信号的状态读入并存储在输入映像寄存器中。外部输入电路接通时，对应的映像寄存器为 ON（1 状态）。

2. 输出映像寄存器（Q）

　　输出映像寄存器的标识符为 Q，在每次扫描周期的结尾，CPU 将输出映像寄存器中的数值复制到物理输出点上，再由后者驱动外部负载。可以按位、字节、字或双字来存取输出过程映像寄存器中的数据。

3. 变量存储区（V）

变量存储区存储程序执行过程中控制逻辑操作的中间结果，也可以用它来保存与工序或任务相关的其他数据。可以按位、字节、字或双字来存取 V 存储区中的数据。

4. 位存储区（M）

位存储区用来保存控制继电器的中间操作状态和其他控制信息，并且可以按位、字节、字或双字来存取位存储区中的数据。

5. 定时器存储区（T）

S7-200 CPU 中，定时器可用于时间累计，其分辨率（时基增量）分为 1ms、10ms 和 100ms 三种。定时器有两个变量：定时器当前值和定时器位。定时器当前值是 16b 有符号整数，可存储由定时器计数的时间量。定时器位是在比较当前值和预设值后，可设置或清除该位。预设值是定时器指令的一部分，可以用定时器地址（T + 定时器号，如 T1）来存取当前值和定时器位。是否访问定时器位或当前值取决于所使用的指令，带位操作数的指令可访问定时器位，而带字操作数的指令则访问当前值。

6. 计数器存储区（C）

S7-200 CPU 提供三种类型的计数器，可计算计数器输入上的低-高跳变事件：一种类型仅计算向上事件，一种类型仅计算向下事件，还有一种类型计算向上和向下两种事件。计数器有两个变量：当前值和计数器位。当前值是 16b 有符号整数，可存储累加计数值。计数器位是在比较当前值和预设值后，可设置或清除该位。预设值是计数器指令的一部分，可以用计数器地址（C + 计数器号，如 C1）来访问这两种形式的计数器数据。是否访问计数器位或当前值取决于所使用的指令，带位操作数的指令访问计数器位，而带字操作数的指令则访问当前值。

7. 高速计数器（HC）

高速计数器对高速事件计数，它独立于 CPU 的扫描周期。高速计数器有一个 32b 的有符号整数计数值（或当前值）。若要存取高速计数器中的值，则应该给出高速计数器的地址，即存储器类型（HC）加上计数器号（如 HC0）。高速计数器的当前值是只读数据，仅可以作为双字（32b）来寻址。

8. 累加器（AC）

累加器是可以像存储器一样使用的读/写设备。例如，可以用它来向子程序传递参数，也可以从子程序返回参数，以及用来存储计算中间的结果。S7-200 CPU 提供 32b 累加器（AC0，AC1，AC2 和 AC3），并且可以按字节、字或双字的形式来访问累加器中的数值，被访问的数据长度取决于存取累加器时所使用的指令。当以字节或者字的形式存取累加器时，使用的是数值的低 8 位或低 16 位。当以双字的形式存取累加器时，使用全部 32 位。

9. 特殊存储器（SM）

特殊存储器为 CPU 与用户程序之间传递信息提供了一种手段，可使用这些位来选择和控制 S7-200 CPU 的某些特殊功能。例如，SM0.0 在执行用户程序时总是为 1 状态，SM0.1 仅在执行用户程序的第一个扫描周期时为 1 状态。特殊存储器可以按位、字节、字或双字来存取数据。

10. 局部存储器（L）

局部存储器和变量存储器很相似，但只有一处区别。变量存储器是全局有效的，而局部存储器只在局部有效。全局是指同一个存储器可以被任何程序存取（包括主程序、子程序和中断程序）。局部是指存储器区和特定的程序相关联。S7-200 CPU 给主程序分配 64 个局部存储器；给每一级子程序嵌套分配 64B 局部存储器；同样给中断程序分配 64B 局部存储器。其中，60B 可以用作临时存储器或者给子程序传递参数。子程序不能访问分配给主程序、中断程序或者其他子程序的局部存储器。同样的，中断程序也不能访问分配给主程序或子程序的局部存储器。

S7-200 CPU 根据需要分配局部存储器。也就是说，当主程序执行时，分配给子程序或中断程序的局部存储器是不存在的。当发生中断或者调用一个子程序，需要分配局部存储器时，才会给中断或子程序分配局部存储器。新的局部存储器地址可能会覆盖另一个子程序或中断程序的局部存储器地址。局部存储器在分配时，CPU 不进行初始化，初值可能是任意的。当在子程序调用中传递参数时，在被调用的子程序局部存储器中，由 CPU 替换其被传递的参数值。

11. 模拟量输入（AI）

S7-200 CPU 将现实世界连续变化的模拟量值（如温度或电压等）转换成 1 个字长（16b）的数字量的值。用区域标识符（AI）、数据长度（W）及字节的起始地址来表示模拟量的输入地址。因为模拟输入量为 1 个字长且从偶数字节（如 0，2，4）开始存放，所以必须用偶数字节地址（如 AIW0，AIW2，AIW4）来存取这些值。模拟量输入值为只读数据。

12. 模拟量输出（AQ）

S7-200 CPU 把 1 个字长（16b）的数字量的值按比例转换为电流或电压。用区域标识符（AQ）、数据长度（W）及字节的起始地址来表示模拟量的输出地址。因为模拟量输出为一个字长且从偶数字节（如 0，2，4）开始，所以必须用偶数字节地址（如 AQW0，AQW2，AQW4）来改变这些值。模拟量输出值为只写数据。

13. 顺序控制继电器存储区（S）

顺序控制继电器用于组织机器操作或者顺序控制，它提供控制程序的逻辑分段，可以按位、字节、字或双字来存取数据。

3.2.2　S7-200 的数据格式

S7-200 CPU 收集现场状态等信息，把这些信息按照用户程序进行运算、处理，然后输出控制、显示信号等。所有这些信息在 S7-200 PLC 中，都表示为不同格式的数据。在 S7-200 中，各种指令对数据格式都有一定要求，指令与数据之间的格式要一致才能正常工作。例如，为一个整数数据使用浮点数运算指令，显然会得到不正确的结果。数据有不同的长度，也就决定了数值的大小范围。模拟量信号在进行模数（A/D）和数模（D/A）转换时，一定会存在误差；代表模拟量信号的数据，只能以一定的精度表示模拟量信号。S7-200 CPU 支持的数据格式、数据长度和取值范围参见 3-2。

表 3-2 S7-200 支持的数据格式及数据长度

寻址格式	数据长度	数据类型	取值范围
BOOL（b）	1	布尔型	真（1）、假（0）
BYTE（B）	8	符号整数	0～255
INT（整数）	16b	有符号整数	−32 768～32 767
WORD（字）		无符号整数	0～65 535
DINT（双整数）		有符号整数	−2 147 483 648～2 147 483 647
DWORD（双字）	32b	无符号整数	0～4 294 967 295
REAL（实数）		IEEE32 位 单精度浮点数	−3.402823E+38～−1.175495E-38（负数） 1.175495E-38～3.402823E+38（正数）
ASCII	8 位/个	字符列表	ASCII 字符、汉字内码（每个汉字 2B）
STRING（字符串）		字符串	1～254 个 ASCII 字符、汉字内码（每个汉字 2B）

3.2.3 S7−200 的系统状态字

S7-200 PLC 的特殊存储器（SM）提供大量的状态和控制功能，并能起到在 CPU 和用户程序之间交换信息的作用。系统中特殊寄存器的相关描述参见表 3-3。

表 3-3 S7-200 PLC 特殊寄存器

读/写权限	特殊寄存器地址	描　　述
只读存储区	SMB0	系统状态字
	SMB1	指令执行状态字
	SMB2	自由端口接收字符
	SMB3	自由端口奇偶校验错误
	SMB4	特殊内存字节，包含中断队列溢出、数值被强制等
	SMB5	I/O 错误状态字
	SMB6	CPU ID 寄存器
	SMB7	保留
	SMB8～SMB21	I/O 模块标志和错误寄存器
	SMW22～SMW26	扫描时间
	SMB28，SMB29	模拟电位器调整
读/写存储区	SMB30	端口 0 控制寄存器
	SMB31，SMW32	永久存储器（EEPROM）写入控制
	SMB34，SMB35	定时中断的时间间隔寄存器
	SBM36～SMB65	HSC0，HSC1 和 HSC2 寄存器
	SMB66～SMB85	PTO/PWM 高速输出寄存器
	SMB86～SMB94	端口 0 接收消息控制

读/写权限	特殊寄存器地址	描　　述
读/写存储区	SMW98	扩展 I/O 总线错误
	SMB130	端口 1 控制寄存器
	SMB131～SMB165	HSC4，HSC4 和 HSC5 寄存器
	SMB166～SMB185	PTO0，PTO1 包络定义表
	SMB186～SMB194	端口 1 接收消息控制
	SMB200～SMB549	智能模块状态

　　SMB0 为用户程序中使用最频繁的特殊寄存器地址，它是系统状态字，提供 SMB0.0～SMB0.7 共 8 个状态位，每个扫描周期的末尾由 S7-200 CPU 更新这些值。SMB0 各位的描述参见表 3-4。

表 3-4　系统状态字 SMB0

SM 地址	系统预定义符号名	描　　述
SM0.0	Always_On	该位总是打开
SM0.1	First_Scan_On	首次扫描周期时该位打开，可以用来调用初始化子程序
SM0.2	Retentive_Lost	如果保留性数据丢失，该位为一次扫描周期打开，可用作错误内存位或调用特殊启动顺序的功能
SM0.3	RUN_Power_Up	开机后进入 RUN 模式，该位将打开一个扫描周期，该位可用作在启动操作之前给设备提供一个预热时间
SM0.4	Clock_60s	该位提供时钟脉冲，该脉冲在 1min 的周期时间内 OFF（关闭）30s，ON（打开）30s。它提供了一个简单易用的延迟或 1min 的时钟脉冲
SM0.5	Clock_1s	该位提供时钟脉冲，该脉冲在 1s 的周期时间内 OFF（关闭）0.5s，ON（打开）0.5s。它提供了一个简单易用的延迟或 1s 的时钟脉冲
SM0.6	Clock_Scan	该位是扫描周期时钟，为一次扫描打开，然后为下一次扫描关闭。该位可用作扫描计数器输入
SM0.7	Mode_Switch	该位表示"模式"开关的当前位置（关闭=TERM 位置，打开=RUN 位置）。开关位于 RUN（运行）位置时，用该位启用自由口模式，当转换至 TERM 位置时，重新启用 PLC 与编程设备的正常通信

3.3　S7-200 的寻址方式

　　在使用指令进行编程时，会涉及指令所使用的操作数，以及指令以何种方式存储和读取数据。因此本节主要介绍 S7-200 的寻址方式。S7-200 CPU 将信息存储于不同的存储器单元，每个单元都有唯一的地址。通过明确指出要访问的存储器地址，允许用户程序直接访问这些信息。S7-200 CPU 使用数据地址访问所有的数据，称为寻址。根据对储存器单元中信息存取形式的不同，对编程元件的寻址分为直接寻址和间接寻址。

3.3.1 直接寻址

S7-200 CPU 将信息存储在存储器中，存储单元按字节进行编址，无论所寻址是何种数据类型，通常应指出它所在存储区域内的字节地址，这种直接指出元件名称的寻址方式称为直接寻址。在直接寻址方式中，直接使用存储器或寄存器的元件名称和地址编号，根据这个地址可以立即找到数据。根据数据类型，直接寻址又分为位寻址、字节寻址、字寻址和双字寻址 4 种。

若要访问存储区的某一位，则必须指定地址，包括存储器标志符、字节地址和位号。例如，I3.4。其中，存储器标志符"I"表示输入，字节地址为 3，位地址为 4，如图 3-3 所示，这种存取方式称为"字节.位"寻址方式。

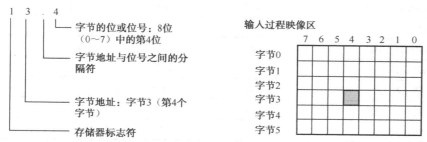

图 3-3 "字节.位"寻址

使用这种字节寻址方式，可以按照字节、字或双字来访问许多存储区（V，I，Q，M，S，L 及 SM）中的数据。若要访问 CPU 中的一个字节、字或双字数据，必须以类似位寻址方式给出地址，包括存储器标志符、数据大小以及该字节、字或双字的起始字节地址，如图 3-4 所示。

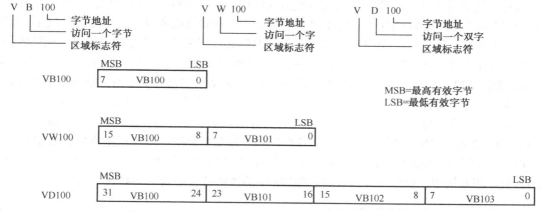

图 3-4 对同一地址进行字节、节和双字存取操作的比较

从图 3-4 中还可以看到，在选用了同一字节地址作为起始地址分别以字节、字及双字寻址时，其所表示的地址空间是不同的。当涉及多字节组合寻址时，S7-200 遵循"低地址、高字节，高地址、低字节"的规律。例如 VW100 中，VB100 存放于高字节中，VB101 存放于低字节中。

在 S7-200 中，并不是所有的存储区都支持位寻址、字节寻址、字寻址、双字寻址这 4 种寻址方式，存储区所支持的寻址方式参见表 3-5。

表3-5 不同存储区支持的寻址方式

存储区类型	位 寻 址	字 节 寻 址	字 寻 址	双 字 寻 址
输入映像寄存器（I）	支持	支持	支持	支持
输出映像寄存器（Q）	支持	支持	支持	支持
变量存储区（V）	支持	支持	支持	支持
位存储区（M）	支持	支持	支持	支持
定时器存储区（T）	支持	不支持	支持	不支持
计数器存储区（C）	支持	不支持	支持	不支持
高速计数器（HC）	不支持	不支持	不支持	支持
累加器（AC）	不支持	支持	支持	支持
特殊存储器（SM）	支持	支持	支持	支持
局部存储器（L）	支持	支持	支持	支持
模拟量输入（AI）	不支持	不支持	支持	不支持
模拟量输出（AQ）	不支持	不支持	支持	不支持
顺序控制继电器存储区（S）	支持	支持	支持	支持

3.3.2 间接寻址

间接寻址是指数据存放在存储器或寄存器中，在指令中只出现所需数据所在单元的内存地址。这种间接寻址方式与计算机的间接寻址方式相同，通过指针来访问存储区数据。指针以双字的形式存储其他存储区的地址。只能用 V 存储器、L 存储器或者累加器寄存器（AC1、AC2、AC3）作为指针。要建立一个指针，必须以双字的形式，将需要间接寻址的存储器地址转移到指针中。指针也可以作为参数传递到子程序中。S7-200 允许指针访问下列存储区：I，Q，V，M，S，AI，AQ，SM，T（仅当前值）和 C（仅当前值）。无法用间接寻址的方式访问单独的位，也不能访问 HC 或者 L 存储区。要使用间接寻址，应该用 "&" 符号加上要访问的存储区地址来建立一个指针。指令的输入操作数应该以 "&" 符号开头来表明是将存储区的地址而不是其内容移动到指令的输出操作数（指针）中。当指令中的操作数是指针时，应该在操作数前面加上 "*"号。如图 3-5 所示，输入*AC1 指定 AC1 是一个指针，MOVW 指令决定了指针指向的是一个字长的数据。在本例中，存储在 VB200 和 VB201 中的数值被移动到累加器 AC0 中。

图 3-5 创建和使用指针

处理连续数据时，通过修改指针可以很容易地存取相邻数据。简单的数学运算，如加法指令或者减法指令，可用于改变指针的数值。由于指针是一个 32b 的数据，要用双字指令来改变指针的数值，如图 3-6 所示。

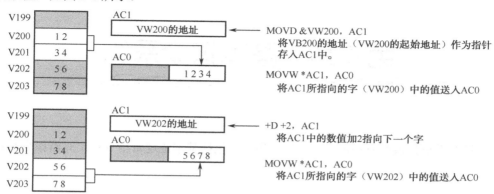

图 3-6　改变指针

3.3.3　I/O 寻址

S7-200 CPU 提供的本地 I/O 具有固定的 I/O 地址，扩展模块上的 I/O 地址按照离 CPU 的距离递增排列。离 CPU 越近，地址号越小。因此在编程时不必配置 I/O 地址。

对于同种类型的输入/输出模块而言，模块的 I/O 地址取决于 I/O 类型和模块在 I/O 链中的位置。输出模块不会影响输入模块上的 I/O 地址，反之亦然。类似的，模拟量模块也不会影响数字量模块的 I/O 地址，反之亦然。在模块之间，数字量信号的地址总是以 8b（1B）为单位递增。如果 CPU 上的物理输入点没有完全占据 1B，其中剩余未用的位也不能分配给后续模块的同类信号。模拟量信号总是要占据两个通道的地址。即使有些模块（如 EM235）只有一个实际输出通道，它也要占用两个通道的地址。在编程计算机和 CPU 实际联机时，使用 STEP7-Micro/WIN 的菜单命令"PLC"→"信息（I）"，可以查看 CPU 和扩展模块的实际 I/O 地址分配。如图 3-7 所示，是一个特定的硬件配置中的 I/O 地址，地址间隙（用灰色斜体文字表示）无法在程序中使用。

CPU224XP		4输入/4输出	8输入	4模拟量输入 1模拟量输出	8输出	4模拟量输入 1模拟量输出
I0.0　Q0.0 I0.1　Q0.1 I0.2　Q0.2 I0.3　Q0.3 I0.4　Q0.4 I0.5　Q0.5 I0.6　Q0.6 I0.7　Q0.7 I1.0　Q1.0 I1.1　Q1.1 I1.2　Q1.2 I1.3　Q1.3 I1.4　Q1.4 I1.5　Q1.5 I1.6　Q1.6 I1.7　Q1.7 AIW0　AQW0 AIW2　AQW2 本地I/O		模块0 I2.0　Q2.0 I2.1　Q2.1 I2.2　Q2.2 I2.3　Q2.3 I2.4　Q2.4 I2.5　Q2.5 I2.6　Q2.6 I2.7　Q2.7 扩展I/O	模块1 I3.0 I3.1 I3.2 I3.3 I3.4 I3.5 I3.6 I3.7	模块2 AIW4　AQW4 AIW6　AQW6 AIW8 AIW10	模块3 Q3.0 Q3.1 Q3.2 Q3.3 Q3.4 Q3.5 Q3.6 Q3.7	模块4 AIW12　AQW8 AIW14　AQW10 AIW16 AIW18

图 3-7　CPU224XP 的本地和扩展 I/O 地址举例

第 4 章   基本指令系统

基本指令系统是指构成基本功能的指令集合，包括基本位逻辑指令、定时器指令和计数器指令。

4.1   位逻辑指令

位逻辑指令包括触点指令、线圈指令和逻辑堆栈指令。

4.1.1   触点指令

触点指令包括标准触点指令、立即触点指令、取反指令和正负转换指令，它们在梯形图和语句表中的表示参见表 4-1。

表 4-1 触 点 指 令

指 令 名 称	梯 形 图	语 句 表	
常开触点	位地址 ─┤ ├─	LD A O	位地址 位地址 位地址
常闭触点	位地址 ─┤ / ├─	LDN AN ON	位地址 位地址 位地址
常开立即触点	位地址 ─┤ I ├─	LDI AI OI	位地址 位地址 位地址
常闭立即触点	位地址 ─┤ /I ├─	LDNI ANI ONI	位地址 位地址 位地址
取反触点	─┤ NOT ├─	NOT	
正转换触点	─┤ P ├─	EU	
负转换触点	─┤ N ├─	ED	

1. 标准触点指令

标准触点指令包括常开触点指令和常闭触点指令。常开触点指令（LD，A 和 O）与常闭触点指令（LDN，AN 和 ON）从存储器或者过程映像寄存器中得到参考值。当该位等于 1 时，常开触点闭合（接通）；当该位等于 0 时，常闭触点闭合（断开）。在 STL 中，常开指令 LD、A 或 O 将相应地址位的位值存入栈顶；而常闭指令 LDN、AN 或 ON 则将相应地址位的位值取反，再存入栈顶。

2. 立即触点指令

立即触点指令包括常开立即触点指令和常闭立即触点指令，它会立即更新，而不依靠 S7-200 扫描周期进行更新。常开立即触点指令（LDI、AI 和 OI）和常闭立即触点指令（LDNI、ANI 和 ONI）在指令执行时立即得到物理输入值，但过程映像寄存器并不刷新。当物理输入点（位）为 1 时，常开立即触点闭合（接通）；当物理输入点（位）为 0 时，常闭立即触点闭合（接通）。常开立即指令 LDI、AI 或 OI 将相应地址位的物理值存入到栈顶，而常闭立即指令 LDNI、ANI 或 ONI 将相应地址位的物理值取反后再存入到栈顶。

3. 取反指令

取反指令（NOT）改变功率流输入的状态。在 STL 中，它将栈顶值由 0 变为 1，由 1 变为 0。

4. 正负转换指令

正负转换指令包括正转换触点指令和负转换触点指令。正转换触点指令（EU）检测到每一次正转换（由 0 到 1），让功率流接通一个扫描周期。负转换触点指令（ED）检测到每一次负转换（由 1 到 0），让功率流接通一个扫描周期。在 STL 中，对于正转换指令，检测到栈顶值的 0 到 1 转换将栈顶值设置为 1；否则将设置为 0。对于负转换指令，检测到栈顶值的 1 到 0 转换将栈顶值设置为 1；否则设置为 0。

触点指令的有效操作数参见表 4-2。

表 4-2　触点指令的有效操作数

输入/输出	数据类型	操 作 数
位地址	BOOL	I, Q, V, M, SM, S, T, C, L, 功率流
位地址（立即）	BOOL	I

例 4-1：触点指令示例。

梯形图及语句表的程序示例如图 4-1 所示。在网络 1 中，当常开触点 I0.0 接通（输入为 1）时，Q0.0 变为 1，Q0.1 变为 0；当常开触点 I0.0 断开（输入为 0）时，Q0.0 变为 0，Q0.1 变为 1。在网络 2 中，常闭触点 I0.2 接通（输入为 0）或者常开触点 I0.3 接通（输入为 1）时，Q0.2 变为 1，否则，Q0.2 为 0。在网络 3 中，常开触点 I0.4 由 0 变为 1（正转换）时，Q0.3 变为 1；常开触点 I0.4 由 1 变为 0（负转换）时，Q0.4 变为 1。

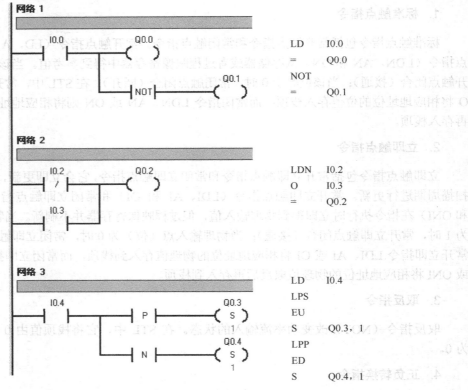

图 4-1　触点指令程序示例

4.1.2　线圈指令

　　线圈指令包括输出指令、立即输出指令、置位和复位指令，它们在梯形图和语句表中的表示参见表 4-3。

表 4-3　线圈指令

指令名称	梯形图	语句表
输出指令	位地址 —( )	= 位地址
置位指令	位地址 —(S) 个数	S 位地址、个数
复位指令	位地址 —(R) 个数	R 位地址、个数
立即输出指令	位地址 —(I)	=I 位地址

续表

指　令　名　称	梯　形　图	语　句　表
立即置位指令	位地址 ─(SI) 个数	SI 位地址，个数
立即复位指令	位地址 ─(RI) 个数	RI 位地址，个数

1. 输出指令

输出指令（=）将新值写入输出点的过程映像寄存器中。当输出指令执行时，S7-200 将输出过程映像寄存器中的位接通或者断开。在 LAD 中，指定点的值等于功率流。在 STL 中，栈顶的值复制到指定位。

2. 立即输出指令

立即输出指令（=I）将新值同时写到物理输出点和相应的过程映像寄存器中。当立即输出指令执行时，物理输出点立即被置为功率流值。在 STL 中，立即指令将栈顶的值立即复制到物理输出点的指定位上。"I"表示立即引用。当执行指令时，将新值写入物理输出和相应的过程映像寄存器位置。这一点不同于非立即指令，只把新值写入过程映像寄存器。立即置位和立即复位指令将从指定地址开始的 N 个点立即置位或者立即复位，一次可以置位或复位 1～128 个点。

3. 置位和复位指令

置位（S）和复位（R）指令将从指定地址开始的 N 个点置位或者复位。可以一次置位或者复位 1～255 个点。如果复位指令指定的是一个定时器位（T）或计数器位（C），指令不但复位定时器或计数器位，而且清除定时器或计数器的当前值。

线圈指令的有效操作数参见表 4-4。

表 4-4　线圈指令的有效操作数

输入/输出	数据类型	操　作　数
位地址	BOOL	I, Q, V, M, SM, S, T, C, L
位地址（立即）	BOOL	Q
个数	BOOL	IB, QB, VB, MB, SMB, SB, LB, AC, *VD, *LD, *AC, 常数

例 4-2：线圈指令示例。

梯形图及语句表的程序示例如图 4-2 所示。在网络 1 中，当常开触点 I0.0 接通（输入为 1）时，从 Q0.0 开始的 8 位（Q0.0～Q0.7）变为 1，从 Q1.0 开始的 8 位（Q1.0～Q1.7）变为 1，并立即输出到物理输出点；常开触点 I0.0 断开（输入为 0）时，不改变 Q0.0～Q1.7 的状态。在网络 2 中，当常闭触点 I0.1 接通（输入为 0）时，从 Q0.0 开始的 8 位（Q0.0～Q0.7）变为 0，从 Q1.0 开始的 8 位（Q1.0～Q1.7）变为 0，并立即输出到物理输出点；常闭触点 I0.1 断开（输入为 1）时，不改变 Q0.0～Q0.7 的状态。

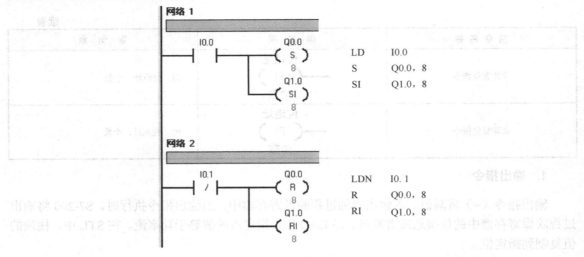

图 4-2 线圈指令程序示例

4.1.3 逻辑堆栈指令

逻辑堆栈指令只支持语句表，在梯形图中无须此类指令。逻辑堆栈指令在语句表中的表示参见表 4-5。

表 4-5 逻辑堆栈指令

指 令 名 称	语 句 表
栈装载与	ALD
栈装载或	OLD
逻辑推入栈	LPS
逻辑弹出栈	LPP
逻辑读栈	LRD
装入堆栈	LDS

1. 栈装载与指令

栈装载与指令（ALD）对堆栈中第一层和第二层的值进行逻辑与操作。结果放入栈顶。执行完栈装载与指令之后，栈深度减 1。

2. 栈装载或指令

栈装载或指令（OLD）对堆栈中第一层和第二层的值进行逻辑或操作。结果放入栈顶。执行完栈装载或指令之后，栈深度减 1。

3. 逻辑推入栈指令

逻辑推入栈指令（LPS）复制栈顶的值并将这个值推入栈。栈底的值被推出并消失。

4. 逻辑弹出栈指令

逻辑弹出栈指令（LPP）弹出栈顶的值。堆栈的第二个栈值成为新的栈顶值。

5. 逻辑读栈指令

逻辑读栈指令（LRD）复制堆栈中的第二个值到栈顶。堆栈没有推入栈或者弹出栈操作，但旧的栈顶值被新的复制值取代。

6. 装入堆栈指令

装入堆栈指令（LDS）复制堆栈中的第 N 个值到栈顶。栈底的值被推出并消失。

装入堆栈指令的有效操作数参见表 4-6。

表 4-6　装入堆栈指令的有效操作数

输入/输出	数 据 类 型	操 作 数
N	BYTE	常数（0 到 8）

例 4-3：逻辑堆栈指令示例。

梯形图及语句表的程序示例如图 4-3 所示。在网络 1 中，当常开触点 I0.1 接通（输入为 1）或者常开触点 I1.0 和 I1.1 接通（输入为 1）时，Q0.0 变为 1，否则，Q0.0 为 0。在网络 2 中，当常开触点 I0.0 接通（输入为 1）、常开触点 I0.5 接通（输入为 1）或常开触点 I0.6 接通（输入为 1）时，Q0.1 变为 1；当常开触点 I0.0 接通（输入为 1）、常开触点 I1.5 接通（输入为 1）或常开触点 I1.6 接通（输入为 1）时，Q0.2 变为 1。

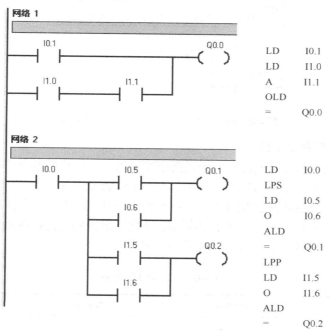

图 4-3　逻辑堆栈指令程序示例

4.1.4 程序案例

例 4-4：置位与复位控制电动机。

置位和复位指令属于线圈指令。当置位工作条件满足时，线圈置 1。即使置位信号变为 0 以后，被置位状态仍然保持不变。只有当复位信号满足时，状态复位线圈才置 0。本例就是利用置位和复位指令来实现电动机的启动和停止。PLC 的 I/O 配置参见表 4-7。

表 4-7　PLC 的 I/O 配置

图形符号	PLC 符号	I/O 地址	功能
SB1	运行按钮	I0.0	启动电动机按钮
SB2	停止按钮	I0.1	停止电动机按钮
KH	过载保护	I0.2	电动机过载保护
KM1	电动机运行	Q0.0	电动机运行

PLC 控制电动机程序如图 4-4 所示。在网络 1 中，当按下运行按钮，并且电动机没有过载时，电动机开始运行。在网络 2 中，当按下停止按钮或者电动机过载时，电动机停止运行。

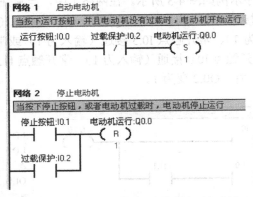

图 4-4　PLC 置位和复位指令控制电动机程序

例 4-5：单按钮控制电动机。

单按钮控制电动机启停是利用正负转换指令实现的。正负转换指令又称边沿触发指令，它利用边沿触发信号产生一个机器周期的扫描脉冲。边沿触发指令分为上升沿脉冲触发指令（正转换触点指令）和下降沿脉冲触发指令（负转换触点指令）两大类。上升沿脉冲触发是指输入脉冲的上升沿使触点接通（ON）一个扫描周期；下降沿脉冲触发是指输入脉冲的下降沿使触点接通（ON）一个扫描周期。PLC 的 I/O 配置参见表 4-8。

表 4-8　PLC 的 I/O 配置

图形符号	PLC 符号	I/O 地址	功能
SB	启停按钮	I0.0	启动或停止电动机按钮
KH	过载保护	I0.1	电动机过载保护
KM	电动机运行	Q0.0	电动机运行

PLC 控制电动机程序如图 4-5 所示。在网络 1 中，当第二次按下按钮时，设置按钮标志 2。在网络 2 中，当第一次按下按钮时，设置按钮标志 1。在网络 3 中，当按钮标志 1 和按钮标志 2 全部置位时，复位按钮标志 1 和按钮标志 2。在网络 4 中，如果按钮标志 1 置 1 并且没有过载，则启动电动机。

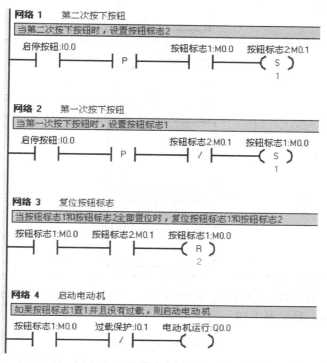

图 4-5　PLC 单按钮控制电动机程序

4.2　定时器指令

S7-200 有 3 种类型的定时器：接通延时定时器（TON）、有记忆接通延时定时器（TONR）和断开延时定时器（TOF），共计 256 个定时器，其编号为 T0～T255。其中，有记忆接通延时定时器为 64 个，其余 192 个均可定义为接通延时定时器或断开延时定时器。S7-200 还有一个时间间隔定时器，用于计算长达 49.7 天的时间间隔。定时器指令在梯形图和语句表中的表示参见表 4-9。

表 4-9　定时器指令

指 令 名 称	梯 形 图	语 句 表
有记忆接通延时定时器	Txx IN　　TONR PT　　100 ms	TONR Txx, PT

续表

指令名称	梯形图	语句表
接通延时定时器	Txx IN　　　TON PT　　100 ms	TON Txx, PT
断开延时定时器	Txx IN　　　TOF PT　　100 ms	TOF Txx, PT
触发时间间隔指令	BGN_ITIME EN　　　ENO 　　　OUT	BITIM OUT
计算时间间隔指令	CAL_ITIME EN　　　ENO IN　　　OUT	CITIM IN, OUT

定时器对时间间隔计数，时间间隔称为分辨率，又称为时基。S7-200 定时器有 3 种分辨率：1ms、10ms 和 100ms，参见表 4-10。

表 4-10　定时器类型

定时器类型	分辨率（ms）	最长定时器（s）	定时器号
有记忆接通延时定时器（TONR）	1	32.767	T0, T64
	10	327.67	T1～T4, T65～T68
	100	3276.7	T5～T31, T69～T95
接通延时定时器（TON） 断开延时定时器（TOF）	1	32.767	T32, T96
	10	327.67	T33～T36, T97～T100
	100	3276.7	T37～T63, T101～T255

从表 4-10 中可以看出接通延时定时器（TON）和断开延时定时器（TOF）使用相同的定时器号，但在同一个 PLC 程序中，一个定时器只能使用一次，不能既有接通延时定时器（TON）T33，又有断开延时定时器（TOF）T33。

定时器的定时时间等于分辨率乘以预设值，例如，T37 为 100ms 定时器，如果预设值为 10，则实际定时时间为 100ms 乘以 10，即为 1s。定时器指令在梯形图中的格式如图 4-6 所示。

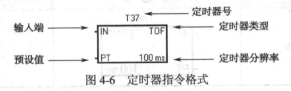

图 4-6　定时器指令格式

定时器的有效操作数参见表 4-11。

表 4-11 定时器的有效操作数

输入/输出	数据类型	操作数
Txx	WORD	常数（T0～T255）
IN	BOOL	I, Q, V, M, SM, S, T, C, L, 功率流
PT	INT	IW, QW, VW, MW, SMW, SW, LW, T, C, AC, AIW, *VD, *LD, *AC, 常数

定时器的操作方式参见表 4-12。

表 4-12 定时器的操作方式

定时器类型	当前值≥预设值	使能输入（IN）的状态	上电周期/首次扫描
TON	定时器位 ON，当前连续计数到 32767	ON：当前值计数时间 OFF：定时器位关闭，当前值=0	定时器位 OFF，当前值=0
TONR	定时器位 ON，当前连续计数到 32767	ON：当前值计数时间 OFF：定时器位和当前值保持最后状态	定时器位 OFF，当前值可以保持
TOF	定时器位 OFF，当前值=预设值，停止计数	ON：定时器位接通，当前值=0 OFF：在接通至断开转换后定时器开始计数	定时器位 OFF，当前值=0

S7-200 CPU 定时器中，不同分辨率的定时器，由于其刷新方式不同，因而在使用定时器时有一些注意事项。对于 1ms 分辨率的定时器来说，定时器位和当前值的更新不与扫描周期同步。对于大于 1ms 的程序扫描周期，定时器位和当前值在一次扫描内刷新多次。对于 10 ms 分辨率的定时器来说，定时器位和当前值在每个程序扫描周期的开始刷新。定时器位和当前值在整个扫描周期过程中为常数。在每个扫描周期的开始会将前一个扫描累计的时间间隔加到定时器当前值上。对于分辨率为 100 ms 的定时器，在执行指令时对定时器位和当前值进行更新。因此，如果 100ms 定时器指令不是每个周期都执行，定时器就不能及时刷新，可能会导致出错。

4.2.1 接通延时定时器（TON）

接通延时定时器（TON）用于计时单个时间间隔。当输入端接通时，定时器开始计时；当定时器的当前值大于或等于预设值时，定时器变为 ON。定时器继续计时，一直计时到最大值。当输入端断开或用复位指令复位定时器时，定时器当前值被清零，定时器变为 OFF。

例 4-6：接通延时定时器（TON）程序示例。

接通延时定时器（TON）程序示例如图 4-7 所示。在网络 1 中，当常开触点 I0.0 接通时，T37 开始计时，当计时时间达到 2000 ms 时，T37 变为 ON；当常开触点 I0.0 断开时，T37 当前值被清零，T37 变为 OFF。在网络 2 中，当 T37 变为 ON 时，Q0.0 输出为 1；当 T37 变为 OFF 时，Q0.0 输出为 0。

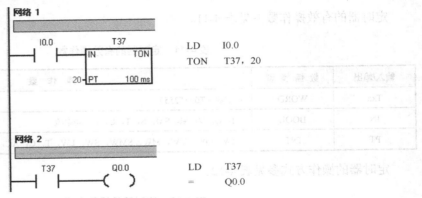

图 4-7 接通延时定时器（TON）程序示例

4.2.2 有记忆接通延时定时器（TONR）

有记忆接通延时定时器（TONR）用于累计多个间隔。当输入端接通时，定时器开始计时；当定时器的当前值大于或等于预设值时，定时器变为 ON。定时器继续计时，一直计时到最大值。当输入端断开时，定时器保留当前值并停止计时，当输入端再次接通时，定时器从保留的值开始计时。有记忆接通延时定时器（TONR）只能用复位指令 R 对其进行复位，复位后，定时器变为 OFF，当前值清零。

例 4-7：有记忆接通延时定时器（TONR）程序示例。

有记忆接通延时定时器（TONR）程序示例如图 4-8 所示。在网络 1 中，当常开触点 I0.0 接通时，T5 开始计时。如果当 T5 计时到 500ms 时，I0.0 断开，T5 停止计时并保留当前值。当 I0.0 再次接通时，T5 从 500ms 处开始计时，当计时至 1500ms 时，T5 变为 ON。在网络 2 中，当 T5 变为 ON 时，Q0.0 输出为 1；当 T5 变为 OFF 时，Q0.0 输出为 0。在网络 3 中，当常开触点 I0.1 接通时，复位 T5，T5 变为 OFF，当前值清零。

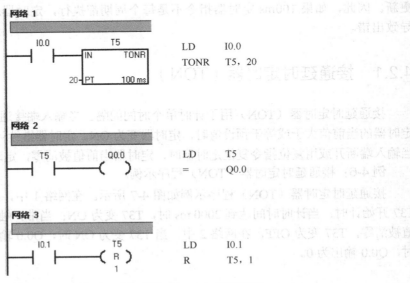

图 4-8 有记忆接通延时定时器（TONR）程序示例

4.2.3 断开延时定时器（TOF）

断开延时定时器（TOF）用来在输入断开后延时一段时间断开输出。当输入端接通时，定时器变为 ON，当前值被置 0。当输入端断开时，定时器开始计时。当定时器的当前值等于预设值时，定时器变为 OFF 并停止计时。如果在定时到达预设值之前，输入端重新接通，则定时器位保持为 ON。

例 4-8：断开延时定时器（TOF）程序示例。

断开延时定时器（TOF）程序示例如图 4-9 所示。在网络 1 中，当常开触点 I0.0 接通时，T38 为 ON，当前值为 0；当 I0.0 断开时，T38 开始计时，当计时达到 2000ms 时，T38 变为 OFF。在网络 2 中，当 T38 变为 ON 时，Q0.0 输出为 1；当 T38 变为 OFF 时，Q0.0 输出为 0。

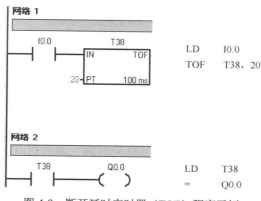

图 4-9　断开延时定时器（TOF）程序示例

4.2.4 时间间隔定时器

时间间隔定时器包括触发时间间隔指令和计算时间间隔指令。触发时间间隔（BITIM）指令读取内置的 1ms 计数器的当前值并将此值存储到 OUT 中。计算时间间隔（CITIM）指令计算当前时间和 IN 提供的值之间的时间差。时间差被存储在 OUT 中。双字毫秒值的最大定时间隔是 2^{32} 或 49.7 天。依据于 BITIM 指令执行的时间，CITIM 自动处理在最大间隔内发生的 1ms 定时器翻转。时间间隔定时器的有效操作数参见表 4-13。

表 4-13　时间间隔定时器的有效操作数

输入/输出	数 据 类 型	操 作 数
IN	DWORD	VD、ID、QD、MD、SMD、SD、LD、HC、AC、*VD、*LD、*AC
OUT	DWORD	VD、ID、QD、MD、SMD、SD、LD、AC、*VD、*AC、*LD

例 4-9：时间间隔定时器程序示例。

时间间隔定时器程序示例如图 4-10 所示。在网络 1 中，当常开触点 I0.0 接通时，利用正转换指令，存储时间的当前值至 MD0。在网络 2 中，计算常开触点 I0.0 接通的持续时间，存储至 MD4 中。

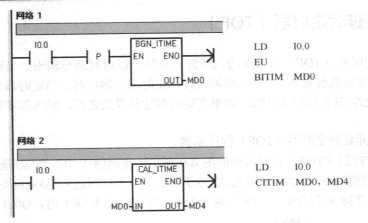

图 4-10　时间间隔定时器程序示例

4.2.5　程序案例

例 4-10：长定时程序。

S7-200 定时器的最大计时时间为 3276.7s。如果所需的时间超过了定时器的最大计算时间，就可考虑采用多个定时器串联使用，以扩大其延时时间。本例利用定时器串联来实现两台电动机间 90min（5400s）的延时启动，PLC 的 I/O 配置参见表 4-14。

表 4-14　PLC 的 I/O 配置

图 形 符 号	PLC 符 号	I/O 地 址	功　能
SB1	运行按钮	I0.0	启动电动机按钮
SB2	停止按钮	I0.1	停止电动机按钮
KH1	过载保护 1	I0.2	电动机 1 过载保护
KH2	过载保护 2	I0.3	电动机 2 过载保护
KM1	电动机 1 运行	Q0.0	电动机 1 运行
KM2	电动机 2 运行	Q0.1	电动机 2 运行

PLC 控制电动机程序如图 4-11 所示。在网络 1 中，当按下运行按钮时，电动机没有过载，启动电动机 1。在网络 2 中，电动机运行后，启动定时器 1，定时器 1 计时时间为 2700s。在网络 3 中，当定时器 1 计时到时，启动定时器 2，定时器 2 计时时间为 2700s。在网络 4 中，当定时器 2 计时到时，启动电动机 2。在网络 5 中，当按下停止按钮时，停止两台电动机。在网络 6 中，当电动机 1 过载时，停止电动机 1。在网络 7 中，当电动机 2 过载时，停止电动机 2。

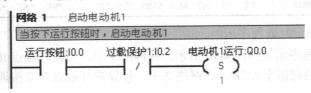

图 4-11　PLC（长定时）控制电动机程序

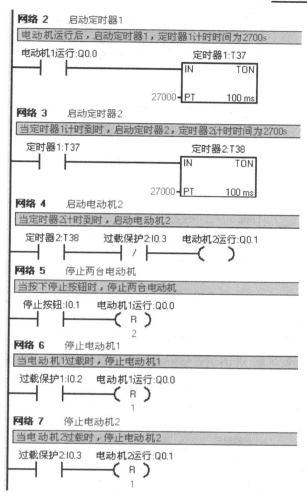

网络 2 　启动定时器1

电动机运行后，启动定时器1，定时器1计时时间为2700s

电动机1运行:Q0.0　　　　　　　　　定时器1:T37
　　　　　　　　　　　　　　　　　　IN　　　TON
　　　　　　　　　　　　　27000─PT　　　100 ms

网络 3 　启动定时器2

当定时器1计时到时，启动定时器2，定时器2计时时间为2700s

定时器1:T37　　　　　　　　　　　定时器2:T38
　　　　　　　　　　　　　　　　　IN　　　TON
　　　　　　　　　　　27000─PT　　　100 ms

网络 4 　启动电动机2

当定时器2计时到时，启动电动机2

定时器2:T38　过载保护2:I0.3　电动机2运行:Q0.1

网络 5 　停止两台电动机

当按下停止按钮时，停止两台电动机

停止按钮:I0.1　电动机1运行:Q0.0
　　　　　　　　　(R)
　　　　　　　　　　2

网络 6 　停止电动机1

当电动机1过载时，停止电动机1

过载保护1:I0.2　电动机1运行:Q0.0
　　　　　　　　　(R)
　　　　　　　　　　1

网络 7 　停止电动机2

当电动机2过载时，停止电动机2

过载保护2:I0.3　电动机2运行:Q0.1
　　　　　　　　　(R)
　　　　　　　　　　1

图 4-11　PLC（长定时）控制电动机程序（续）

例 4-11：声控灯程序。

为了节约能源，很多楼道中都安装了声控灯，当有人上楼发出响声时，声控灯会点亮固定时间，然后熄灭。本例就是用 S7-200 PLC 来实现此功能的，声控灯点亮时间为 20s。PLC 的 I/O 配置参见表 4-15。

表 4-15　PLC 的 I/O 配置

图 形 符 号	PLC 符 号	I/O 地址	功　能
SI	声音检测	I0.0	声音检测
KA	开启照明	Q0.0	点亮照明灯

PLC 控制声控灯程序如图 4-12 所示。在网络 1 中，当检测到声音并且照明灯没有点亮时，则点亮照明灯。在网络 2 中，点亮照明灯后，启动照明计时定时器。在网络 3 中，当照明计时时间到时，熄灭照明灯。

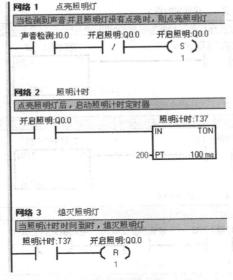

图 4-12   PLC 控制声控灯程序

例 4-12: 报警灯闪烁程序。

为了能及时引起操作人员的注意,通常在设备报警时,会有报警灯闪烁来提示操作人员有报警发生。本例中实现亮 2s 断 1s 的报警灯闪烁程序。PLC 的 I/O 配置参见表 4-16。

表 4-16   PLC 的 I/O 配置

图 形 符 号	PLC 符 号	I/O 地址	功　能
SI	故障检测	I0.0	检测故障
SB	故障复位	I0.1	复位故障
HL	报警指示	Q0.0	报警指示灯

PLC 控制报警灯闪烁程序如图 4-13 所示,其时序图如图 4-14 所示。在网络 1 中,当检测到故障时,置位故障标志位。在网络 2 中,当故障标志位为 1 时,点亮报警灯并启动点亮延时定时器。在网络 3 中,当点亮延时到时,启动熄灭延时定时器。在网络 4 中,当按下故障复位并且故障检测为 0 时,清除故障标志位。

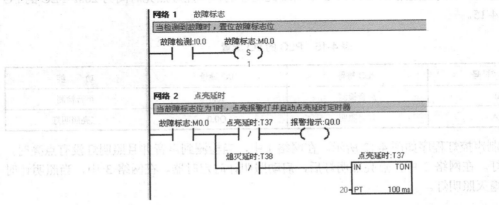

图 4-13   PLC 控制报警灯闪烁程序

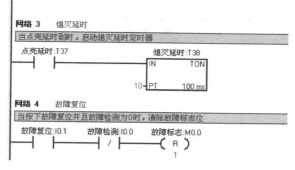

图 4-13 PLC 控制报警灯闪烁程序（续）

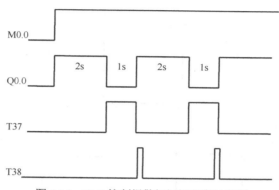

图 4-14 PLC 控制报警灯闪烁程序时序图

4.3 计数器指令

计数器用来累计输入脉冲的数量。S7-200 有 3 种计数器：增计数器（CTU）、减计数器（CTD）和增/减计数器（CTUD），共计 256 个计数器，其编号为 C0～C255。由于每一个计数器只有一个当前值，所以不要多次定义同一个计数器（具有相同标号的增计数器、减计数器、增/减计数器访问相同的当前值）。当使用复位指令复位计数器时，计数器位复位并且计数器当前值被清零。计数指令在梯形图和语句表中的表示参见表 4-17。

表 4-17 计数器指令

指 令 名 称	梯 形 图	语 句 表
增计数器	Cxx CU CTU R PV	CTU Cxx, PV

续表

指 令 名 称	梯 形 图	语 句 表
减计数器	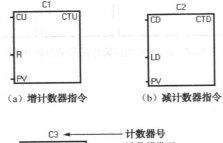	CTD Cxx, PV
增/减计数器	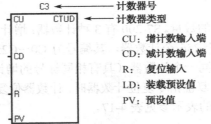	CTUD Cxx, PV

计数器在梯形图中的格式如图 4-15 所示。

（a）增计数器指令　　　　（b）减计数器指令

计数器号
计数器类型

CU：增计数输入端
CD：减计数输入端
R：复位输入
LD：装载预设值
PV：预设值

（c）增/减计数器指令

图 4-15　计数器指令格式

计数器的有效操作数参见表 4-18。

表 4-18　计数器的有效操作数

输入/输出	数据类型	操 作 数
Cxx	WORD	常数（C0～C255）
CU, CD, LD, R	BOOL	I, Q, V, M, SM, S, T, C, L, 功率流
PV	INT	IW, QW, VW, MW, SMW, SW, LW, T, C, AC, AIW, *VD, *LD, *AC, 常数

4.3.1　增计数器（CTU）

增计数指令（CTU）从当前计数值开始，在每次输入状态（CU）从 OFF 到 ON 变化时，递增计数。当 Cxx 的当前值大于或等于预设值 PV 时，计数器位 Cxx 置位。当它达到最大值（32767）后，计数器停止计数。当复位端（R）接通或者执行复位指令后，计数器被复位。

例 4-13：增计数器（CTU）程序示例。

增计数器（CTU）程序示例如图 4-16 所示。在网络 1 中，每次常开触点 I0.0 从 OFF 到 ON 变化时，C1 当前值加 1；当 C1 当前值达到 100 时，计数器位 C1 变为 ON。当常开触点 I0.1 接通时，C1 当前值清零，计数器位变为 OFF。在网络 2 中，当 C1 变为 ON 时，Q0.0 输出为 1；当 C1 变为 OFF 时，Q0.0 输出为 0。

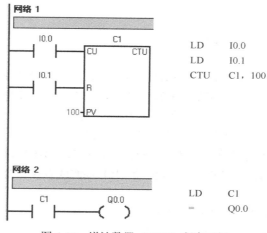

图 4-16　增计数器（CTU）程序示例

4.3.2　减计数器（CTD）

减计数指令（CTD）从当前计数值开始，在每次输入状态（CD）从 OFF 到 ON 变化时，递减计数。当 Cxx 的当前值等于 0 时，计数器位 Cxx 置位并停止计数。当装载输入端（LD）接通时，计数器位被复位并将计数器的当前值设置为预设值 PV。

例 4-14：减计数器（CTD）程序示例。

减计数器（CTD）程序示例如图 4-17 所示。在网络 1 中，每次常开触点 I0.0 从 OFF 到 ON 变化时，C2 当前值减 1；当 C2 当前值等于 0 时，计数器位 C2 变为 ON。当常开触点 I0.1 接通时，C2 当前值被设置为 100，计数器位变为 OFF。在网络 2 中，当 C2 变为 ON 时，Q0.0 输出为 1；当 C2 变为 OFF 时，Q0.0 输出为 0。

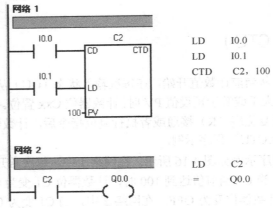

图 4-17 减计数器（CTD）程序示例

4.3.3 增/减计数器（CTUD）

增/减计数指令（CTUD）在每次增计数输入状态（CU）从 OFF 到 ON 变化时，递增计数；在每次减计数输入状态（CD）从 OFF 到 ON 变化时，递减计数。在每一次计数器执行时，预设值 PV 与当前值作比较，当 Cxx 的当前值大于或等于预设值 PV 时，计数器位 Cxx 置位。当计数器当前值达到最大值（32767）时，在增计数输入状态（CU）的下一个上升沿将当前计数值变为最小值（-32768）。当达到最小值（-32768）时，在减计数输入状态（CD）的下一个上升沿将当前计数值变为最大值（32767）。当复位端（R）接通或者执行复位指令后，计数器位被复位，当前值被清零。

例 4-15： 增/减计数指令（CTUD）程序示例。

增/减计数指令（CTUD）程序示例如图 4-18 所示。在网络 1 中，每次常开触点 I0.0 从 OFF 到 ON 变化时，C3 当前值加 1；每次常开触点 I0.1 从 OFF 到 ON 变化时，C3 当前值减 1。当 C3 当前值等于 100 时，计数器位 C3 变为 ON。当常开触点 I0.3 接通时，C3 当前值被设置为 0，计数器位变为 OFF。在网络 2 中，当 C3 变为 ON 时，Q0.0 输出为 1；当 C3 变为 OFF 时，Q0.0 输出为 0。

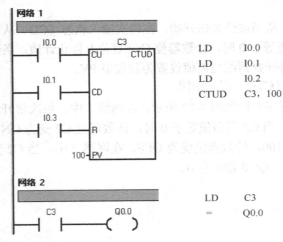

图 4-18 增/减计数指令（CTUD）程序示例

4.3.4 程序案例

例 4-16： 车辆入库及出库数量监控。

车库中共有 200 个车位，在车库的入口和出口处均设置有检测车辆的光电传感器，用 PLC 对进出车辆进行计数。当车辆进入车库时，计数值加 1；当车辆离开车库时，计数值减 1。当计数值为 200 时，车库已满，报警灯亮，提示后续车辆不得进入车库。当按下清零按钮时，将计数值清零，重新开始计数。PLC 的 I/O 配置参见表 4-19。

表 4-19 PLC 的 I/O 配置

图 形 符 号	PLC 符号	I/O 地址	功　能
SB	清零按钮	I0.0	清除计数
SI1	车辆入库	I0.1	车辆进入车库传感器
SI2	车辆出库	I0.2	车辆开出车库传感器
HL	报警指示	Q0.0	指示车库车满

PLC 控制车辆入库及出库数量监测程序如图 4-19 至 4-21 所示。

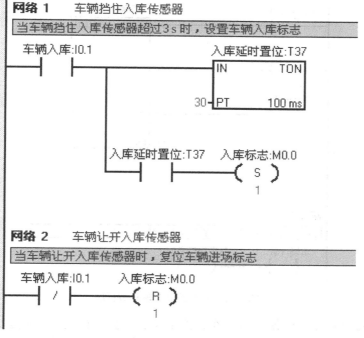

图 4-19 PLC 控制车辆入库数量监控程序

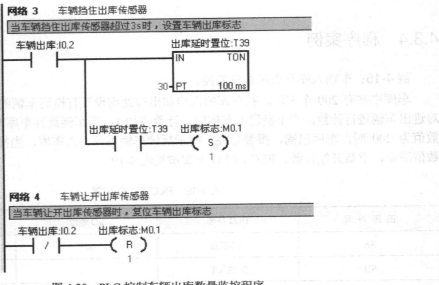

图 4-20 PLC 控制车辆出库数量监控程序

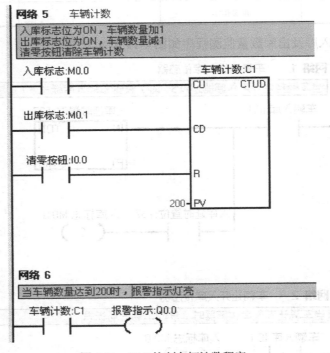

图 4-21 PLC 控制车辆计数程序

由图 4-19，可以看出在网络 1 中，当车辆挡住入库传感器时，启动入库延时置位定时器 T37，延时 3s 后，置位入库标志位 M0.0。在网络 2 中，当车辆让开入库传感器时，复位入库标志位 M0.0。所以，只有入库传感器被挡住 3s 以上，PLC 才会认为有一辆车进入车库。否则，可能是有人或其他物体经过传感器造成传感器闪烁，PLC 不会增加车辆计数。

由图 4-20 可以看出，在网络 3 中，当车辆挡住出库传感器时，启动出库延时置位定时器 T39，延时 3s 后，置位出库标志位 M0.1。在网络 4 中，当车辆让开出库传感器时，复位出库标志位 M0.1。所以，只有出库传感器被挡住 3s 以上，PLC 才会认为有一辆车开出车库。否则，可能是有人或其他物体经过传感器造成传感器闪烁，PLC 不会减少车辆计数。

由图 4-21 可以看出，网络 5 中，当入库标志位为 ON 时，车辆数量加 1；当出库标志位为 ON 时，车辆数量减 1。当按下清零按钮时，清除车辆计数。计数器的预设值为 200。在网络 6 中，当车辆数量达到 200 辆时，报警指示灯亮，提示车库已满。

例 4-17： 统计电动机运行时间。

当电动机启动，统计电动机的总运行时间。测量时间的天数存在计数器 C4 中，小时数存在计数器 C3 中，分钟数存在计数器 C2 中，秒数存在计数器 C1 中。PLC 的 I/O 配置参见表 4-20。

表 4-20　PLC 的 I/O 配置

图 形 符 号	PLC 符 号	I/O 地址	功　　能
SI	运行信号	I0.0	电动机运行信号
SB	时间清零	I0.1	清零所有时间

PLC 控制电动机运行时间程序如图 4-22 和图 4-23 所示。

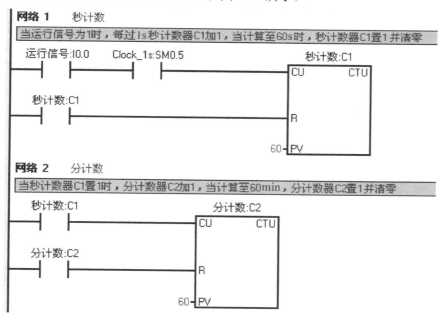

图 4-22　PLC 控制秒计数器和分计数器程序

由图 4-22 可知，在网络 1 中，当运行信号为 1 时，每过 1s 秒计数器 C1 加 1，当计算至 60s 时，秒计数器 C1 置 1 并清零。在网络 2 中，当秒计数器 C1 置 1 时，分计数器 C2 加 1，当计算至 60min 时，分计数器 C2 置 1 并清零。

由图 4-23 可知，在网络 3 中，当分计数器 C2 置 1 时，小时计数器 C3 加 1，当计算至 24h 时，小时计数器 C3 置 1 并清零。在网络 4 中，当小时计数器 C3 置 1 时，天计数器 C4 加 1，天计数从不清零。在网络 5 中，当按下时间清零按钮时，将所有时间清零。

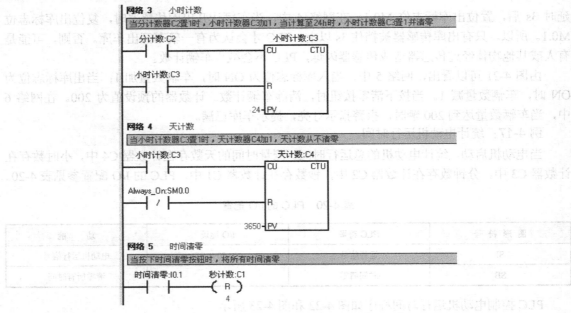

图 4-23　PLC 控制小时计数器和天计数器程序

第5章 传送与比较指令

传送指令是在不改变原存储单元值的情况下，将输入端存储单元的值复制到输出端的存储单元中。比较指令是 PLC 对两个源数据进行比较，可以对字节、整数、双整数、实数和字符串类型的数据进行比较。如果条件满足，则触点接通；如果条件不满足，则触点断开。

5.1 传送指令

传送指令在不改变原存储单元值的情况下，将 IN（输入端存储单元）的值复制到 OUT（输出端存储单元）中。传送指令包括普通传送指令、字节立即传送指令、块传送指令等。

5.1.1 普通传送指令

普通传送指令可按字节、字、双字以及实数进行数据传送，其指令格式参见表 5-1。

表 5-1 普通传送指令格式

指 令 名 称	梯 形 图	语 句 表	指 令 说 明
字节传送指令	MOV_B EN ENO IN OUT	MOVB IN, OUT	将输入字节（IN）移至输出字节（OUT），不改变原来的数值
字传送指令	MOV_W EN ENO IN OUT	MOVW IN, OUT	将输入字（IN）移至输出字（OUT），不改变原来的数值
双字传送指令	MOV_DW EN ENO IN OUT	MOVD IN, OUT	将输入双字（IN）移至输出双字（OUT），不改变原来的数值
实数传送指令	MOV_R EN ENO IN OUT	MOVR IN, OUT	将输入实数（IN）移至输出实数（OUT），不改变原来的数值

普通传送指令有效操作数参见表 5-2。

表 5-2　普通传送指令有效操作数

输入/输出	数据类型	操作数
IN	BYTE	IB, QB, VB, MB, SMB, SB, LB, AC, *VD, *LD, *AC, 常数
	WORD, INT	IW, QW, VW, MW, SMW, SW, T, C, LW, AC, AIW, *VD, *AC, *LD, 常数
	DWORD, DINT	ID, QD, VD, MD, SMD, SD, LD, HC, &VB, &IB, &QB, &MB, &SB, &T, &C, &SMB, &AIW, &AQW, AC, *VD, *LD, *AC, 常数
	REAL	ID, QD, VD, MD, SMD, SD, LD, AC, *VD, *LD, *AC, 常数
OUT	BYTE	IB, QB, VB, MB, SMB, SB, LB, AC, *VD, *LD, *AC
	WORD, INT	IW, QW, VW, MW, SMW, SW, T, C, LW, AC, AQW, *VD, *LD, *AC
	DWORD, DINT	ID, QD, VD, MD, SMD, SD, LD, AC, *VD, *LD, *AC
	REAL	ID, QD, VD, MD, SMD, SD, LD, AC, *VD, *LD, *AC

例 5-1： 普通传送指令示例。

普通传送指令在梯形图及语句表中的程序示例如图 5-1 和图 5-2 所示。在图 5-1 中，传送指令的操作数都是常数。字节传送指令的常数范围为 0～255，字传送指令的常数范围为 -32 768～32 767，双字传送指令的常数范围为 -2 147 483 648～2 147 483 647，浮点数传送指令只能传浮点数。在图 5-2 中，传送指令的输入参数和输出参数都是内存地址。

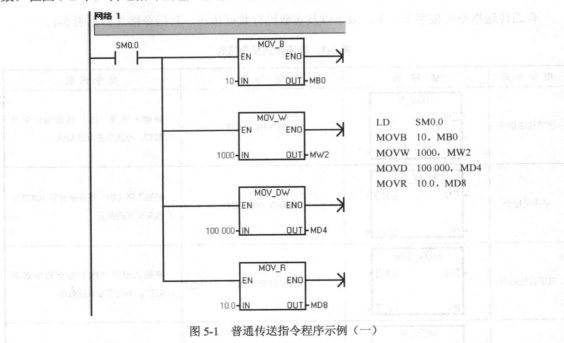

LD   SM0.0
MOVB 10, MB0
MOVW 1000, MW2
MOVD 100 000, MD4
MOVR 10.0, MD8

图 5-1　普通传送指令程序示例（一）

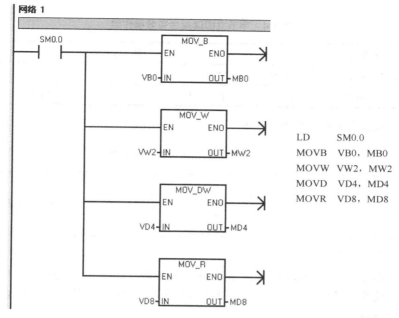

图 5-2 普通传送指令程序示例（二）

5.1.2 字节立即传送指令

字节立即传送指令允许在物理 I/O 和存储器之间立即传送一个字节数据，包括字节立即读指令和字节立即写指令。字节立即读指令读物理输入，并将结果存入内存地址，但输入映像寄存器并不刷新。字节立即写指令从内存地址中读取数据，写入物理输出，同时刷新相应的输出映像寄存器。字节立即传送指令的指令格式参见表 5-3。

表 5-3 字节立即传送指令格式

指 令 名 称	梯 形 图	语 句 表	指 令 说 明
字节立即读指令	MOV_BIR EN ENO IN OUT	BIR IN，OUT	读物理输入（IN），并将结果存入内存地址（OUT），但输入映像寄存器并不刷新
字节立即写指令	MOV_BIW EN ENO IN OUT	BIW IN，OUT	从内存地址（IN）中读取数据，写入物理输出（OUT），同时刷新相应的输出映像寄存器

字节立即读指令有效操作数参见表 5-4。

表 5-4 字节立即读指令有效操作数

输入/输出	数据类型	操作数
IN	BYTE	IB, *VD, *LD, *AC
OUT	BYTE	IB, QB, VB, MB, SMB, SB, LB, AC, *VD, *LD, *AC

字节立即写指令有效操作数参见 5-5。

表 5-5 字节立即写指令有效操作数

输入/输出	数据类型	操作数
IN	BYTE	IB, QB, VB, MB, SMB, SB, LB, AC, *VD, *LD, *AC, 常数
OUT	BYTE	QB, *VD, *LD, *AC

例 5-2： 字节立即读指令示例。

字节立即读指令在梯形图及语句表中的程序示例如图 5-3 所示。在网络 1 中，字节立即读指令将 IB0 中的数值传送至 MB0 中，字节立即写指令将 MB0 中的数值传送至 QB0 中。

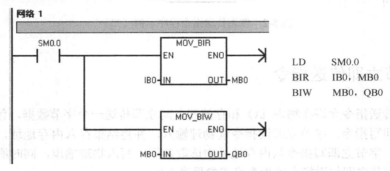

图 5-3 字节立即传送指令程序示例

5.1.3 块传送指令

块传送指令用来一次传送多个数据，最多可传送 255 个数据组成的数据块。数据块的类型可以是字节块、字块和双字块，其指令格式参见表 5-6。

表 5-6 块传送指令格式

指令名称	梯形图	语句表	指令说明
字节块传送指令	BLKMOV_B EN ENO IN OUT N	BMB IN, OUT, N	将数目（N）个字节从输入地址（IN）移至输出地址（OUT）。N 的范围为 1～255

指令名称	梯形图	语句表	指令说明
字块传送指令	BLKMOV_W EN　ENO IN　OUT N	BMW IN, OUT, N	将数目（N）字从输入地址（IN）移至输出地址（OUT）。N 的范围为 1～255
双字块传送指令	BLKMOV_D EN　ENO IN　OUT N	BMD IN, OUT, N	将数目（N）个双字从输入地址（IN）移至输出地址（OUT）。N 的范围为 1～255

块传送指令有效操作数参见表 5-7。

表 5-7　块传送指令有效操作数

输入/输出	数据类型	操作数
IN	BYTE	IB, QB, VB, MB, SMB, SB, LB, *VD, *LD, *AC
	WORD, INT	IW, QW, VW, SMW, SW, T, C, LW, AIW, *VD, *LD, *AC
	DWORD, DINT	ID, QD, VD, MD, SMD, SD, LD, *VD, *LD, *AC
OUT	BYTE	IB, QB, VB, MB, SMB, SB, LB, *VD, *LD, *AC
	WORD, INT	IW, QW, VW, MW, SMW, SW, T, C, LW, AQW, *VD, *LD, *AC
	DWORD, DINT	ID, QD, VD, MD, SMD, SD, LD, *VD, *LD, *AC
N	BYTE	IB, QB, VB, MB, SMB, SB, LB, AC, 常数, *VD, *LD, *AC

例 5-3： 块传送示例。

字节块传送指令的梯形图及语句表的程序示例如图 5-4 所示。在网络 1 中，字节块传送指令将数组 1（MB0～MB3）中的值传送至数组 2（VB0～VB3）中，共传送 4 个字节。

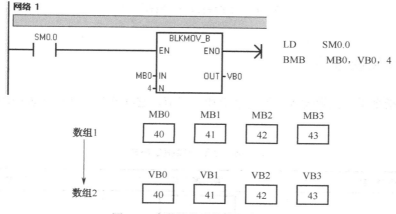

图 5-4　字节块传送指令程序示例

字块传送指令的梯形图及语句表的程序示例如图 5-5 所示。在网络 1 中，字块传送指令将数组 1（MW0，MW2，MW4，MW6）中的值传送至数组 2（VW0，VW2，VW4，VW6）中，共传送 4 个字 8 B。

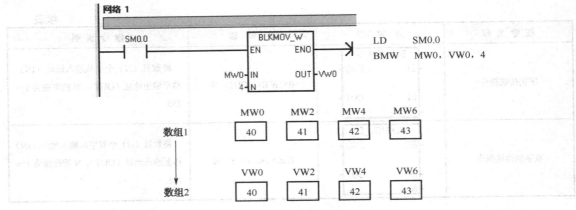

图 5-5　字块传送指令程序示例

双字块传送指令的梯形图及语句表的程序示例如图 5-6 所示。在网络 1 中，双字块传送指令将数组 1（MD0，MD4，MD8，MD12）中的值传送至数组 2（VD0，VD4，VD8，VD12）中，共传送 4 个双字 16 B。

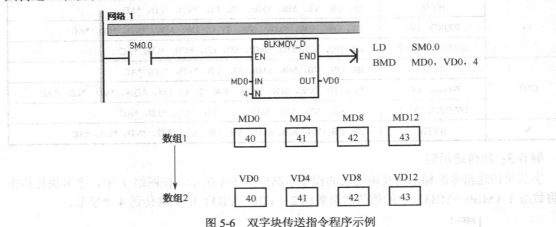

图 5-6　双字块传送指令程序示例

5.1.4　字节交换指令

字节交换指令用来交换输入字的高字节和低字节，它在梯形图和语句表中的表示格式参见表 5-8。

表 5-8　字节交换指令格式

指　令　名　称	梯　形　图	语　句　表
字节交换指令	SWAP EN　ENO IN	SWAP IN

字节交换读指令有效操作数参见表 5-9。

表 5-9 字节交换读指令有效操作数

输 入	数据类型	操 作 数
IN	WORD	IW, QW, VW, MW, SMW, SW, T, C, LW, AIW, AC, *VD, *LD, *AC

例 5-4：字节交换指令示例。

字节交换指令的梯形图及语句表的程序示例如图 5-7 所示。在网络 1 中，当执行字节交换指令（SWAP）后，将 MW0 中的高低字节交换。如果执行指令前 MW0 = D7C4（16 进制），即 MB0 = D7（16 进制），MB1 = C4（16 进制），执行指令后 MW0 = C4D7（16 进制），即 MB0 = C4（16 进制），MB1=D7（16 进制）。

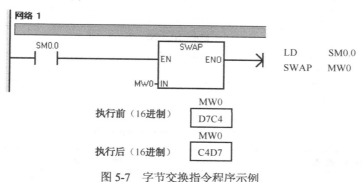

图 5-7 字节交换指令程序示例

5.2 比较指令

S7-200 PLC 的比较指令可以对字节、整数、双整数、实数和字符串类型的数据进行比较。其中字节比较是无符号的，整数、双整数和实数的比较是有符号的。执行比较指令时，PLC 对两个源数据进行比较，如果条件满足，则触点接通；如果条件不满足，则触点断开。

5.2.1 字节比较指令

字节比较指令用于比较两个字节，其比较操作是无符号的，包括字节等于、字节不等于、字节大于等于、字节小于等于、字节大于和字节小于 6 种比较指令，其指令格式参见表 5-10。

表 5-10 字节比较指令格式

指 令 名 称	梯 形 图	语 句 表	指 令 说 明
字节等于比较指令	IN1 ==B IN2	LDB= IN1, IN2 AB= IN1, IN2 OB= IN1, IN2	当 IN1 等于 IN2 时，比较指令接通触点
字节不等于指令	IN1 <>B IN2	LDB<> IN1, IN2 AB<> IN1, IN2 OB<> IN1, IN2	当 IN1 不等于 IN2 时，比较指令接通触点

续表

指令名称	梯形图	语句表	指令说明
字节大于等于指令	IN1 ─┤ >=B ├─ IN2	LDB>= IN1，IN2 AB>= IN1，IN2 OB>= IN1，IN2	当 IN1 大于等于 IN2 时，比较指令接通触点
字节小于等于指令	IN1 ─┤ <=B ├─ IN2	LDB<= IN1，IN2 AB<= IN1，IN2 OB<= IN1，IN2	当 IN1 小于等于 IN2 时，比较指令接通触点
字节大于指令	IN1 ─┤ >B ├─ IN2	LDB> IN1，IN2 AB> IN1，IN2 OB> IN1，IN2	当 IN1 大于 IN2 时，比较指令接通触点
字节小于指令	IN1 ─┤ <B ├─ IN2	LDB< IN1，IN2 AB< IN1，IN2 OB< IN1，IN2	当 IN1 小于 IN2 时，比较指令接通触点

字节比较指令有效操作数参见表 5-11。

表 5-11 字节比较指令有效操作数

输入/输出	数据类型	操作数
IN1，IN2	BYTE	IB，QB，VB，MB，SMB，SB，LB，AC，*VD，*LD，*AC，常数
OUT	BOOL	I，Q，V，M，SM，S，T，C，L，功率流

例 5-5：字节比较指令示例。

字节比较指令的梯形图及语句表的程序示例如图 5-8 所示。在网络 1 中，利用 MB0 与 VB0 的数值比较来操作输出点。当 MB0 等于 VB0 时，Q0.0、Q0.2、Q0.3 被点亮；当 MB0 大于 VB0 时，Q0.1、Q0.2、Q0.4 被点亮；当 MB0 小于 VB0 时，Q0.1、Q0.3、Q0.5 被点亮。

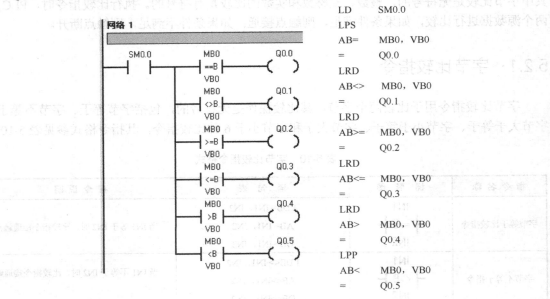

图 5-8 字节比较指令程序示例

5.2.2　整数比较指令

整数比较指令用于比较两个整数，其比较操作是有符号的，包括整数等于、整数不等于、整数大于等于、整数小于等于、整数大于和整数小于 6 种比较指令，其指令格式参见表 5-12。

表 5-12　整数比较指令格式

指 令 名 称	梯 形 图	语 句 表	指 令 说 明
整数等于比较指令	IN1 ⊣ ==I ⊢ IN2	LDW=IN1，IN2 AW=IN1，IN2 OW=IN1，IN2	当 IN1 等于 IN2 时，比较指令接通触点
整数不等于指令	IN1 ⊣ <>I ⊢ IN2	LDW<>IN1，IN2 AW<>IN1，IN2 OW<>IN1，IN2	当 IN1 不等于 IN2 时，比较指令接通触点
整数大于等于指令	IN1 ⊣ >=I ⊢ IN2	LDW>=IN1，IN2 AW>=IN1，IN2 OW>=IN1，IN2	当 IN1 大于等于 IN2 时，比较指令接通触点
整数小于等于指令	IN1 ⊣ <=I ⊢ IN2	LDW<=IN1，IN2 AW<=IN1，IN2 OW<=IN1，IN2	当 IN1 小于等于 IN2 时，比较指令接通触点
整数大于指令	IN1 ⊣ >I ⊢ IN2	LDW>IN1，IN2 AW>IN1，IN2 OW>IN1，IN2	当 IN1 大于 IN2 时，比较指令接通触点
整数小于指令	IN1 ⊣ <I ⊢ IN2	LDW<IN1，IN2 AW<IN1，IN2 OW<IN1，IN2	当 IN1 小于 IN2 时，比较指令接通触点

整数比较指令有效操作数参见表 5-13。

表 5-13　整数比较指令有效操作数

输入/输出	数据类型	操 作 数
IN1，IN2	INT	IW，QW，VW，MW，SMW，SW，LW，T，C，AC，AIW，*VD，*LD，*AC，常数
OUT	BOOL	I，Q，V，M，SM，S，T，C，L，功率流

例 5-6：整数比较指令示例。

整数比较指令的梯形图及语句表的程序示实例如图 5-9 所示。在网络 1 中，利用 MW0 与 VW0 的数值比较来操作输出点。当 MW0 等于 VW0 时，Q0.0、Q0.2、Q0.3 被点亮；当 MW0 大于 VW0 时，Q0.1、Q0.2、Q0.4 被点亮；当 MW0 小于 VW0 时，Q0.1、Q0.3、Q0.5 被点亮。

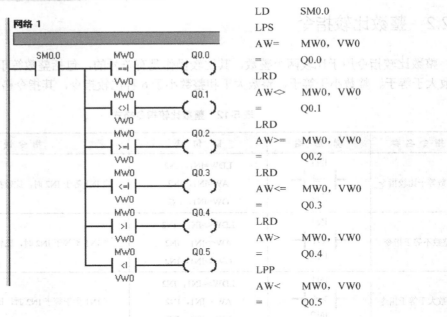

图 5-9　整数比较指令程序示例

5.2.3　双字比较指令

双字比较指令用于比较两个双字，其比较操作是有符号的，包括双字等于、双字不等于、双字大于等于、双字小于等于、双字大于和双字小于 6 种比较指令，其指令格式参见表 5-14。

表 5-14　双字比较指令格式

指 令 名 称	梯 形 图	语 句 表	指 令 说 明
双字等于比较指令	IN1 ==D IN2	LDD=IN1, IN2 AD=IN1, IN2 OD=IN1, IN2	当 IN1 等于 IN2 时，比较指令接通触点
双字不等于指令	IN1 <>D IN2	LDD<>IN1, IN2 AD<>IN1, IN2 OD<>IN1, IN2	当 IN1 不等于 IN2 时，比较指令接通触点
双字大于等于指令	IN1 >=D IN2	LDD>=IN1, IN2 AD>=IN1, IN2 OD>=IN1, IN2	当 IN1 大于等于 IN2 时，比较指令接通触点
双字小于等于指令	IN1 <=D IN2	LDD<=IN1, IN2 AD<=IN1, IN2 OD<=IN1, IN2	当 IN1 小于等于 IN2 时，比较指令接通触点
双字大于指令	IN1 >D IN2	LDD>IN1, IN2 AD>IN1, IN2 OD>IN1, IN2	当 IN1 大于 IN2 时，比较指令接通触点

续表

指令名称	梯形图	语句表	指令说明
双字小于指令	IN1 ─┤ <D ├─ IN2	LDD<IN1，IN2 AD<IN1，IN2 OD<IN1，IN2	当 IN1 小于 IN2 时，比较指令接通触点

双字比较指令有效操作数参见表 5-15。

表 5-15　双字比较指令有效操作数

输入/输出	数据类型	操 作 数
IN1，IN2	DINT	ID, QD, VD, MD, SMD, SD, LD, AC, HC, *VD, *LD, *AC, 常数
OUT	BOOL	I, Q, V, M, SM, S, T, C, L, 功率流

例 5-7：双字比较指令示例。

双字比较指令的梯形图及语句表的程序示例如图 5-10 所示。在网络 1 中，利用 MD0 与 VD0 的数值比较来操作输出点。当 MD0 等于 VD0 时，Q0.0、Q0.2、Q0.3 被点亮；当 MD0 大于 VD0 时，Q0.1、Q0.2、Q0.4 被点亮；当 MD0 小于 VD0 时，Q0.1、Q0.3、Q0.5 被点亮。

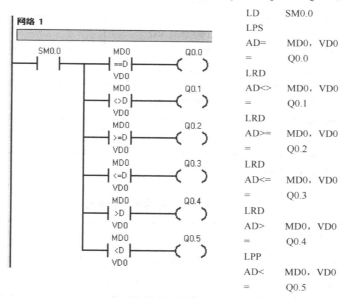

图 5-10　双字比较指令程序示例

5.2.4　实数比较指令

实数比较指令用于比较两个实数，其比较操作是有符号的，包括实数等于、实数不等于、实数大于等于、实数小于等于、实数大于和实数小于 6 种比较指令，其指令格式参见表 5-16。

表 5-16   实数比较指令格式

指 令 名 称	梯 形 图	语 句 表	指 令 说 明
实数等于比较指令	IN1 ==R IN2	LDR=IN1, IN2 AR=IN1, IN2 OR=IN1, IN2	当 IN1 等于 IN2 时，比较指令接通触点
实数不等于指令	IN1 <>R IN2	LDR<>IN1, IN2 AR<>IN1, IN2 OR<>IN1, IN2	当 IN1 不等于 IN2 时，比较指令接通触点
实数大于等于指令	IN1 >=R IN2	LDR>=IN1, IN2 AR>=IN1, IN2 OR>=IN1, IN2	当 IN1 大于等于 IN2 时，比较指令接通触点
实数小于等于指令	IN1 <=R IN2	LDR<=IN1, IN2 AR<=IN1, IN2 OR<=IN1, IN2	当 IN1 小于等于 IN2 时，比较指令接通触点
实数大于指令	IN1 >R IN2	LDR> IN1, IN2 AR>IN1, IN2 OR>IN1, IN2	当 IN1 大于 IN2 时，比较指令接通触点
实数小于指令	IN1 <R IN2	LDR<IN1, IN2 AR<IN1, IN2 OR<IN1, IN2	当 IN1 小于 IN2 时，比较指令接通触点

实数比较指令有效操作数参见表 5-17。

表 5-17   实数比较指令有效操作数

输入/输出	数 据 类 型	操 作 数
IN1, IN2	REAL	ID, QD, VD, MD, SMD, SD, LD, AC, *VD, *LD, *AC, 常数
OUT	BOOL	I, Q, V, M, SM, S, T, C, L, 功率流

例 5-8： 实数比较指令示例。

实数比较指令的梯形图及语句表的程序示例如图 5-11 所示。在网络 1 中，利用 MD0 与 VD0 的数值比较来操作输出点。当 MD0 等于 VD0 时，Q0.0、Q0.2、Q0.3 被点亮；当 MD0 大于 VD0 时，Q0.1、Q0.2、Q0.4 被点亮；当 MD0 小于 VD0 时，Q0.1、Q0.3、Q0.5 被点亮。

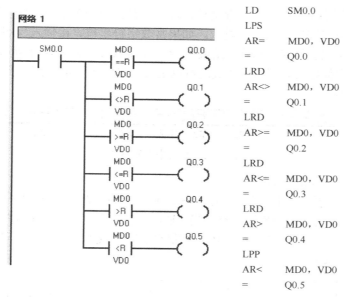

LD	SM0.0
LPS	
AR=	MD0，VD0
=	Q0.0
LRD	
AR<>	MD0，VD0
=	Q0.1
LRD	
AR>=	MD0，VD0
=	Q0.2
LRD	
AR<=	MD0，VD0
=	Q0.3
LRD	
AR>	MD0，VD0
=	Q0.4
LPP	
AR<	MD0，VD0
=	Q0.5

图 5-11　实数比较指令程序示例

5.2.5　字符串比较指令

字符串比较指令用于比较两个字符串的 ASCII 码字符，包括字符串等于和字符串不等于两种比较指令，其指令格式参见表 5-18。

表 5-18　字符串比较指令格式

指 令 名 称	梯 形 图	语 句 表	指 令 说 明
字符串等于比较指令	IN1 ──┤ ==S ├── IN2	LDS=IN1，IN2 ARS=IN1，IN2 ORS=IN1，IN2	当 IN1 等于 IN2 时，比较指令接通触点
字符串不等于指令	IN1 ──┤ <>S ├── IN2	LDS<>IN1，IN2 AS<>IN1，IN2 OS<>IN1，IN2	当 IN1 不等于 IN2 时，比较指令接通触点

字符串比较指令有效操作数参见表 5-19。

表 5-19　字符串比较指令有效操作数

输入/输出	数据类型	操 作 数
IN1	STRING	VB，LB，*VD，*LD，*AC，常数
IN2	STRING	VB，LB，*VD，*LD，*AC
OUT	BOOL	I，Q，V，M，SM，S，T，C，L，功率流

　　字符串是一系列字符和对应的内存地址，每个字符作为一个字节存储。字符串的第一个字节是定义字符串长度（即字符数）的整数。如果常数字符串被直接输入程序编辑器或数据块，那么该字符串必须用双引号字符起始和结束（"字符串常数"）。如图 5-12 所示，显示了字符串数据类型在内存中的存储格式。字符串的长度可以是 0～254 个字符。字符串的最大长度是 255B（254 个字符加上长度字节）。

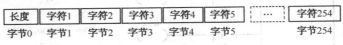

图 5-12　字符串存储格式

例 5-9： 字符串比较指令示例。

　　字符串比较指令的梯形图及语句表的程序示例如图 5-13 所示。在网络 1 中，利用存储在 VB0 与 VB100 中的字符串比较来操作输出点。当 VB0 中的字符串等于 VB100 中的字符串时，Q0.0 被点亮；当 VB0 中的字符串不等于 VB100 中的字符串时，Q0.1 被点亮。

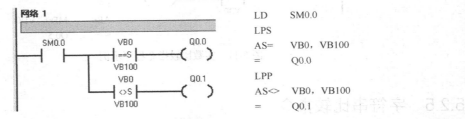

图 5-13　字符串比较指令程序示例

5.3　程序实例

例 5-10： 取得 5 台设备最长运行时间。

　　工厂共有 5 台设备，每台设备都轮换启停，这 5 台设备的运行时间分别存储在 VD0 至 VD16 的存储区中，找出这 5 台设备运行的最长时间，存储在 VD100 中。

　　PLC 控制 5 台设备取得最长运行时间的程序如图 5-14 和图 5-15 所示。在网络 1 中，将设备 1 运行时间（VD0）存储在最大运行时间 VD100 中。在网络 2 中，分别将设备 2 运行时间（VD4）、设备 3 运行时间（VD8）、设备 4 运行时间（VD12）和设备 5 运行时间（VD16）与最大运行时间 VD100 进行比较，如果大于最大运行时间，则将相应的数据存储在最大运行时间 VD100 中。因为 PLC 程序是顺序执行的，当设备 2 运行时间（VD4）和最大运行时间 VD100 比较时，此时 VD100 中存储的是设备 1 运行时间（VD0）的值。如果设备 2 运行时间（VD4）大于最大运行时间 VD100，则将设备 2 运行时间（VD4）存储在最大运行时间 VD100 中。当设备 3 运行时间（VD8）和最大运行时间 VD100 比较时，此时 VD100 中存储的是设备 2 运行时间（VD4）的值。如果设备 3 运行时间（VD8）大于最大运行时间 VD100，则将设备 3 运行时间（VD8）存储在最大运行时间 VD100 中，其他数据的比较以此类推。

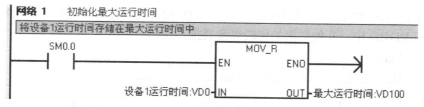

图 5-14　PLC 控制 5 台设备初始化最大运行时间程序

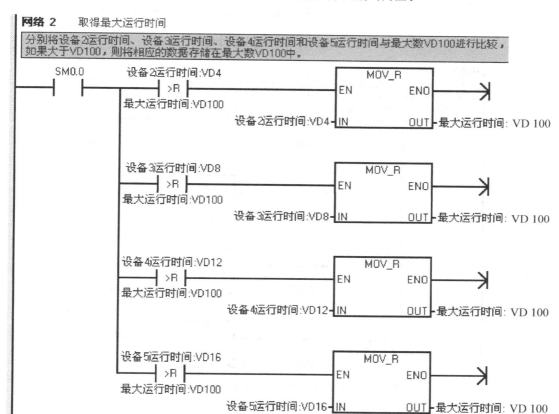

图 5-15　PLC 控制 5 台设备取得最大运行时间程序

例 5-11： 取得 5 台设备最小运行时间。

工厂共有 5 台设备，每台设备都轮换启停，这 5 台设备的运行时间分别存储在 VD0 至 VD16 的存储区中，找出这 5 台设备运行的最短时间，存储在 VD100 中。

PLC 控制 5 台设备取得最小运行时间的程序如图 5-16 和图 5-17 所示。在网络 1 中，将设备 1 运行时间（VD0）存储在最小运行时间 VD100 中。在网络 2 中，分别将设备 2 运行时间（VD4）、设备 3 运行时间（VD8）、设备 4 运行时间（VD12）和设备 5 运行时间（VD16）与最小运行时间 VD100 进行比较，如果小于最小运行时间，则将相应的数据存储在最小运行时间 VD100 中。因为 PLC 程序是顺序执行的，当设备 2 运行时间（VD4）和最小运行时间 VD100 比较时，此时 VD100 中存储的是设备 1 运行时间（VD0）的值。如果设备 2 运行时间（VD4）小于最小运行时间 VD100，则将设备 2 运行时间（VD4）存储在最小运行时间 VD100 中。当设备 3 运行时间（VD8）和最小运行时间 VD100 比较时，此时 VD100 中存储的是设备 2 运行时间（VD4）的值。

如果设备 3 运行时间（VD8）小于最小运行时间 VD100，则将设备 3 运行时间（VD8）存储在最小运行时间 VD100 中，其他数据的比较以此类推。

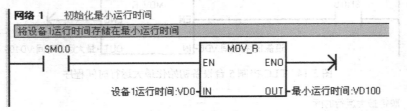

图 5-16　PLC 控制 5 台设备初始化最小运行时间程序

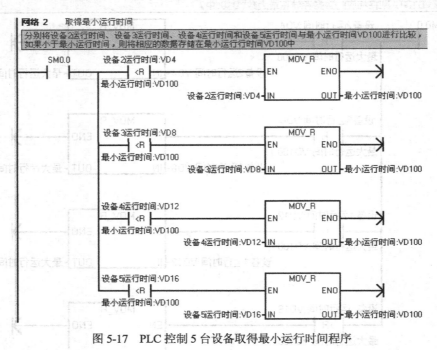

图 5-17　PLC 控制 5 台设备取得最小运行时间程序

第6章　程序控制指令

S7-200 循环地执行用户程序，但通过程序控制指令，用户可以灵活的控制 PLC 执行程序的方式，提高程序执行的效率。

6.1　程序结构和流程

S7-200 周而复始地执行应用程序，控制一个任务或过程。一个应用程序块由可执行代码和注释组成。可执行代码包括主程序和若干子程序或者中断程序。代码编译后下载到 S7-200 中，但不编译和下载程序注释。使用基本组件（主程序、子程序和中断程序）可以优化程序的整体结构，使程序结构更加清晰。

6.1.1　程序组件

程序组件包括主程序、子程序、中断程序、系统块和数据块。下面将分别介绍这些组件的作用，以及在程序中如何使用它们。

1. 主程序

主程序也被表示为 OB1，它包括控制应用的指令和子程序。S7-200 在每一个扫描周期中都会执行主程序。

2. 子程序

子程序可以由主程序、中断程序或另一子程序调用，子程序只有在调用时才会被执行。当需要重复执行某项功能时，子程序是非常有用的。与其在主程序中的不同位置多次使用相同的程序代码，不如将这段程序逻辑写在子程序中，然后在主程序中需要的地方调用。调用子程序具有以下优点：

（1）用子程序可以减小主程序的长度。

（2）由于将代码从主程序中移出，因而用子程序可以缩短程序扫描周期。S7-200 在每个扫描周期中处理主程序中的代码，不管代码是否执行。而子程序只有在被调用时，S7-200 才会处理其代码。在不调用子程序时，S7-200 不会处理其代码。

（3）用子程序创建的程序代码是可传递的。可以在一个子程序中完成一个独立的功能，然后将它复制到另一个应用程序中而无须作重复工作。

需要注意的是，在子程序中使用 V 存储器地址会限制它的可移植性。因为一个程序对于 V 存储器地址的分配有可能与另一个程序对其分配有冲突。相比之下，在子程序中的所有变量地址都使用局部变量（L 存储器），会使子程序有极高的可移殖性。因为当子程序使用局部变量时，子程序与程序的其他部分之间不会有地址冲突。

3. 中断程序

中断程序是应用程序中的可选组件。当特定的中断事件发生时，中断程序执行。可以为一个预先定义好的中断事件设计一个中断程序。当特定的事件发生时，S7-200 会执行中断程序。中断程序不会被主程序调用。只有当中断程序与一个中断事件相关联，且在该中断事件发生时，S7-200 才会执行中断程序。因为无法预测何时会产生中断，所以应尽量考虑限制中断程序和程序中其他部分所共用的变量个数。使用中断程序中的局部变量，可以保证中断程序只使用临时存储器，并且不会覆盖程序中其他部分使用的数据。

4. 系统块

系统块可以为 S7-200 组态不同的硬件参数。更改系统块后，需要下载到 CPU 中，新的设置才能生效。系统块可以组态通信端口、断电数据保持、密码、数字量输出表、模拟量输出表、数字量输入滤波器、模拟量输入滤波器、脉冲捕捉位、背景时间、EM 配置、LED 配置和增加存储区等功能。

5. 数据块

数据块存储应用程序中所使用的不同变量的值（V 存储器），主要用来输入数据的初始值，并不是所有的程序都需要数据块。

在数据块中，可以以字节、字或者双字的形式来分配 V 存储器，注释是可选的。数据块的第一行必须有一个明确的地址分配。接下来的行中可以是明确地址，也可以使用隐含地址。隐含地址是由编辑器分配的。当在一个地址后面输入多个数据或者在一行中只输入数据时，使用的是隐含地址。

数据块编辑器是一个格式自由的文本编辑器，没有为特定的信息类型定义特定域。完成一行的输入并按下回车键后，数据块编辑器格式化该行（对齐地址、数据、注释列，将 V 存储器地址变为大写），然后重新显示它。按下"Ctrl+Enter"组合键，行设置完成后，地址将自动增加到下一个可用的地址处。数据块编辑器接受大小写字母，并且用逗号、制表符或者空格作为地址与数据之间的分隔符。

6.1.2 程序设计方法

PLC 的程序设计方法一般可分为经验设计法、继电器控制电路移植法和流程图设计法等。下面分别介绍这 3 种程序设计方法。

1. 经验设计法

经验设计法是从继电器电路设计演变而来的，是借助设计者经验的设计方法，其基础是设计者接触过许多梯形图，熟悉指令的结构和功能。对于一些较简单的控制系统，特别是在产品更新换代时，用经验设计法是比较奏效的，可以收到快速、简单的效果。

用经验设计法设计梯形图时，要注意先画基本梯形图程序。当基本梯形图程序的功能能够满足设计要求后，再增加其他功能。在使用输入条件时，注意输入条件是电平、脉冲还是边沿。一定要将梯形图分解成多个小功能块调试完毕后，再调试全部功能。

经验设计法没有规律可循，具有很大的试探性和随意性，往往需要多次反复修改和完善才能符合设计要求，设计的结果往往也不很规范，因人而异。而且经验设计法考虑不周，设计麻烦、周期长，梯形图的可读性差，系统维护困难。

2. 继电器控制电路移植法

PLC 是一种代替继电器系统的智能型工业控制设备，因而在 PLC 的应用中引入了许多继电器系统的概念，如编辑元件中的输入继电器、输出继电器、辅助继电器等，还有线圈、常开触点、常闭触点等，即 PLC 是由继电器控制电路平稳过滤而来的。

用继电器控制电路移植法设计梯形图时，首先要了解和熟悉被控设备的工作原理、工艺过程和机械的动作情况，可以根据继电器电路图分析和掌握控制系统的工作原理。然后再确定 PLC 的输入信号和输出负载。根据输入和输出点数、系统所需的功能来选择 CPU 模块、电源模块、数字量输入/输出模块和模拟量输入/输出模块并确定各模块在机架中的安装位置。确定和 PLC 的输入和输出信号相对应的现场设备，画出 PLC 的外部接线图。各输入/输出信号在梯形图中的地址取决于它们的模块起始地址和模块中的接线端子号。确定与继电器电路图中的中间继电器、时间继电器对应的梯形图中的存储器和定时器、计数器的地址。最后，根据上述的对应关系画出梯形图。

3. 流程图设计法

对于比较复杂的系统，用经验设计法和继电器控制电路移植法就不合适了，应采用流程图设计法。流程图设计法就是顺序控制设计法。顺序控制就是按照生产工艺预先规定的顺序，在各个输入信号的作用下，根据内部状态和时间的顺序，使生产过程中各个执行机构自动而有序地工作。顺序控制设计方法是一种先进的程序设计方法，很容易被初学者接受。这种程序设计方法主要是根据控制系统的顺序功能图来设计梯形图的。

使用顺序控制设计方法时，首先要根据系统的工艺过程画面顺序功能图，然后根据顺序功能图画出梯形图，即顺序指令的编程方法。顺序控制设计方法是用输入信号控制代表各步的编程元件，再用它们去控制输出信号，将整个程序分为了控制程序和输出程序两部分。由于不是根据输出信号的状态来划分的，所以编程元件和输出之间具有很简单的逻辑关系，输出程序的设计极为简单。而代表步的状态继电器的控制程序，不管多么复杂，其设计方法都是相同的，并且很容易掌握。

6.2　系统指令

系统指令是指和 PLC 操作系统有关的指令，可以通过系统指令控制程序的执行方式。系统指令包括条件结束指令、停止指令、监视程序（看门狗）复位指令和诊断 LED 指令。

6.2.1 条件结束指令

条件结束指令根据前面的逻辑关系终止当前扫描周期，其指令格式参见表 6-1，条件结束指令不需要操作数。

表 6-1 条件结束指令格式

指 令 名 称	梯 形 图	语 句 表
条件结束指令	—(END)	END

条件结束指令的功能是结束主程序，它只能在主程序中使用，不能在子程序和中断服务程序中使用。当条件结束指令在输入使能有效时，终止用户程序的执行，返回到主程序的第一条指令继续执行。

例 6-1：条件结束指令示例。

条件结束指令的梯形图及语句表的程序示例如图 6-1 所示。在网络 1 中，当常开触点 I0.0 断开时，条件结束指令没有被执行。网络 2 中的计数器每隔 1s 会增加 1。当常开触点 I0.0 闭合时，程序执行条件结束指令，结束主程序。此时网络 2 的计数器不会增加 1。

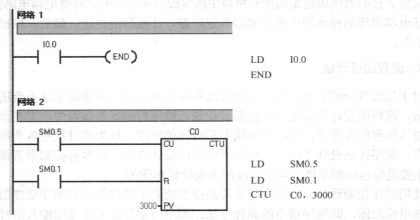

图 6-1 条件结束指令程序示例

6.2.2 停止指令

停止指令导致 S7-200 CPU 从 RUN 模式到 STOP 模式，从而可以立即终止程序的执行，其指令格式参见表 6-2，停止指令不需要操作数。

表 6-2 停止指令格式

指 令 名 称	梯 形 图	语 句 表
停止指令	—(STOP)	STOP

如果停止指令在中断程序中执行，那么该中断立即终止，并且忽略所有挂起的中断继续扫描主程序的剩余部分，完成当前周期的剩余动作，包括用户程序的执行，并在当前扫描的最后，完成从 RUN 模块到 STOP 模式的转变。

例 6-2：停止指令示例。

停止指令的梯形图及语句表的程序示例如图 6-2 所示。在网络 1 中，当检测到 I/O 错误时，强制 CPU 从 RUN 模式切换至 STOP 模式。

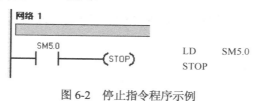

图 6-2　停止指令程序示例

6.2.3　监视程序复位指令

监视程序复位指令允许 S7-200 CPU 的系统监视定时器被重新触发，这样可以在不引起监视错误的情况下，增加此扫描所允许的时间。监视程序复位指令的指令格式参见表 6-3，监视程序复位指令不需要操作数。

表 6-3　监视程序复位指令格式

指令名称	梯形图	语句表
监视程序复位指令	—(WDR)	WDR

使用此指令时应当注意，如果用循环指令去阻止扫描完成或过度延迟扫描完成的时间，那么在终止本次扫描之前，下列操作过程将被禁止：

（1）通信（自由端口方式除外）；

（2）I/O 更新（立即 I/O 除外）；

（3）强制更新；

（4）SM 位更新（SM0，SM5～SM29 不能被更新）；

（5）运行时间诊断；

（6）由于扫描时间超过 25s，10ms 和 100ms 定时器将不会正确累计时间；

（7）在中断程序中的 STOP 指令；

（8）带数字量输出的扩展模块也包含一个监视定时器，如果模块没有被 S7-200 写，则此监视定时器将关断输出。在扩展的扫描时间内，对每个带数字量输出的扩展模块进行立即写操作，以保持正确的输出。

例 6-3：监视程序复位指令示例。

监视程序复位指令的梯形图及语句表的程序示例如图 6-3 所示。在网络 1 中，当常开触点 M0.0 接通时，重新触发 S7-200 的监视时间，允许延长扫描时间。同时用立即输出指令对扩展输出模块进行写操作，重新触发输出模块的监视时间。

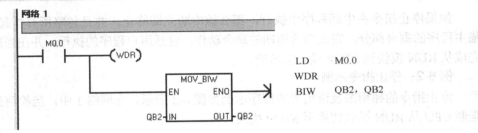

图 6-3　监视程序复位指令程序示例

6.2.4　诊断 LED 指令

诊断 LED 指令根据输入参数的值来控制 CPU 上的 LED 灯，如果输入参数 IN 的值为 0，就将诊断 LED 置为 OFF。如果输入参数 IN 的值大于 0，就将诊断 LED 置为 ON（黄色），其指令格式参见表 6-4。

表 6-4　诊断 LED 指令格式

指 令 名 称	梯 形 图	语 句 表
诊断 LED 指令	DIAG_LED EN　　ENO IN	DLED　IN

诊断 LED 指令有效操作数参见表 6-5。

表 6-5　诊断 LED 指令有效操作数

输　　入	数 据 类 型	操　作　数
IN	BYTE	VB, IB, QB, MB, SB, SMB, LB, AC, 常数, *VD, *LD, *AC

在"系统块"→"LED 配置"中，有两个复选框可以操作 LED 配置，如图 6-4 所示。

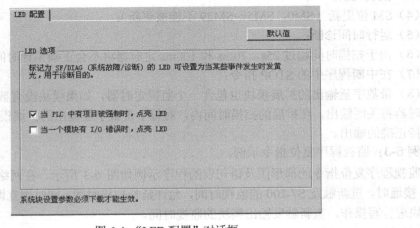

图 6-4　"LED 配置"对话框

当系统块中指定的条件为真或者用非零 IN 参数执行 DIAG_LED 指令时，CPU 发光二极管（LED）标注的 SF/DIAG 可以被配置为显示黄色。

例 6-4：诊断 LED 指令示例。

诊断 LED 指令的梯形图及语句表的程序示例如图 6-5 所示。在网络 1 中，当有除零错误（SM1.3）或者输入中断队列溢出（SM4.1）或者定时中断队列溢出（SM4.2）或者 I/O 错误时，M0.0 在 1s 的循环周期内，接通 0.5s，断开 0.5s，因为 SM0.5 是 1s 的方波。在网络 2 中，当 MB0 不为零时，诊断 LED 灯亮。所以，当有故障时，诊断 LED 灯以 2Hz 的频率闪烁。

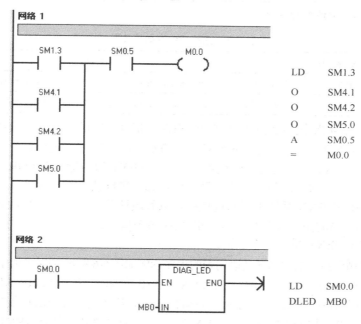

图 6-5 诊断 LED 指令程序示例

6.3 循环控制

在不少实际问题中有许多具有规律性的重复操作，因此在程序中就需要重复执行某些语句。一组被重复执行的语句称为循环体，能否继续重复，决定循环的终止条件。循环语句是由循环体及循环的终止条件两部分组成的。本节主要介绍循环指令及循环程序的编写。

6.3.1 循环指令 FOR—NEXT

FOR 和 NEXT 循环指令可以描述需重复进行一定次数的循环体，每条 FOR 指令必须对应一条 NEXT 指令。循环指令格式参见表 6-6。

表 6-6 循环指令格式

指令名称	梯 形 图	语 句 表
FOR 指令	FOR EN ENO INDX INIT FINAL	FOR INDX, INIT, FINAL
NEXT 指令	—(NEXT)	NEXT

循环指令有效操作数参见表 6-7。

表 6-7 循环指令有效操作数

输　　入	数 据 类 型	操 作 数
INDX	INT	IW, QW, VW, MW, SMW, SW, T, C, LW, AIW, AC, *VD, *LD, *AC
INIT, FINAL	INT	VW, IW, QW, MW, SMW, SW, T, C, LW, AC, AIW, *VD, *AC, 常数

FOR—NEXT 循环指令执行 FOR 指令和 NEXT 指令之间的指令。必须指定当前循环次数 (INDX)、初始值（INIT）和终止值（FINAL）。FOR—NEXT 循环嵌套（一个 FOR—NEXT 循环在另一个 FOR—NEXT 循环之内）深度可达 8 层。NEXT 指令标志着 FOR 循环的结束。

如果允许 FOR—NEXT 循环，除非在循环内部修改了终值，循环体就一直循环执行，直到循环结束。在 FOR—NEXT 循环执行的过程中可以修改这些值。当循环再次允许时，它把初始值复制到 INDX 中（当前循环次数）。当下一次允许指令执行时，FOR—NEXT 指令复位它自己。

例 6-5：FOR—NEXT 循环指令示例。

FOR—NEXT 循环指令的梯形图及语句表的程序示例如图 6-6 所示。在本例中，利用 FOR—NEXT 循环指令来计算 7 的阶乘。在网络 1 中，当常开触点 I0.0 接通时，执行 FOR—NEXT 循环指令。当前循环次数（INDX）存在 MW0 中，初始值（INIT）为 1，终止值（FINAL）为 7。在网络 2 中，每次循环执行时，将 MW0 与 MW2 的乘积存在 MW2 中。在网络 3 中，执行 NEXT 指令，循环结束。

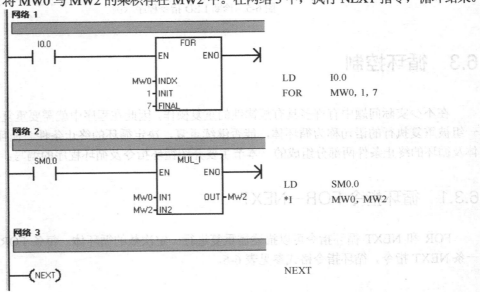

图 6-6 FOR—NEXT 循环指令程序示例

6.3.2　循环程序编制

例 6-6：取得最大数与最小数。

有 10 个实数型数据存储在 VD0 至 VD36 的存储区中，试找出这 10 个实数中的最大数，存储在 VD100 中；找出这 5 个实数中的最小数，存储在 VD104 中。

PLC 控制程序如图 6-7 至图 6-9 所示。在网络 1 中，将数据 1（VD0）分别存储在最大数 VD100 和最小数 VD104 中，并将数据 1（VD0）的地址存储在 AC1 中，便于以后指针寻址。在网络 2 中，执行 FOR 指令，当前循环次数（INDX）存在 MW0 中，初始值（INIT）为 1，终止值（FINAL）为 10。在网络 3 中，将指针 AC1 指向的数据与最大数 VD100 比较，如果大于最大数，则将相应的数据存储在最大数 VD100 中。在网络 4 中，将指针 AC1 指向的数据与最小数 VD104 比较，如果小于最小数，则将相应的数据存储在最小数 VD104 中。在网络 5 中，将 AC1 的值加 4，使其指向下一个数据。在网络 6 中，执行 NEXT 指令，循环结束。

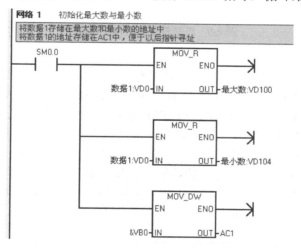

图 6-7　PLC 控制初始化最大数与最小数程序

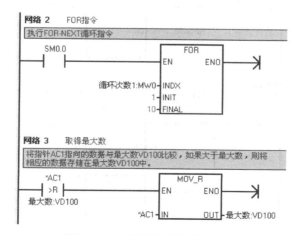

图 6-8　PLC 控制取得最大数程序

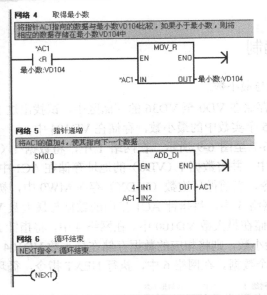

图 6-9 PLC 控制取得最小数程序

例 6-7： 实数排序。

有 10 个实数型数据存储在 VD0 至 VD36 的存储区中，将这 10 个数据从小到大排列。

PLC 控制实数排列程序如图 6-10 至图 6-12 所示。在网络 1 中，执行 FOR 指令，当前循环次数（INDX）存储在 MW0 中，初始值（INIT）为 1，终止值（FINAL）为 10。在网络 2 中，将 VB0 的地址存入 AC1 中，VB4 的地址存入 AC2 中，便于以后指针寻址。在网络 3 中，执行嵌套 FOR 指令，当前循环次数（INDX）存储在 MW2 中，初始值（INIT）为 1，终止值（FINAL）为 9。在网络 4 中，如果指针 AC2 指向的数据小于指针 AC1 指向的数据，则交换两数据的值。在网络 5 中，分别将指针 AC1 和 AC2 加 4，使其指向下一个数据。在网络 6 中，执行嵌套 NEXT 指令，循环结束。在网络 7 中，执行 NEXT 指令，循环结束。

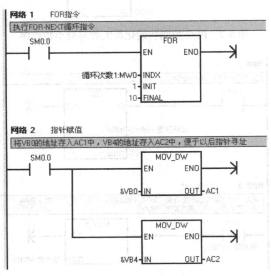

图 6-10 PLC 控制指针赋值程序

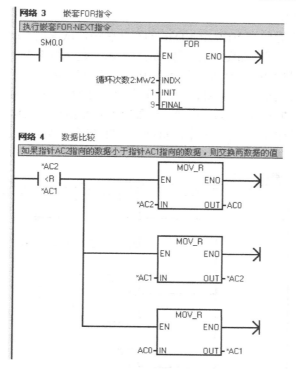

图 6-11　PLC 控制数据比较程序

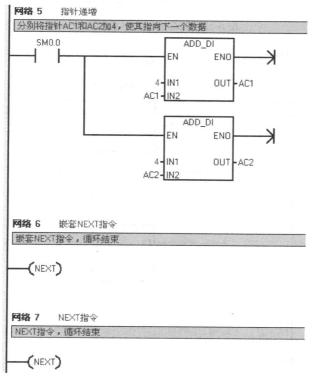

图 6-12　PLC 控制指针递增程序

例 6-8：求取平均值。

有 10 个实数型数据存储在 VD0 至 VD36 的存储区中，试求这 10 个数据的平均值。

PLC 控制求取平均值程序如图 6-13 至图 6-15 所示。在网络 1 中，将数据和（VD40）和平均值（VD44）清零，并将 VB0 的地址存入 AC1 中，便于以后指针寻址。在网络 2 中，执行 FOR 指令，当前循环次数（INDX）存在 MW0 中，初始值（INIT）为 1，终止值（FINAL）为 10。将 AC1 指向的数据与数据和（VD40）相加，结果存入到数据和（VD40）中，然后将 AC1 的值加 4，使其指向下一个数据。在网络 3 中，执行 NEXT 指令，循环结束。在网络 4 中，将数据和除以 10，求取平均值。

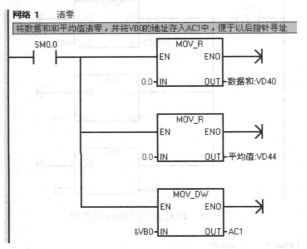

图 6-13　PLC 控制数据清零程序

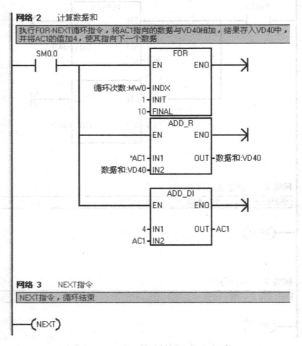

图 6-14　PLC 控制数据求和程序

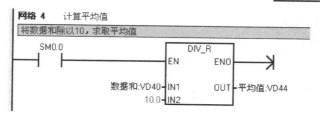

图 6-15　PLC 控制求取平均值程序

6.4　跳转

跳转指令可以使 PLC 编程的灵活性大大提高，使用 PLC 可根据不同条件的判断，选择不同的程序执行。本节主要介绍跳转指令及跳转程序的编写。

6.4.1　跳转指令

跳转指令包括跳转到标号指令（JMP）和标号指令（LBL），每条跳转到标号指令（JMP）必须对应一条标号指令（LBL）。跳转指令格式参见表 6-8。

表 6-8　跳转指令格式

指令名称	梯形图	语句表
FOR 指令	N （ JMP ）	JMP N
NEXT 指令	N LBL	LBL N

跳转指令有效操作数参见表 6-9。

表 6-9　跳转指令有效操作数

输入	数据类型	操作数
N	WORD	常数（0～255）

跳转到标号指令（JMP）执行程序内标号 N 指定的程序分支。标号指令标志跳转目的地的位置 N。可以在主程序、子程序或者中断程序中，使用跳转指令。跳转和与之相应的标号指令必须位于同一段程序代码（无论是主程序、子程序还是中断程序）。不能从主程序跳转到子程序或中断程序，同样不能从子程序或中断程序跳出。可以在 SCR 程序段中使用跳转指令，但相应的标号指令必须也在同一个 SCR 段中。

例 6-9：跳转指令示例。

跳转指令的梯形图及语句表的程序示例如图 6-16 所示。在网络 1 中，当常开触点 I0.0 接通时，跳转至标号 1，跳过网络 2 程序的执行。在网络 2 中，将 MB0 的值增加 1。在网络 3 中，用标号指令标志跳转位置 1。

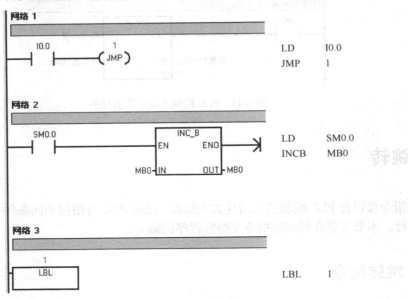

图 6-16 跳转指令程序示例

6.4.2 跳转程序编制

例 6-10：自制定时器。

在本例中，利用跳转指令实现精度为秒的定时器，程序示例如图 6-17 和图 6-18 所示。

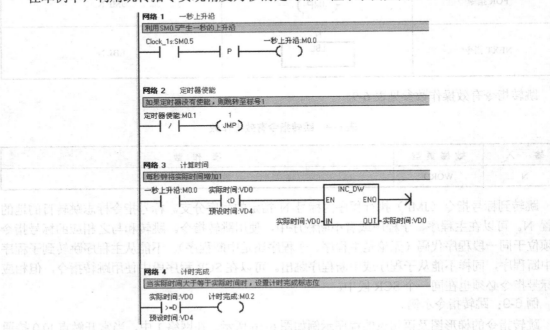

图 6-17 自制定时器程序（一）

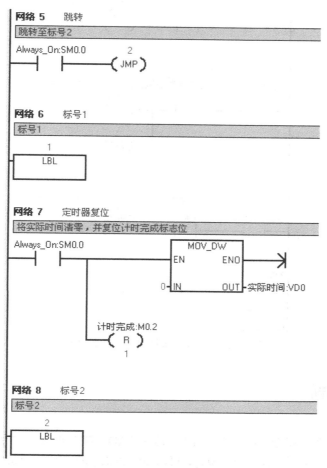

图 6-18 自制定时器程序（二）

在网络 1 中，利用特殊标志位 SM0.5 产生一秒上升沿 M0.0。在网络 2 中，如果定时器没有使能，则跳转至标号 1。在网络 3 中，每秒钟将实际时间 VD0 增加 1。在网络 4 中，当实际时间 VD0 大于等于设置时间 VD4 时，设置计时完成标志位。在网络 5 中，总是跳转至标号 2。在网络 6 中，用标号指令标志跳转位置 1。在网络 7 中，将实际时间清零并复位计时完成标志位。在网络 8 中，用标号指令标志跳转位置 2。

例 6-11：单按钮启停电动机。

在本例中，利用一个按钮实现启动和停止电动机。当按下按钮时，电动机启动；再次按下按钮时，电动机停止，其控制程序示例如图 6-19 所示。

在网络 1 中，当按下启停按钮时，在一个循环周期内，置位按钮上升沿 M0.0。在网络 2 中，当按钮上升沿 M0.0 为 1 时并且电动机停止，则启动电动机，并跳转至标号 1。在网络 3 中，当按钮上升沿 M0.0 为 1 时并且电动机启动，则停止电动机。在网络 4 中，用标号指令标志跳转位置 1。

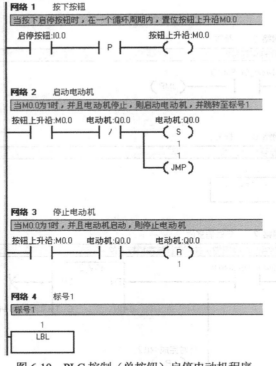

图 6-19 PLC 控制（单按钮）启停电动机程序

6.5 顺序控制

顺序继电器（SCR）指令能够按照自然工艺段在 LAD、FBD 或 STL 中编制状态控制程序。如果在应用中包含的一系列操作需要反复执行，可以使用 SCR 指令使程序更加结构化，以至于直接针对应用。这样可以使得编程和调试更加快速和简单。顺序继电器（SCR）指令格式参见表 6-10 所示。

表 6-10 顺序继电器指令格式

指 令 名 称	梯 形 图	语 句 表
载入顺序控制继电器指令	S_BIT SCR	LSCR S_BIT
顺序控制继电器转换指令	S_BIT —(SCRT)	SCRT S_BIT
顺序控制继电器结束指令	—(SCRE)	SCRE
有条件顺序控制继电器结束指令	无	CSCRE

顺序继电器指令有效操作数参见表 6-11。

表 6-11 顺序继电器指令有效操作数

输 入	数 据 类 型	操 作 数
S_BIT	BOOL	S

载入顺序控制继电器指令（LSCR）标记 SCR 段的开始，顺序控制继电器结束指令（SCRE）标记 SCR 段的结束。载入 SCR 指令和 SCR 结束指令之间的所有逻辑操作的执行取决于 S 堆栈值。载入 SCR 指令和 SCR 结束指令之间的逻辑操作，不取决于 S 堆栈值。载入顺序控制继电器指令（LSCR）对逻辑堆栈的影响如图 6-20 所示。

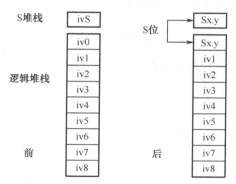

图 6-20　LSCR 指令对逻辑堆栈的影响

顺序控制继电器转换指令（SCRT）将程序控制权从一个激活的 SCR 段传递到另一个 SCR 段。执行 SCRT 指令可以使当前激活的程序段的 S 位复位，同时使下一个将要执行的程序段的 S 位置位。在 SCRT 指令执行时，复位当前激活的程序段的 S 位并不会影响 S 堆栈。因此，SCR 段在退出前保持激励状态。

有条件顺序控制继电器结束指令（CSCRE）只有在 STL 编辑器中才能使用，可以使程序退出一个激活的程序段而不执行 CSCRE 与 SCRE 之间的指令。CSCRE 指令不影响任何 S 位，也不影响 S 堆栈。

在使用顺序控制继电器指令时，不能把同一个 S 位用于不同程序中。例如，如果在主程序中使用 S0.1，则不能在子程序中再使用 S0.1。不能跳转入或跳转出 SCR 段，但是可以使用跳转和标号指令在 SCR 段附近跳转，或在 SCR 段内跳转。在 SCR 段中不能使用 END 指令。

例 6-12：顺序继电器（SCR）指令示例。

顺序继电器（SCR）指令的梯形图及语句表的程序示例如图 6-21 所示。在网络 1 中，利用特殊标志位 SM0.1，在首次扫描时置位 S0.1。在网络 2 中，利用载入顺序控制继电器指令（LSCR）标志 S0.1 段开始。在网络 3 中，置位 Q0.0，当 I0.0 闭合时，转换至 S0.2。此转换会取消激活 S0.1 段并激活 S0.2 段。在网络 4 中，S0.1 段结束。

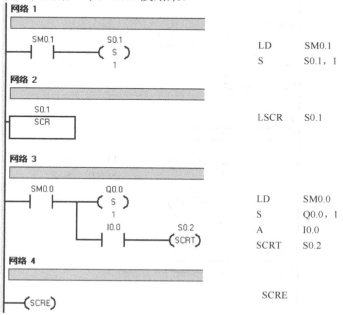

图 6-21　顺序继电器指令程序示例

6.5.1 分支控制

在许多实例中，一个顺序控制状态流必须分成两个或多个不同分支控制状态流。当一个控制状态流分离成多个分支时，所有的分支控制状态流必须同时激活，如图 6-22 所示。

图 6-22 控制流的分支

使用多条由相同转移条件激活的顺序控制继电器转换指令（SCRT），可以在一段 SCR 程序中实现控制流的分支，程序实例如图 6-23 所示。在网络 1 中，利用特殊标志位 SM0.1，在首次扫描时置位 S0.1。在网络 2 中，利用载入顺序控制继电器指令（LSCR）标志 S0.1 段开始。在网络 3 中，当 I0.0 闭合时，同时转换至 S0.2 段和 S0.3 段。此转换会取消激活 S0.1 段并激活 S0.2 段和 S0.3 段。在网络 4 中，S0.1 段结束。

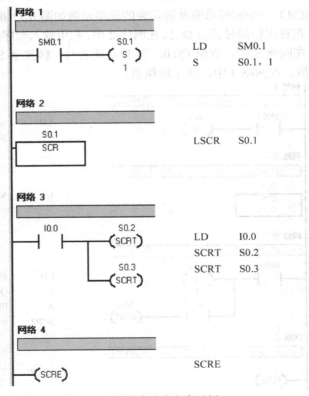

图 6-23 控制流分支程序示例

在有些情况下，一个控制流可能转移多个可能的控制流中的某一个。到底转移哪一个，取决于控制流前面的转移条件（哪一个首先为真），如图 6-24 所示。

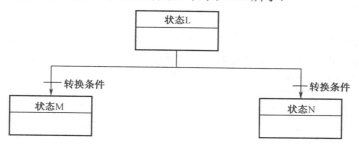

图 6-24　条件转换的控制流分支

例 6-13： 分支控制指令示例。

条件转移的控制流分支程序示例如图 6-25 所示。在网络 1 中，利用特殊标志位 SM0.1，在首次扫描时置位 S0.1。在网络 2 中，利用载入顺序控制继电器指令（LSCR）标志 S0.1 段开始。在网络 3 中，当 I0.0 闭合时，转换至 S0.2 段。此转换会取消激活 S0.1 段，并激活 S0.2 段。在网络 4 中，当 I0.1 闭合时，转换至 S0.3 段。此转换会取消激活 S0.1 段，并激活 S0.3 段。在网络 5 中，S0.1 段结束。

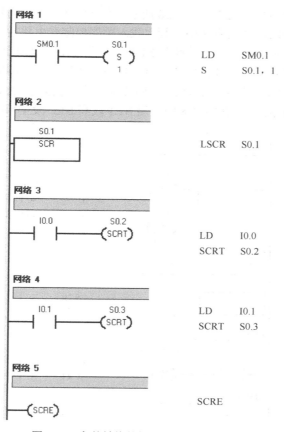

图 6-25　条件转换的控制流分支程序示例

6.5.2 合并控制

与分支控制的情况类似，两个或者多个分支状态流必须合并为一个状态流。当多个状态流汇集成一个后称为合并。当控制流合并时，所有的控制流必须都完成，才能执行下一个状态。如图 6-26 所示，给出了两个控制流合并的示意图。

图 6-26 控制流的合并

例 6-14：合并控制指令示例。

控制流合并程序示例如图 6-27 和图 6-28 所示。在网络 1 中，利用特殊标志位 SM0.1，在首次扫描时置位 S0.1 和 S0.2。在网络 2 中，利用载入顺序控制继电器指令（LSCR）标志 S0.1 段开始。在网络 3 中，当 I0.0 闭合时，转换至 S1.1 段。此转换会取消激活 S0.1 段，并激活 S1.1 段。在网络 4 中，S0.1 段结束。在网络 5 中，利用载入顺序控制继电器指令（LSCR）标志 S0.2 段开始。在网络 6 中，当 I0.1 闭合时，转换至 S1.2 段。此转换会取消激活 S0.2 段，并激活 S1.2 段。在网络 7 中，S0.2 段结束。在网络 8 中，当 S1.1 段和 S1.2 段全部激活时，则激活 S2.0 段，同时复位 S1.1 和 S1.2。

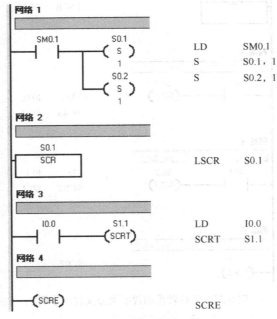

图 6-27 控制流合并程序示例（一）

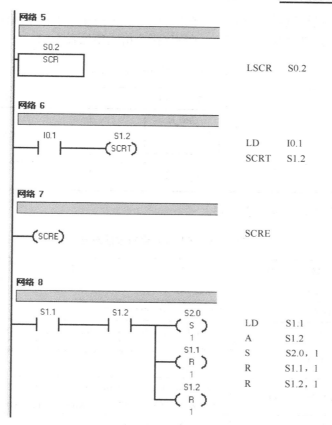

图 6-28   控制流合并程序实例（二）

6.6   子程序调用

　　子程序是一个可选的指令的集合，使用子程序可以简化程序代码，使程序结构简单清晰，易于查错和维护。子程序仅在被其他程序调用时执行，同一子程序可以在不同的地方被多次调用，未调用时不会执行子程序中的指令，因此使用子程序可以减少扫描时间。

　　不同类型的 CPU 支持的子程序个数是不一样的。对于 CPU221，CPU222 和 CPU224，最多只能支持 64 个子程序，子程序编号为 0～63。对于 CPU224XP，CPU224XPsi 和 CPU226，最多可以支持 128 个子程序，子程序编号为 0～127。

　　子程序是可以被嵌套调用的（在子程序中调用子程序），但最多可以嵌套 8 层。不能在中断程序中嵌套调用子程序。

6.6.1   子程序指令

　　子程序指令包括子程序调用指令（CALL）和子程序条件返回指令（CRET），子程序调用指令（CALL）将程序控制权交给子程序 SBR_N。调用子程序时可以带参数也可以不带参数。子程序执行完成后，控制权返回到调用子程序指令的下一条指令。子程序条件返回指令（CRET）根据它前面的逻辑决定是否终止子程序。子程序指令格式参见表 6-12。

表 6-12　子程序指令格式

指 令 名 称	梯 形 图	语 句 表
子程序调用指令	SBR_N ─┤EN	CALL SBR_N
子程序条件返回指令	─(RET)	CRET

子程序指令有效操作数参见表 6-13。

表 6-13　子程序指令有效操作数

输入/输出	数据类型	操 作 数
SBR_N	WORD	常数
IN	BOOL	V, I, Q, M, SM, S, T, C, L, 功率流
	BYTE	VB, IB, QB, MB, SMB, SB, LB, AC, *VD, *LD, *AC, 常数
	WORD, INT	VW, T, C, IW, QW, MW, SMW, SW, LW, AC, AIW, *VD, *LD, *AC, 常数
	DWORD, DINT	VD, ID, QD, MD, SMD, SD, LD, AC, HC, *VD, *LD, *AC, &VB, &IB, &QB, &MB, &T, &C, &SB, &AI, &AQ, &SMB, 常数
	STRING	*VD, *LD, *AC, 常数
IN_OUT	BOOL	V, I, Q, M, SM, S, T, C, L
	BYTE	VB, IB, QB, MB, SMB, SB, LB, AC, *VD, *LD, *AC
	WORD, INT	VW, T, C, IW, QW, MW, SMW, SW, LW, AC, *VD, *LD, *AC
	DWORD, DINT	VD, ID, QD, MD, SMD, SD, LD, AC, *VD, *LD, *AC
OUT	BOOL	V, I, Q, M, SM, S, T, C, L
	BYTE	VB, IB, QB, MB, SMB, SB, LB, AC, *VD, *LD, *AC
	WORD, INT	VW, T, C, IW, QW, MW, SMW, SW, LW, AC, AQW, *VD, *LD, *AC
	DWORD, DINT	VD, ID, QD, MD, SMD2, SD, LD, AC, *VD, *LD, *AC

当有一个子程序被调用时，系统会保存当前的逻辑堆栈，置栈顶值为 1，堆栈的其他值为零，把控制交给被调用的子程序。当子程序完成之后，恢复逻辑堆栈，把控制权交还给调用程序。因为累加器可在主程序和子程序之间自由传递，所以在子程序调用时，累加器的值既不保存也不恢复。当子程序在同一个周期内被多次调用时，不能使用上升沿、下降沿、定时器和计数器指令。

子程序可以包含要传递的参数。参数在子程序的局部变量表中定义。参数必须包含变量名（最多 23 个字符）、变量类型和数据类型。一个子程序最多可以传递 16 个参数。局部变量表中的变量类型区定义变量是传入子程序（IN）、传入和传出子程序（IN_OUT）或者传出子程序（OUT）。表 6-14 中描述了一个子程序中的参数类型。

表 6-14 子程序的参数类型

参 数	描 述
IN	参数传入子程序。如果参数是直接寻址（如：VB10），指定位置的值被传递到子程序。如果参数是间接寻址（如：*AC1），指针指定位置的值被传入子程序；如果参数是常数（如：16#1234）或者一个地址（如：&VB100），常数或地址的值被传入子程序
IN_OUT	指定参数位置的值被传到子程序，从子程序的结果值被返回到同样地址。常数（如：16#1234）和地址（如：&VB100）不允许作为输入/输出参数
OUT	从子程序来的结果值被返回到指定参数位置。常数（如：16#1234）和地址（如：&VB100）不允许作为输出参数。由于输出参数并不保留子程序最后一次执行时分配给它的数值，所以必须在每次调用子程序时将数值分配给输出参数。值得注意的是，在电源上电时，SET 和 RESET 指令只影响布尔量操作数的值。
TEMP	任何不用于传递数据的局部存储器都可以在子程序中作为临时存储器使用

子程序在局部变量表中的数据类型区定义参数的大小和格式，如图 6-29 所示。

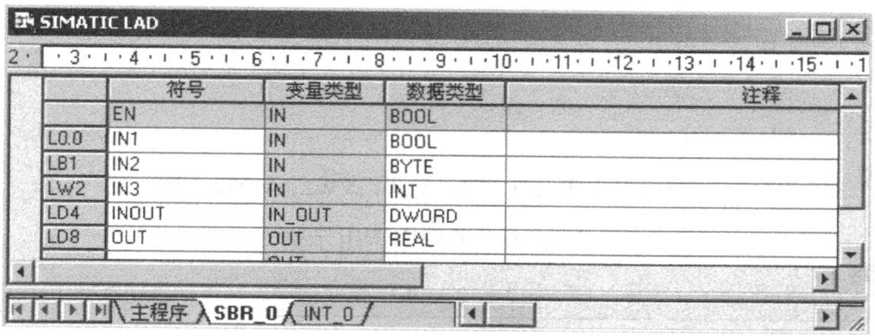

图 6-29 局部变量表

表 6-15 中描述了参数的数据类型。当给子程序传递值时，它们放在子程序的局部存储器中。局部变量表的最左列是每个被传递参数的局部存储器地址。当子程序调用时，输入参数值被复制到子程序的局部存储器。当子程序完成时，从局部存储器区复制输出参数值到指定的输出参数地址。

表 6-15 参数的数据类型

数 据 类 型	描 述
BOOL	此数据类型用于单个位输入和输出
BYTE	此数据类型识别 1B 的无符号输入或输出参数
WORD	此数据类型识别 2B 的无符号输入或输出参数
DWORD	此数据类型识别 4B 的无符号输入或输出参数
INT	此数据类型识别 2B 的有符号输入或输出参数
DINT	此数据类型识别 4B 的有符号输入或输出参数
REAL	此数据类型识别单精度型（4B）IEEE 浮点数值输入或输出参数
STRING	此数据类型用作一个指向字符串的 4B 指针
功率流	布尔型功率流只允许位（布尔型）输入。该变量声明说明此输入参数是位逻辑指令组合的功率流结果。 在局部变量表中布尔功率流输入必须出现在其他类型前面

例 6-15：子程序指令示例。

子程序指令的梯形图及语句表的程序示例如图 6-30 和图 6-31 所示。由图 6-30 可知，子程序在主程序中被调用。由图 6-30 可知，在网络中，当输入参数 IN1 为 1 时，子程序返回。在网络 2 中的语句不能被执行。

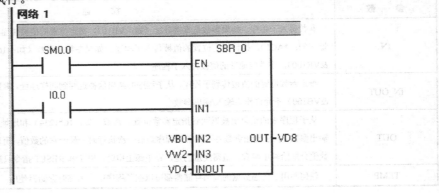

```
LD      SM0.0
=       L60.0
LD      I0.0
=       L63.7
LD      L60.0
CALL    SBR_0:SBR0, L63.7, VB0, VW2, VD4, VD8
```

图 6-30　子程序调用示例

网络 1

```
LD      #IN1:L0.0
CRET
```

网络 2

```
LD      SM0.0
MOVR    0.0, #OUT:LD8
```

图 6-31　子程序条件返回程序示例

6.6.2　子程序编制

例 6-16： 带暂停功能的定时器。

在本例中，利用子程序实现精度为秒的定时器并带暂停功能，此子程序可以在主程序中多次调用。子程序的局部变量表如图 6-32 所示，用到 3 个输入参数，1 个输入/输出参数和 1 个输出参数。

	符号	变量类型	数据类型	注释
	EN	IN	BOOL	
L0.0	使能	IN	BOOL	定时器使能
L0.1	暂停	IN	BOOL	定时器暂停
LD1	预设时间	IN	DINT	预设时间
LD5	实际时间	IN_OUT	DINT	实时时间
L9.0	计时完成	OUT	BOOL	计时完成

图 6-32 定时器子程序局部变量表

本例的主程序如图 6-33 所示。在网络 1 中，利用特殊标志位 SM0.5 产生 1s 上升沿 M0.0。在网络 2 中，调用定时器子程序。定时器使能位为 M0.1，定时器暂停位为 M0.2，定时器预设时间为 100s，定时器实际时间存储在 VD0 中，定时器计时完成标志位为 M0.3。

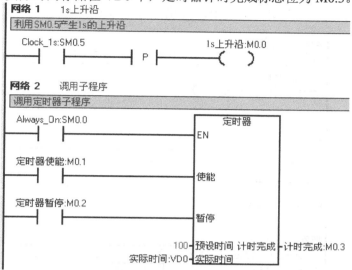

图 6-33 调用定时器子程序的主程序示例

定时器子程序如图 6-34 和图 6-35 所示。在网络 1 中，如果定时器没有使能，则跳转至标号 1。在网络 2 中，如果定时器暂停，则跳转至标号 2。在网络 3 中，每秒钟将实际时间增加 1。在网络 4 中，当实际时间大于等于设置时间时，设置计时完成标志位。在网络 5 中，总是跳转至标号 2。在网络 6 中，用标号指令标志跳转位置 1。在网络 7 中，将实际时间清零并复位计时完成标志位。在网络 8 中，用标号指令标志跳转位置 2。

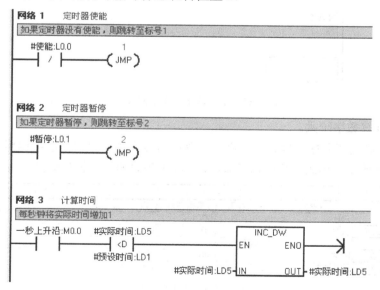

图 6-34 定时器子程序示例（一）

图 6-34　定时器子程序示例（一）（续）

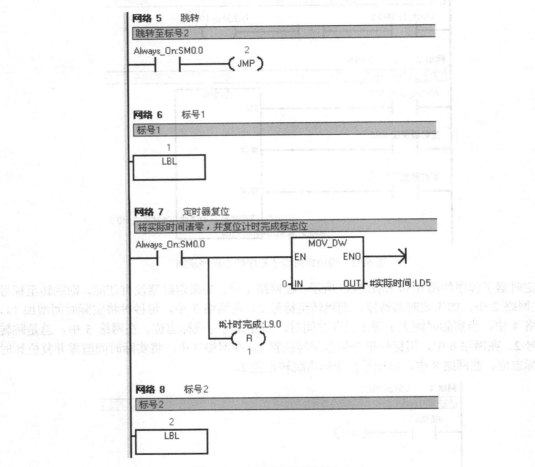

图 6-35　定时器子程序示例（二）

例 6-17：计算数字阶乘。

在本例中，利用子程序计算数字阶乘，子程序可以在主程序中多次被调用。子程序的局部变量表如图 6-36 所示，用到 1 个输入参数，1 个输出参数和 1 个临时变量。

	符号	变量类型	数据类型	注释
	EN	IN	BOOL	
LW0	整数	IN	INT	整数
		IN_OUT		
LD2	阶乘	OUT	DINT	阶乘
LW6	循环次数	TEMP	INT	循环次数

图 6-36　阶乘子程序局部变量表

计算阶乘子程序如图 6-37 所示。在网络 1 中，将数值 1 赋值给阶乘 LD2，然后执行 FOR 指令。当前循环次数（INDX）存在临时变量 LW6 中，初始值（INIT）为 1，终止值（FINAL）为输入参数 LW0。在网络 2 中，将循环次数 LW6 转换为双整数，存储在 AC0 中，然后将 AC0 与阶乘 LD2 相乘，结果存储在阶乘 LD2 中。在网络 3 中，执行 NEXT 指令，循环结束。

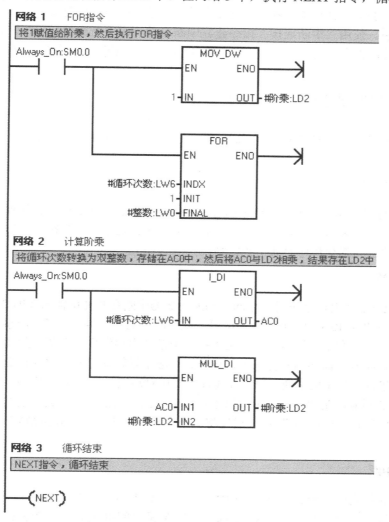

图 6-37 计算阶乘子程序示例

计算数字阶乘主程序如图 6-38 所示。在网络 1 中，调用计算阶乘子程序，计算整数 10 的阶乘，将结束存储在 VD0 中。

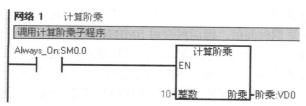

图 6-38 调用计算阶乘子程序的主程序示例

6.7　中断服务

中断由事件驱动，在启动中断例行程序之前，必须使中断事件与发生该事件时希望执行的程序段建立联系。使用"中断连接"指令建立中断事件（由中断事件号码指定）与程序段（由中断例行程序号码指定）之间的联系。将中断事件附加于中断例行程序时，该中断自动被启用。

6.7.1　S7-200 支持的中断类型

S7-200 支持 3 种类型的中断程序：通信端口中断、I/O 中断和时基中断。下面将分别介绍这 3 种中断类型。

1.　通信端口中断

PLC 的串行通信端口可由 LAD 或 STL 程序来控制。通信端口的这种操作模式称为自由端口模式。在自由端口模式下，用户可用程序定义波特率、每个字符位数、校验和通信协议。利用接收和发送中断可简化程序对通信的控制。

2.　I/O 中断

I/O 中断包含了上升沿或下降沿中断、高速计数器中断和脉冲串输出（PTO）中断。S7-200 CPU 可用输入 I0.0 至 I0.3 的上升沿或下降沿产生中断。上升沿事件和下降沿事件可被这些输入点捕获。这些上升沿和下降沿事件可被用于指示当某个事件发生时必须引起注意的条件。高速计数器中断允许响应，诸如当前值等于预设值、相应于轴转动方向变化的计数方向改变和计数器外部复位等事件而产生的中断。每种高速计数器可对高速事件实时响应，而 PLC 扫描速率对这些高速事件是不能控制的。脉冲串输出中断给出了已完成指定脉冲数输出的指示。脉冲串输出的一个典型应用是步进电动机。可以通过将一个中断程序连接到相应的 I/O 事件上来允许上述的每一个中断。

3.　时基中断

时基中断包括定时中断和定时器 T32/T96 中断。CPU 可以支持定时中断。可以用定时中断指定一个周期性的活动。周期以 1ms 为增量单位，周期时间可从 1ms 到 255 ms。对定时中断 0，必须把周期时间写入 SMB34；对定时中断 1，必须把周期时间写入 SMB35。每当定时器溢出时，定时中断事件把控制权交给相应的中断程序。通常可用定时中断以固定的时间间隔去控制模拟量输入的采样或者执行一个 PID 回路。

当把某个中断程序连接到一个定时中断事件上，如果该定时中断被允许，那就开始计时。在连接期间，系统捕捉周期时间值，因而后来对 SMB34 和 SMB35 的更改不会影响周期。为改变周期时间，首先必须修改周期时间值，然后重新把中断程序连接到定时中断事件上。当重新连接时，定时中断功能清除前一次连接时的任何累计值，并用新值重新开始计时。一旦允许，定时中断就连续地运行，指定时间间隔的每次溢出时执行被连接的中断程序。如果退出 RUN 模式或分离定时中断，则定时中断被禁止。如果执行了全局中断禁止指令，定时中断事件会继续出现，每个出现的定时中断事件将进入中断队列（直到中断允许或队列满）。

定时器 T32/T96 中断允许及时地响应一个给定的时间间隔。这些中断只支持 1ms 分辨率的延时接通定时器（TON）和延时断开定时器（TOF）T32/T96。T32/T96 定时器在其他方面工作正常。一旦中断允许，当有效定时器的当前值等于预设值时，在 CPU 的正常 1ms 定时刷新中，执行被连接的中断程序。首先把一个中断程序连接到 T32/T96 中断事件上，然后允许该中断。

6.7.2　中断指令

中断指令包括中断允许指令、中断禁止指令、中断条件返回指令、中断连接指令、中断分离指令和清除中断事件指令，其指令格式参见表 6-16。

表 6-16　中断指令格式

指令名称	梯形图	语句表
中断允许指令	—(ENI)	ENI
中断禁止指令	—(DISI)	DISI
中断条件返回指令	—(RETI)	CRETI
中断连接指令	ATCH EN　ENO INT EVNT	ATCH INT，EVNT
中断分离指令	DTCH EN　ENO EVNT	DTCH EVNT
清除中断事件指令	CLR_EVNT EN　ENO EVNT	CEVNT EVNT

中断指令有效操作数参见表 6-17。

表 6-17　中断指令有效操作数

输入/输出	数据类型	操作数
INT	BYTE	常数（0～127）
EVNT	BYTE	常数 CPU 221 和 CPU 222：0～12，19～23 和 27～33 CPU 224：0～23 和 27～33 CPU 224XP 和 CPU 226：0～33

中断允许指令（ENI）全局地允许所有被连接的中断事件。中断禁止指令（DISI）全局地禁止处理所有中断事件。当进入 RUN 模式时，初始状态为禁止中断。在 RUN 模式，可以执行全

局中断允许指令（ENI）允许所有中断。执行中断禁止指令（DISI）可以禁止中断过程；但是，激活的中断事件仍继续排队。

中断条件返回指令（CRETI）用于根据前面的逻辑操作的条件，从中断程序中返回。中断连接指令（ATCH）将中断事件 EVNT 与中断程序号 INT 相关联，并使能该中断事件。中断分离指令（DTCH）将中断事件 EVNT 与中断程序之间的关联切断，并禁止该中断事件。清除中断事件指令（CEVNT）从中断队列中清除所有 EVNT 类型的中断事件。使用此指令从中断队列中清除不需要的中断事件。如果此指令用于清除假的中断事件，在从队列中清除事件之前要首先分离事件。否则，在执行清除事件指令之后，新的事件将被增加到队列中。

6.7.3　理解中断连接和中断分离指令

在激活一个中断程序前，必须在中断事件和该事件发生时希望执行的那段程序间建立一种联系。中断连接指令（ATCH）指定某个中断事件（由中断事件号指定）所要调用的程序段（由中断程序号指定）。多个中断事件可调用同一个中断程序，但一个中断事件不能同时指定调用多个中断程序。

当把中断事件和中断程序连接时，自动允许中断。如果采用禁止全局中断指令不响应所有中断，每个中断事件进行排队，直到采用允许全局中断指令重新允许中断，如果不用允许全局中断指令，可能会使中断队列溢出。可以用中断分离指令（DTCH）切断中断事件和中断程序之间的联系，以单独禁止中断事件。中断分离指令（DTCH）使中断回到不激活或无效状态。表 6-18 列出了不同类型的中断事件以及不同 CPU 对中断事件是否支持。

表 6-18　中断事件

事件号	描述	CPU221 CPU222	CPU224	CPU224XP CPU226
0	I0.0 上升沿	支持	支持	支持
1	I0.0 下降沿	支持	支持	支持
2	I0.1 上升沿	支持	支持	支持
3	I0.1 下降沿	支持	支持	支持
4	I0.2 上升沿	支持	支持	支持
5	I0.2 下降沿	支持	支持	支持
6	I0.3 上升沿	支持	支持	支持
7	I0.3 下降沿	支持	支持	支持
8	端口 0 接收字符	支持	支持	支持
9	端口 0 发送完成	支持	支持	支持
10	定时中断 0	支持	支持	支持
11	定时中断 1	支持	支持	支持
12	HSC0　CV=PV（当前值=预置值）	支持	支持	支持
13	HSC1　CV=PV（当前值=预置值）	不支持	支持	支持
14	HSC1 输入方向改变	不支持	支持	支持

事 件 号	描　述	CPU221 CPU222	CPU224	CPU224XP CPU226
15	HSC1 外部复位	不支持	支持	支持
16	HSC2　CV=PV（当前值=预置值）	不支持	支持	支持
17	HSC2 输入方向改变	不支持	支持	支持
18	HSC2 外部复位	不支持	支持	支持
19	PTO 0 完成中断	支持	支持	支持
20	PTO 1 完成中断	支持	支持	支持
21	定时器 T32 CT=PT 中断	支持	支持	支持
22	定时器 T96 CT=PT 中断	支持	支持	支持
23	端口 0 接收消息完成	支持	支持	支持
24	端口 1 接收消息完成	不支持	不支持	支持
25	端口 1 接收字符	不支持	不支持	支持
26	端口 1 发送完成	不支持	不支持	支持
27	HSC0 输入方向改变	支持	支持	支持
28	HSC0 外部复位	支持	支持	支持
29	HSC4　CV=PV（当前值=预置值）	支持	支持	支持
30	HSC4 输入方向改变	支持	支持	支持
31	HSC4 外部复位	支持	支持	支持
32	HSC3　CV=PV（当前值=预置值）	支持	支持	支持
33	HSC5　CV=PV（当前值=预置值）	支持	支持	支持

　　一旦执行完中断程序的最后一条指令，控制权会回到主程序，也可以执行中断条件返回指令（CRETI）退出中断程序。中断处理提供了对特殊的内部或外部事件的响应。应当优化中断程序以执行一个特殊的任务，然后把控制返回主程序。应当使中断程序短小而简单，执行时对其他处理也不要延时过长。如果做不到这些，意外的条件可能会引起由主程序控制的设备操作异常。对中断而言，程序是越短越好。中断程序只能调用一个子程序的嵌套层。中断程序与被调用的子程序共享累加器和逻辑堆栈。在中断程序中不能使用 DISI、ENI、HDEF、LSCR 和 END 指令。

　　由于中断指令影响触点、线圈和累加器逻辑，所以系统保存和恢复逻辑堆栈、累加寄存器以及指示累加器和指令操作状态的特殊存储器标志位（SM）。这避免了进入中断程序或从中断程序返回对主程序造成破坏。

　　如果需要在主程序和一个或多个中断程序间共享数据，必须考虑中断事件异步特性的影响，这是因为中断事件会在用户主程序执行的任何地方出现。共享数据一致性问题的解决要依赖于主程序被中断事件中断时中断程序的操作。使用中断程序的局部变量表，可以保证中断程序只使用临时内存，而不会覆盖程序的其他地方使用的数据。

6.7.4 中断优先级和中断队列

在各个指定的优先级之内，CPU 按先来先服务的原则处理中断。任何时间点上，只有一个用户中断程序正在执行。一旦中断程序开始执行，它要一直执行到结束，而且不会被别的中断程序甚至是更高优先级的中断程序所打断。当另一个中断正在处理中，新出现的中断需要排队，等待处理。表 6-19 给出了 3 种中断队列以及它们能够存储的中断个数。

表 6-19　每个中断队列的最大数目

队　　列	CPU221、CPU222、CPU224	CPU224XP、CPU226
通信中断队列	4	8
I/O 中断队列	16	16
时基中断队列	8	8

表 6-20 给出了所有中断事件的优先级和事件号。

表 6-20　中断事件的优先级顺序

事　件　号	描　　　述	优　先　级　组	组中的优先级
8	端口 0 接收字符	通信中断（最高）	0
9	端口 0 发送完成		0
23	端口 0 接收消息完成		0
24	端口 1 接收消息完成		1
25	端口 1 接收字符		1
26	端口 1 发送完成		1
19	PTO 0 完成中断	I/O 中断（中等）	0
20	PTO 1 完成中断		1
0	I0.0 上升沿		2
2	I0.1 上升沿		3
4	I0.2 上升沿		4
6	I0.3 上升沿		5
1	I0.0 下降沿		6
3	I0.1 下降沿		7
5	I0.2 下降沿		8
7	I0.3 下降沿		9
12	HSC0　CV=PV（当前值=预置值）		10

事 件 号	描　述	优 先 级 组	组中的优先级
27	HSC0 输入方向改变		11
28	HSC0 外部复位		12
13	HSC1　CV=PV（当前值=预置值）		13
14	HSC1 输入方向改变		14
15	HSC1 外部复位		15
16	HSC2　CV=PV（当前值=预置值）		16
17	HSC2 输入方向改变	I/O 中断	17
18	HSC2 外部复位	（中等）	18
32	HSC3　CV=PV（当前值=预置值）		19
29	HSC4　CV=PV（当前值=预置值）		20
30	HSC4 输入方向改变		21
31	HSC4 外部复位		22
33	HSC5　CV=PV（当前值=预置值）		23
10	定时中断 0		0
11	定时中断 1	定时中断	1
21	定时器 T32 CT=PT 中断	（最低）	2
22	定时器 T96 CT=PT 中断		3

　　有时，可能有多于队列所能保存数目的中断出现。因而，由系统维护的队列溢出存储器位表明丢失的中断事件的类型。如果特殊标志位 SM4.0 为 1，说明通信中断队列溢出；如果特殊标志位 SM4.1 为 1，说明 I/O 中断队列溢出；如果特殊标志位 SM4.2 为 1，说明时基中断队列溢出。应该只在中断程序中使用这些位，因为在队列变空时，这些位会被复位，控制权回到主程序。

6.7.5　中断程序编制

　　例 6-18：I/O 中断程序。

　　I/O 中断程序示例如图 6-39 所示。由图 6-39（a）可知，在网络 1 中，利用特殊标志位 SM0.1 执行一次中断连接指令（ATCH）和中断允许指令（ENI）。中断连接指令（ATCH）将中断事件 0（I0.0 上升沿）与中断程序 INT0 相关联。在网络 2 中，当 I1.0 接通时，中断分离指令（DTCH）将中断事件 0 与中断程序之间的关联切断，并禁止该中断事件。由图 6-39（b）可知，在网络 1 中，每执行一次中断程序，将 VW0 的值增加 1。

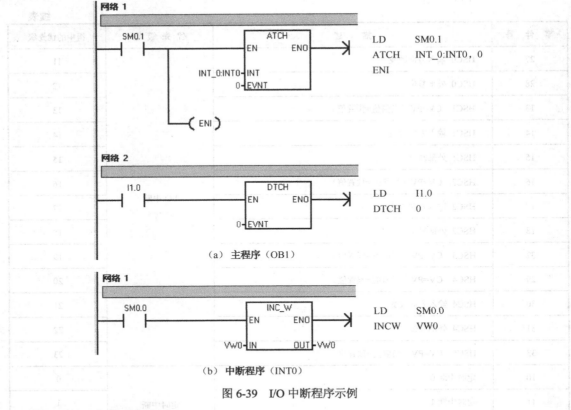

网络 1

```
LD      SM0.1
ATCH    INT_0:INT0, 0
ENI
```

网络 2

```
LD      I1.0
DTCH    0
```

（a）主程序（OB1）

网络 1

```
LD      SM0.0
INCW    VW0
```

（b）中断程序（INT0）

图 6-39　I/O 中断程序示例

例 6-19：定时中断程序。

定时中断程序示例如图 6-40 所示。由图 6-40（a）可知，在网络 1 中，利用特殊标志位 SM0.1 执行一次中断连接指令（ATCH）和中断允许指令（ENI）。中断连接指令（ATCH）将中断事件 10（定时中断 0）与中断程序 INT0 相关联。特殊寄存器 SMB34 存储定时中断 0 的时间间隔，以毫秒为单位，本例的定时中断为 200ms。在网络 2 中，当 I0.0 接通时，中断分离指令（DTCH）将中断事件 10 与中断程序之间的关联切断，并禁止该中断事件。由图 6-40（b）可知，在网络 1 中，每执行一次中断程序，将 VW0 的值增加 1。

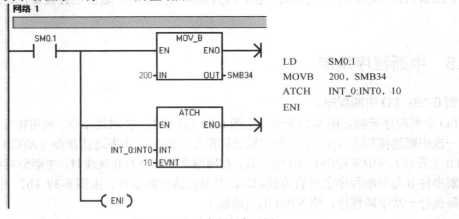

网络 1

```
LD      SM0.1
MOVB    200, SMB34
ATCH    INT_0:INT0, 10
ENI
```

图 6-40　定时中断程序示例

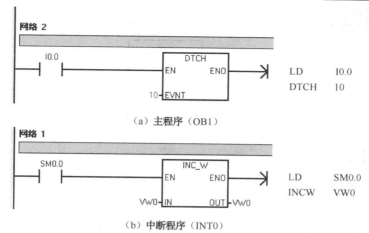

（a）主程序（OB1）

（b）中断程序（INT0）

图 6-40　定时中断程序示例（续）

6.8　程序实例

例 6-20：将 PLC 时间转为十进制格式。

使用 S7-200 的 READ_RTC（读取实时时钟）指令时，读取 PLC 时间的数据格式都是 BCD 码，不便于计算和处理。本例利用循环指令，将 BCD 码转换为十进制数格式。

PLC 控制程序如图 6-41 至图 6-43 所示。在网络 1 中，将地址指针存入累加器 AC1 和 AC2 中。在网络 2 中，读取系统时间，并存储在以 VB0 为起始地址的 8 个字节中。在网络 3 中，执行 FOR-NEXT 循环指令。在网络 4 中，将 BCD 码转换为十进制数。在网络 5 中，增加地址指针，使其指向下一个数据。在网络 6 中，执行 NEXT 指令。

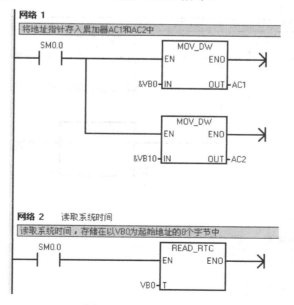

图 6-41　读取系统时间

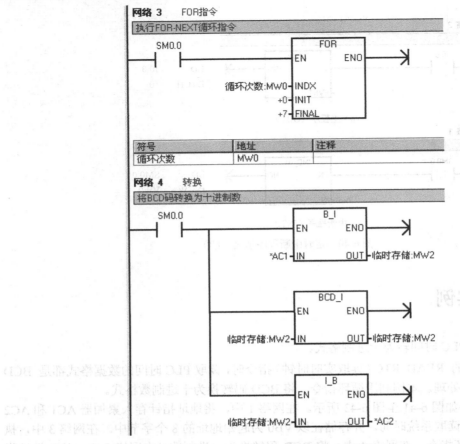

图 6-42　将 BCD 码转换为十进制数

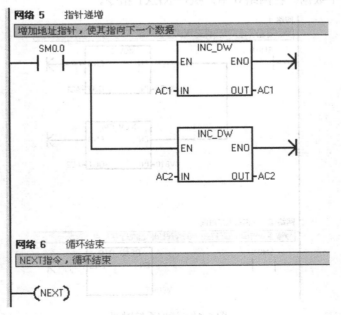

图 6-43　指针递增

例 6-21： 热电阻温度转换子程序。

热电阻是工业中最常用的一种温度检测器。它的主要特点是测量精度高、性能稳定。EM231 热电阻模块提供了 S7-200 与多种热电阻的连接接口。使用热电阻温度模块后，自动将温度转化为对应的十倍关系的数字量，例如温度 35.7℃，PLC 读到的数据为 357。

PLC 控制子程序的局部变量表如图 6-44 所示，用到两个输入参数和一个输出参数。其子程序如图 6-45 所示，在网络 1 中，将模拟量输入值转换为实数后，除以 10，并加上补偿量，作为最终温度值。其主程序如图 6-46 所示，在网络 1 中，调用热电阻转换子程序。

	符号	变量类型	数据类型	注释
	EN	IN	BOOL	
LW0	InputAI	IN	INT	模拟量输入
LD2	Offset	IN	REAL	补偿量
		IN_OUT		
LD6	Value	OUT	REAL	转换后的输出值

图 6-44 热电阻温度转换子程序局部变量表

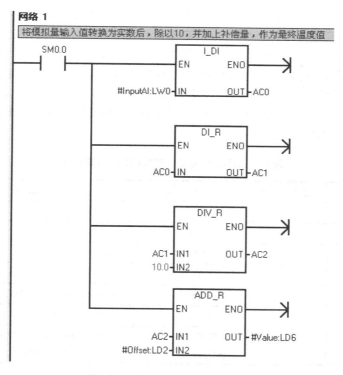

图 6-45 热电阻温度转换子程序

图 6-46 热电阻温度转换主程序

第 7 章 数值运算指令

数值运算指令包括整数运算指令、实数运算指令和逻辑运算指令。利用数值运算指令，可以完成绝大部分的数学运算。

7.1 S7-200 的数据格式

S7-200 CPU 收集现场状态等信息，把这些信息按照用户程序进行运算、处理，然后输出控制、显示等信号。所有这些信息在 S7-200 PLC 中，都表示为不同格式的数据。在 S7-200 中，各种指令对数据格式都有一定要求，指令与数据之间的格式要一致才能正常工作。例如，为一个整数数据使用浮点数运算指令，显然会得到不正确的结果。数据有不同的长度，也就决定了数值的大小范围。模拟量信号在进行模数（A/D）和数模（D/A）转换时，一定会存在误差；代表模拟量信号的数据，只能以一定的精度表示模拟量信号。S7-200 CPU 支持的数据格式、数据长度和取值范围参见表 7-1。

表 7-1 S7-200 支持的数据格式及数据长度

数 据 格 式	数 据 长 度	数 据 类 型	取 值 范 围
BOOL（b）	1	布尔型	真（1）、假（0）
BYTE（B）	1（8b）	符号整数	0～255
INT（整数）	16b	有符号整数	−32768～32767
WORD（字）		无符号整数	0～65535
DINT（双整数）	32b	有符号整数	−2147483648～2147483647
DWORD（双字）		无符号整数	0～4294967295
REAL（实数）		IEEE32 位单精度浮点数	−3.402823E+38～−1.175495E−38（负数） 1.175495E−38～3.402823E+38（正数）
ASCII	8 位/个	字符列表	ASCII 字符、 汉字内码（每个汉字 2B）
STRING （字符串）		字符串	1～254 个 ASCII 字符、 汉字内码（每个汉字 2B）

1. 布尔数

PLC 中以二进制"位"的数据形式来表示逻辑"1"和"0"（或者"开"和"关"）。位是最基本的数据单位。在数据字节（B）中，二进制逻辑只用一个位（b）来表示。每个字节由 8b 组成。

在 S7-200 中，某些类型的数据兼有成组的字节（字）访问形式，也有位的访问形式，如定时器、计数器等。在编程软件 STEP7-Micro/WIN 中，对位数据进行运算操作的指令都在指令树的"位逻辑"分支中。

2. 整数、无符号整数和有符号整数

字节、字、双字都可以用来表示十进制整数，它们的数据长度不同，能够表示的数据大小范围也不同。无符号整数只有 0 和正整数；有符号整数可以有正数和负数。有符号整数采用二进制补码的形式来表示负数。

在 S7-200 中，字节、字、双字都可以按照无符号、有符号整数来查看。在编程软件 STEP7-Micro/WIN 中，整数运算指令在指令树的"整数计算"分支中。只有字节运算指令（带 B 符号的指令，如 INC_B 等）是无符号整数运算指令。凡带有 I，W 或 DW 等的数学运算指令，都是有符号整数运算指令，定时器、计数器的值是有符号整数。HSC（高速计数器）的计数当前值（HCx）和设定值也都是 32b 的有符号整数。在编程软件 STEP7-Micro/WIN 中输入立即数据时，如果不输入小数点，则认为是整数。在不需要高精度运算的条件下，使用整数可以简化编程，节省处理时间。

3. 实数（浮点数）

在 S7-200 中，实数（浮点数）是符合 IEEE 标准的 32b 实数，即单精度实数。实数格式按照一定的运算规律把 32 个二进制位分组，表示极小或极大的值。S7-200 的实数运算指令都在指令树的"浮点数计算"分支中。实数当作整数运算的时候会导致数值的错误；而整数当作实数应用可能会使数据非法（不符合标准）。在编程软件 STEP7-Micro/WIN 中输入带小数点的数据，则认为是实数（实数形式的整数值必须输入小数点和一位为零的小数位，如 10.0）。

4. ASCII 字符和 STRING（字符串）

在 S7-200 中，ASCII 字符是由表示字母、数字和一些特殊符号的 ASCII 编码组成的二进制数据字节，一个字节存储一个字符。ASCII（美国信息交换标准码）是一种字符编码格式，在一个字节长度中不同的二进制数值代表不同的字符。例如，字母 A 为 41h（十六进制数值），以十进制看就是 65；而数字 5 的 ASCII 值为 35h，十进制值为 53。

S7-200 中新引入了 STRING（字符串）数据格式，其结构是在 ASCII 字符字节串前面有一个串长度。字符串最长可以有 255 个数据字节。字符串中也能包括汉字编码，每个汉字占用两个字节。

在编程软件中，用单字节（英文）的单引号（'）将作为字符的内容括起来可以在数据块和状态图中输入 ASCII 数据字节。在单字节的双引号（"）中间输入文本内容可以输入字符串，按上述方法输入的字符串会自动按字符串格式排列（在起始地址中放入字符个数）。

5. BCD 码

BCD 码意为"二进制编码的十进制数"。BCD 码是一种编码方式，是以二进制数对十进制数字的编码，并因为十六进制的优势，改用十六进制数字表示。十进制只有十个数字，所以以十六进制表示的 BCD 码不会出现十六进制数字 Ah～Fh。十进制数 39 用 BCD 码表示就是 39h 或 16#39。BCD 码数值必须用十六进制查看才能得到正确结果。BCD 编码往往在使用 BCD 编码开关输入数据时用到；S7-200 中读取的时钟日期数据也是以 BCD 编码表示。

7.2　整数运算指令

整数运算指令包括四则运算指令（加、减、乘、除）和增减指令。

7.2.1　整数四则运算指令

整数四则运算指令分为加法、减法、乘法和除法指令，其指令格式参见表 7-2。

表 7-2　整数四则运算指令格式

指令名称	梯形图	语句表	指令说明
整数加法指令	ADD_I EN　　ENO IN1　　OUT IN2	MOVW　IN1，OUT +I　　　IN2，OUT	OUT = IN1 + IN2 将两个 16b 整数相加，产生一个 16b 的整数结果
整数减法指令	SUB_I EN　　ENO IN1　　OUT IN2	MOVW　IN1，OUT -I　　　IN2，OUT	OUT = IN1－IN2 将两个 16b 整数相减，产生一个 16b 的整数结果
整数乘法指令	MUL_I EN　　ENO IN1　　OUT IN2	MOVW　IN1，OUT *I　　　IN2，OUT	OUT = IN1 * IN2 将两个 16b 整数相乘，产生一个 16b 的整数结果
整数除法指令	DIV_I EN　　ENO IN1　　OUT IN2	MOVW　IN1，OUT /I　　　IN2，OUT	OUT = IN1 / IN2 将两个 16b 整数相除，产生一个 16b 的整数商，不保留余数

整数四则运算指令有效操作数参见表 7-3。

表 7-3　整数四则运算指令有效操作数

输入/输出	类　型	操　作　数
IN1、IN2	INT	IW, QW, VW, MW, SMW, SW, T, C, LW, AC, AIW, *VD, *AC, *LD, 常数
OUT	INT	IW, QW, VW, MW, SMW, SW, LW, T, C, AC, *VD, *AC, *LD

整数乘法和整数除法指令中有两个特殊指令，是完全乘法指令和完全除法指令，其指令格式参见表 7-4。

表 7-4　加法指令格式

指 令 名 称	梯 形 图	语 句 表	指 令 说 明
完全整数乘法指令	**MUL** EN　　ENO IN1　　OUT IN2	MOVW　IN1，OUT（高位） MUL　　IN2，OUT	OUT = IN1 * IN2 将两个 16b 整数相乘，产生一个 32b 的双整数结果
完全整数除法指令	**DIV** EN　　ENO IN1　　OUT IN2	MOVW　IN1，OUT（高位） DIV　　IN2，OUT	OUT = IN1 / IN2 将两个 16b 整数相除，产生一个 32b 的双整数结果，其中包括一个 16b 余数（高位）和一个 16b 商（低位）

完全整数乘法和除法指令有效操作数参见表 7-5。

表 7-5　完全整数乘法和除法指令有效操作数

输入/输出	类　型	操　作　数
IN1、IN2	INT	IW，QW，VW，MW，SMW，SW，T，C，LW，AC，AIW，*VD，*AC，*LD，常数
OUT	DINT	ID，QD，VD，MD，SMD，SD，LD，AC，*VD，*LD，*AC

例 7-1：整数四则运算指令示例。

整数四则运算指令在梯形图及语句表的程序示例如图 7-1 所示。在网络 1 中给出了 6 种整数四则运算指令的示例。

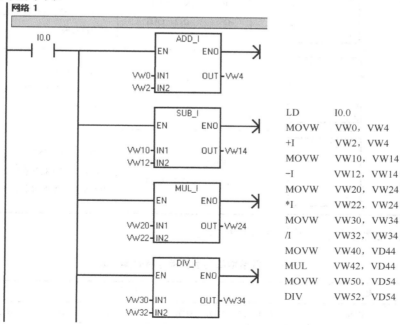

图 7-1　整数四则运算指令程序示例

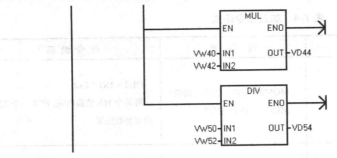

图 7-1　整数四则运算指令程序示例（续）

7.2.2　双整数四则运算指令

双整数四则运算指令分为加法、减法、乘法和除法指令，其指令格式参见表 7-6。

表 7-6　双整数四则运算指令格式

指 令 名 称	梯 形 图	语 句 表	指 令 说 明
双整数加法指令	ADD_DI EN　ENO IN1　OUT IN2	MOVD　IN1，OUT +D　　　IN2，OUT	OUT = IN1 + IN2 将两个 32b 双整数相加，产生一个 32b 的双整数结果
双整数减法指令	SUB_DI EN　ENO IN1　OUT IN2	MOVD　IN1，OUT -D　　　IN2，OUT	OUT = IN1−IN2 将两个 32b 双整数相减，产生一个 32b 的双整数结果
双整数乘法指令	MUL_DI EN　ENO IN1　OUT IN2	MOVD　IN1，OUT *D　　　IN2，OUT	OUT = IN1 * IN2 将两个 32b 双整数相乘，产生一个 32b 的双整数结果
双整数除法指令	DIV_DI EN　ENO IN1　OUT IN2	MOVD　IN1，OUT /D　　　IN2，OUT	OUT = IN1 / IN2 将两个 32b 双整数相除，产生一个 32b 的双整数商，不保留余数

双整数四则运算指令有效操作数参见表 7-7。

表 7-7　双整数四则运算指令有效操作数

输入/输出	类 型	操 作 数
IN1、IN2	DINT	ID，QD，VD，MD，SMD，SD，LD，AC，HC，*VD，*LD，*AC，常数
OUT	DINT	ID，QD，VD，MD，SMD，SD，LD，AC，*VD，*LD，*AC

例 7-2：双整数四则运算指令示例。

双整数四则运算指令在梯形图及语句表的程序示例如图 7-2 所示。在网络 1 中给出了 4 种双整数四则运算指令的示例。

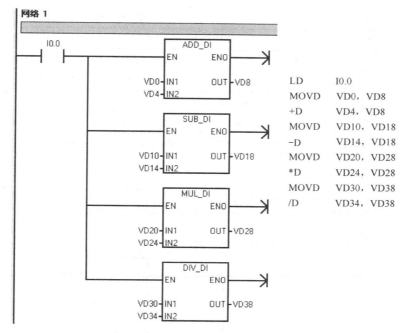

LD	I0.0
MOVD	VD0，VD8
+D	VD4，VD8
MOVD	VD10，VD18
−D	VD14，VD18
MOVD	VD20，VD28
*D	VD24，VD28
MOVD	VD30，VD38
/D	VD34，VD38

图 7-2　双整数四则运算指令程序示例

7.2.3　增指令

增指令每执行一次，将输入的值加 1，数据长度可以是字节、字和双字。其中字节增指令的操作是无符号的，字增指令和双字增指令的操作是有符号的。增指令的指令格式参见表 7-8。

表 7-8　增指令格式

指 令 名 称	梯 形 图	语 句 表	指 令 说 明
字节增指令	INC_B EN　　ENO IN　　OUT	MOVB　IN，OUT INCB　　OUT	OUT = IN + 1 在输入字节（IN）上加 1，并将结果置入 OUT 指定的变量中
字增指令	INC_W EN　　ENO IN　　OUT	MOVW　IN，OUT INCW　　OUT	OUT = IN + 1 在输入字节（IN）上加 1，并将结果置入 OUT 指定的变量中
双字增指令	INC_DW EN　　ENO IN　　OUT	MOVD　IN，OUT INCD　　OUT	OUT = IN + 1 在输入字节（IN）上加 1，并将结果置入 OUT 指定的变量中

增指令有效操作数参见表 7-9。

表 7-9 增指令有效操作数

输入/输出	数据类型	操 作 数
IN	BYTE	IB, QB, VB, MB, SMB, SB, LB, AC, *VD、*LD、*AC, 常数
	INT	IW, QW, VW, MW, SMW, SW, LW, T, C, AC, AIW, *VD, *LD, *AC, 常数
	DINT	ID, QD, VD, MD, SMD, SD, LD, AC, HC, *VD, *LD, *AC, 常数
OUT	BYTE	IB, QB, VB, MB, SMB, SB, LB, AC, *VD, *AC, *LD
	INT	IW, QW, VW, MW, SMW, SW, T, C, LW, AC, *VD, *LD, *AC
	DINT	ID, QD, VD, MD, SMD, SD, LD, AC, *VD, *LD, *AC

例 7-3：增指令示例。

增指令在梯形图及语句表的程序示例如图 7-3 所示。在网络 1 中，给出了 3 种增指令的示例。如果增指令的输入和输出地址一致，则在语句表中省略传送指令。

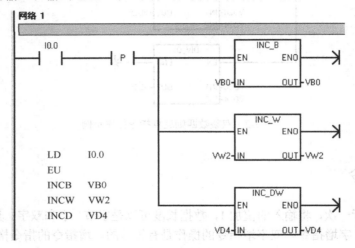

图 7-3 增指令程序示例

7.2.4 减指令

减指令每执行一次，将输入的值减 1，数据长度可以是字节、字和双字。其中字节减指令的操作是无符号的，字减指令和双字减指令的操作是有符号的。减指令的指令格式参见表 7-10。

表 7-10 减指令格式

指令名称	梯 形 图	语 句 表	指 令 说 明
字节减指令	DEC_B EN ENO IN OUT	MOVB IN, OUT DECB OUT	OUT = IN-1 在输入字节 (IN) 上减 1，并将结果置入 OUT 指定的变量中

续表

指 令 名 称	梯 形 图	语 句 表	指 令 说 明
字减指令	DEC_W EN　　ENO IN　　OUT	MOVW　IN, OUT DECW　OUT	OUT = IN-1 在输入字节（IN）上减 1，并将结果置入 OUT 指定的变量中
双字减指令	DEC_DW EN　　ENO IN　　OUT	MOVD　IN, OUT DECD　OUT	OUT = IN-1 在输入字节（IN）上减 1，并将结果置入 OUT 指定的变量中

减指令有效操作数参见表 7-11。

表 7-11　减指令有效操作数

输入/输出	数 据 类 型	操 作 数
IN	BYTE	IB, QB, VB, MB, SMB, SB, LB, AC, *VD, *LD, *AC, 常数
	INT	IW, QW, VW, MW, SMW, SW, LW, T, C, AC, AIW, *VD, *LD, *AC, 常数
	DINT	ID, QD, VD, MD, SMD, SD, LD, AC, HC, *VD, *LD, *AC, 常数
OUT	BYTE	IB, QB, VB, MB, SMB, SB, LB, AC, *VD, *AC, *LD
	INT	IW, QW, VW, MW, SMW, SW, T, C, LW, AC, *VD, *LD, *AC
	DINT	ID, QD, VD, MD, SMD, SD, LD, AC, *VD, *LD, *AC

例 7-4：减指令示例。

减指令在梯形图及语句表的程序示例如图 7-4 所示。在网络 1 中，给出了 3 种减指令的示例。如果减指令的输入和输出地址一致，则在语句表中省略传送指令。

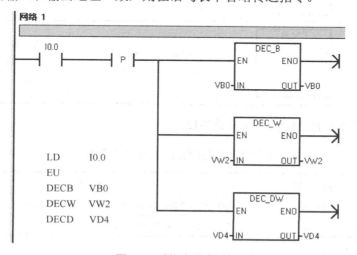

图 7-4　减指令程序示例

7.3 实数运算指令

实数（浮点数）运算指令包括浮点数四则运算指令（加、减、乘、除）、三角函数指令和数学功能指令。

7.3.1 实数四则运算指令

实数四则运算指令分为加法、减法、乘法和除法指令，其指令格式参见表 7-12。

表 7-12 实数四则运算指令格式

指令名称	梯形图	语句表	指令说明
实数加法指令	ADD_R EN ENO IN1 OUT IN2	MOVR IN1, OUT +R IN2, OUT	OUT = IN1 + IN2 将两个 32b 实数相加，产生一个 32b 的实数结果
实数减法指令	SUB_R EN ENO IN1 OUT IN2	MOVR IN1, OUT -R IN2, OUT	OUT = IN1−IN2 将两个 32b 实数相减，产生一个 32b 的实数结果
实数乘法指令	MUL_R EN ENO IN1 OUT IN2	MOVR IN1, OUT *R IN2, OUT	OUT = IN1 * IN2 将两个 32b 实数相乘，产生一个 32b 的实数结果
实数除法指令	DIV_R EN ENO IN1 OUT IN2	MOVR IN1, OUT /R IN2, OUT	OUT = IN1 / IN2 将两个 32b 实数相除，产生一个 32b 的实数商

实数四则运算指令有效操作数参见表 7-13。

表 7-13 实数四则运算指令有效操作数

输入/输出	类型	操作数
IN1、IN2	REAL	ID, QD, VD, MD, SMD, SD, LD, AC, *VD, *LD, *AC, 常数
OUT	REAL	ID, QD, VD, MD, SMD, SD, LD, AC, *VD, *LD, *AC

例 7-5： 实数四则运算指令示例。

实数四则运算指令在梯形图及语句表的程序示例如图 7-5 所示。在网络 1 中，给出了 4 种实数四则运算指令的示例。

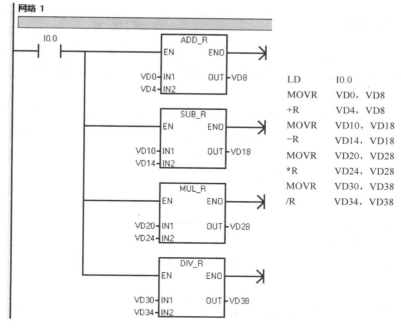

```
LD      I0.0
MOVR    VD0，VD8
+R      VD4，VD8
MOVR    VD10，VD18
-R      VD14，VD18
MOVR    VD20，VD28
*R      VD24，VD28
MOVR    VD30，VD38
/R      VD34，VD38
```

图7-5 实数四则运算指令程序示例

7.3.2 三角函数指令

三角函数指令包括正弦（SIN）函数、余弦（COS）函数和正切（TAN）函数，三角函数指令是双字长的实数运算，其指令格式参见表7-14。

表7-14 三角函数指令格式

指令名称	梯形图	语句表	指令说明
正弦（SIN）函数	SIN EN ENO IN OUT	SIN IN，OUT	计算角度值 IN 的三角函数值，并将结果放置在 OUT 中。输入角度值以弧度为单位
余弦（COS）函数	COS EN ENO IN OUT	COS IN，OUT	计算角度值 IN 的三角函数值，并将结果放置在 OUT 中。输入角度值以弧度为单位
正切（TAN）函数	TAN EN ENO IN OUT	TAN IN，OUT	计算角度值 IN 的三角函数值，并将结果放置在 OUT 中。输入角度值以弧度为单位

三角函数指令有效操作数参见表7-15。

表 7-15　三角函数指令有效操作数

输入/输出	数据类型	操 作 数
IN	REAL	ID, QD, VD, MD, SMD, SD, LD, AC, *VD, *LD, *AC, 常数
OUT	REAL	ID, QD, VD, MD, SMD, SD, LD, AC, *VD, *LD, *AC

例 7-6：三角函数指令示例。

三角函数指令在梯形图及语句表的程序示例如图 7-6 所示。在网络 1 中，给出了三角函数指令的程序示例。通过正弦（SIN）函数指令，计算角度值 VD0 的正弦值，将结果放置在 VD4 中。通过余弦（COS）函数指令，计算角度值 VD10 的余弦值，将结果放置在 VD14 中。通过正切（TAN）函数指令，计算角度值 VD20 的正切值，将结果放置在 VD24 中。

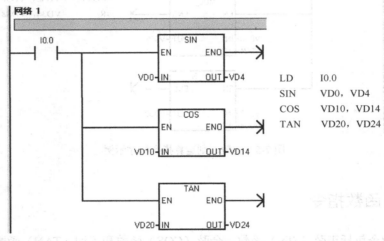

图 7-6　三角函数指令程序示例

7.3.3　数学功能指令

数学功能指令包括自然对数、自然指数和平方根函数指令。数学功能指令是双字长的实数运算，其指令格式参见表 7-16。

表 7-16　数学功能指令格式

指令名称	梯 形 图	语 句 表	指令说明
自然对数	LN EN　ENO IN　OUT	LN　IN, OUT	计算输入值 IN 的自然对数，并将结果存放到 OUT 中
自然指数	EXP EN　ENO IN　OUT	EXP　IN, OUT	计算输入值 IN 的自然指数值，并将结果存放到 OUT 中

续表

指令名称	梯形图	语句表	指令说明
平方根函数	SQRT EN ENO IN OUT	SQRT IN, OUT	计算实数 IN 的平方根，并将结果存放到 OUT 中

数学功能指令有效操作数参见表 7-17。

表 7-17 数学功能指令有效操作数

输入/输出	数据类型	操 作 数
IN	REAL	ID, QD, VD, MD, SMD, SD, LD, AC, *VD, *LD, *AC, 常数
OUT	REAL	ID, QD, VD, MD, SMD, SD, LD, AC, *VD, *LD, *AC

例 7-7： 数学功能指令示例。

数学功能指令在梯形图及语句表的程序示例如图 7-7 所示。在网络 1 中，给出了数学功能指令的程序示例。通过自然对数（LN）指令，计算输入值 VD0 的自然对数，并将结果存放在 VD4 中。通过自然指数（EXP）指令，计算输入值 VD10 的自然指数，并将结果存放在 VD14 中。通过平方根（SQRT）指令，计算输入值 VD20 的平方根，并将结果存放在 VD24 中。

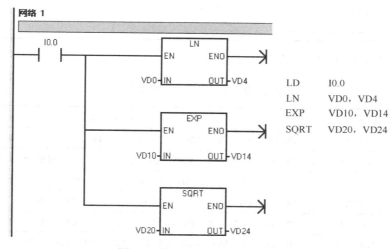

图 7-7 数学功能指令程序示例

7.4 逻辑运算指令

逻辑运算指令是对逻辑数（无符号数）进行处理，包括逻辑与、逻辑或、逻辑异或和逻辑取反操作。数据长度可以是字节、字和双字。

7.4.1 逻辑与指令

逻辑与指令包括字节逻辑与指令、字逻辑与指令和双字逻辑与指令，其指令格式参见表 7-18。

表 7-18 逻辑与指令格式

指令名称	梯形图	语句表	指令说明
字节逻辑与指令	WAND_B EN ENO IN1 OUT IN2	MOVB IN1，OUT ANDB IN2，OUT	对两个输入字节（IN1 和 IN2）数值的相应位执行 AND（与运算）操作，将结果存入 OUT 中
字逻辑与指令	WAND_W EN ENO IN1 OUT IN2	MOVW IN1，OUT ANDW IN2，OUT	对两个输入字（IN1 和 IN2）数值的相应位执行 AND（与运算）操作，将结果存入 OUT 中
双字逻辑与指令	WAND_DW EN ENO IN1 OUT IN2	MOVD IN1，OUT ANDD IN2，OUT	对两个输入双字（IN1 和 IN2）数值的相应位执行 AND（与运算）操作，将结果存入 OUT 中

逻辑与指令有效操作数参见表 7-19。

表 7-19 逻辑与指令有效操作数

输入/输出	数据类型	操作数
IN1、IN2	BYTE	IB, QB, VB, MB, SMB, SB, LB, AC, *VD, *LD, *AC, 常数
	WORD	IW, QW, VW, MW, SMW, SW, LW, T, C, AC, AIW, *VD, *LD, *AC, 常数
	DWORD	ID, QD, VD, MD, SMD, SD, LD, AC, HC, *VD, *LD, *AC, 常数
OUT	BYTE	IB, QB, VB, MB, SMB, SB, LB, AC, *VD, *LD, *AC
	WORD	IW, QW, VW, MW, SMW, SW, T, C, LW, AIW, AC, *VD, *LD, *AC
	DWORD	ID, QD, VD, MD, SMD, SD, LD, AC, *VD, *LD, *AC

例 7-8：逻辑与指令示例。

逻辑与指令在梯形图及语句表的程序示例如图 7-8 所示。在网络 1 中，给出了逻辑与指令的程序示例。通过字节逻辑与指令，对输入的两个字节 VB0 和 VB1 执行逻辑与运算，将结果存放在 VB2 中。通过字逻辑与指令，对输入的两个字 VW10 和 VW12 执行逻辑与运算，将结果存放在 VW14 中。通过双字逻辑与指令，对输入的两个双字 VD20 和 VD24 执行逻辑与运算，将结果存放在 VD28 中。其程序执行结果如图 7-9 所示。

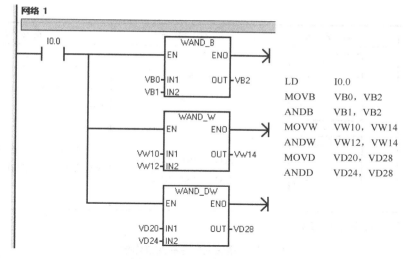

图 7-8　逻辑与指令程序示例

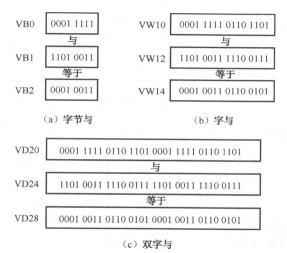

图 7-9　逻辑与指令程序执行结果

7.4.2　逻辑或指令

逻辑或指令包括字节逻辑或指令、字逻辑或指令和双字逻辑或指令，其指令格式参见表 7-20。

表 7-20　逻辑或指令格式

指 令 名 称	梯 形 图	语 句 表	指 令 说 明
字节 逻辑或指令	WOR_B EN　　ENO IN1　　OUT IN2	MOVB　IN1，OUT ORB　　IN2，OUT	对两个输入字节（IN1 和 IN2）数值的相应位执行 OR（或运算）操作，将结果存入 OUT 中

续表

指令名称	梯形图	语句表	指令说明
字逻辑或指令	WOR_W EN ENO IN1 OUT IN2	MOVW IN1，OUT ORW IN2，OUT	对两个输入字（IN1 和 IN2）数值的相应位执行 OR（或运算）操作，将结果存入 OUT 中
双字逻辑或指令	WOR_DW EN ENO IN1 OUT IN2	MOVD IN1，OUT ORD IN2，OUT	对两个输入双字（IN1 和 IN2）数值的相应位执行 OR（或运算）操作，将结果存入 OUT 中

逻辑或指令有效操作数参见表 7-21。

表 7-21 逻辑或指令有效操作数

输入/输出	数据类型	操 作 数
IN1、IN2	BYTE	IB，QB，VB，MB，SMB，SB，LB，AC，*VD，*LD，*AC，常数
	WORD	IW，QW，VW，MW，SMW，SW，LW，T，C，AC，AIW，*VD，*LD，*AC，常数
	DWORD	ID，QD，VD，MD，SMD，SD，LD，AC，HC，*VD，*LD，*AC，常数
OUT	BYTE	IB，QB，VB，MB，SMB，SB，LB，AC，*VD，*LD，*AC
	WORD	IW，QW，VW，MW，SMW，SW，T，C，LW，AIW，AC，*VD，*LD，*AC
	DWORD	ID，QD，VD，MD，SMD，SD，LD，AC，*VD，*LD，*AC

例 7-9：逻辑或指令示例。

逻辑或指令在梯形图及语句表的程序示例如图 7-10 所示。在网络 1 中，给出了逻辑或指令的程序示例。通过字节逻辑或指令，对输入的两个字节 VB0 和 VB1 执行逻辑或运算，将结果存放在 VB2 中。通过字逻辑或指令，对输入的两个字 VW10 和 VW12 执行逻辑或运算，将结果存放在 VW14 中。通过双字逻辑或指令，对输入的两个双字 VD20 和 VD24 执行逻辑或运算，将结果存放在 VD28 中。其程序执行结果如图 7-11 所示。

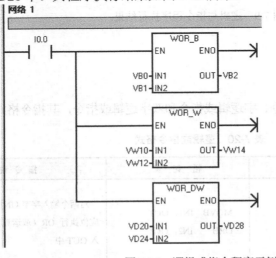

```
LD      I0.0
MOVB    VB0, VB2
ORB     VB1, VB2
MOVW    VW10, VW14
ORW     VW12, VW14
MOVD    VD20, VD28
ORD     VD24, VD28
```

图 7-10 逻辑或指令程序示例

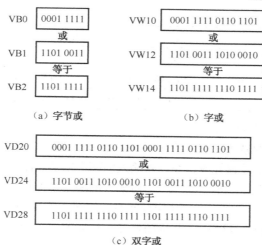

（a）字节或　　　　　　　　　（b）字或

（c）双字或

图 7-11　逻辑或指令程序执行结果

7.4.3　逻辑异或指令

逻辑异或指令包括字节逻辑异或指令、字逻辑异或指令和双字逻辑异或指令，其指令格式参见表 7-22。

表 7-22　逻辑异或指令格式

指令名称	梯形图	语句表	指令说明
字节逻辑异或指令	WXOR_B EN　ENO IN1　OUT IN2	MOVB　IN1, OUT XORB　IN2, OUT	对两个输入字节（IN1 和 IN2）数值的相应位执行 XOR（异或运算）操作，将结果存入 OUT 中
字逻辑异或指令	WXOR_W EN　ENO IN1　OUT IN2	MOVW　IN1, OUT XORW　IN2, OUT	对两个输入字（IN1 和 IN2）数值的相应位执行 XOR（异或运算）操作，将结果存入 OUT 中
双字逻辑异或指令	WXOR_DW EN　ENO IN1　OUT IN2	MOVD　IN1, OUT XORD　IN2, OUT	对两个输入双字（IN1 和 IN2）数值的相应位执行 XOR（异或运算）操作，将结果存入 OUT 中

逻辑异或指令有效操作数参见表 7-23。

表 7-23　逻辑异或指令有效操作数

输入/输出	数据类型	操作数
IN1、IN2	BYTE	IB, QB, VB, MB, SMB, SB, LB, AC, *VD, *LD, *AC, 常数
	WORD	IW, QW, VW, MW, SMW, SW, LW, T, C, AC, AIW, *VD, *LD, *AC, 常数
	DWORD	ID, QD, VD, MD, SMD, SD, LD, AC, HC, *VD, *LD, *AC, 常数

续表

输入/输出	数据类型	操 作 数
OUT	BYTE	IB, QB, VB, MB, SMB, SB, LB, AC, *VD, *LD, *AC
	WORD	IW, QW, VW, MW, SMW, SW, T, C, LW, AIW, AC, *VD, *LD, *AC
	DWORD	ID, QD, VD, MD, SMD, SD, LD, AC, *VD, *LD, *AC

例 7-10：逻辑异或指令示例。

逻辑异或指令在梯形图及语句表的程序示例如图 7-12 所示。在网络 1 中，给出了逻辑异或指令的程序示例。通过字节逻辑异或指令，对输入的两个字节 VB0 和 VB1 执行逻辑异或运算，将结果存放在 VB2 中。通过字逻辑异或指令，对输入的两个字 VW10 和 VW12 执行逻辑异或运算，将结果存放在 VW14 中。通过双字逻辑或指令，对输入的两个双字 VD20 和 VD24 执行逻辑异或运算，将结果存放在 VD28 中。其程序执行结果如图 7-13 所示。

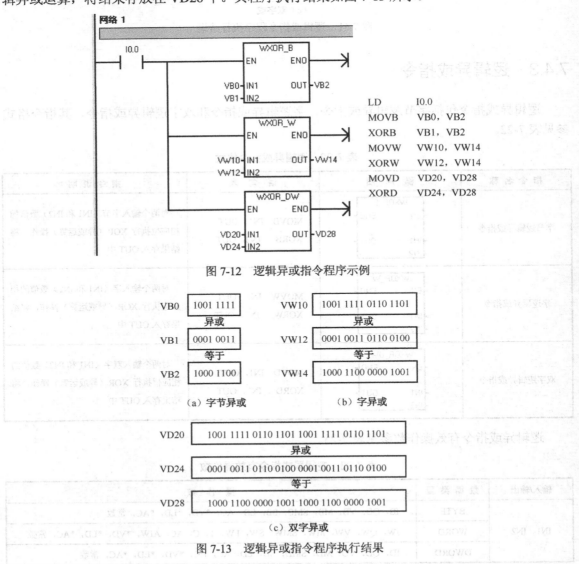

图 7-12 逻辑异或指令程序示例

图 7-13 逻辑异或指令程序执行结果

7.4.4 取反指令

取反指令包括字节取反指令、字取反指令和双字取反指令，其指令格式参见表 7-24。

表 7-24 取反指令格式

指 令 名 称	梯 形 图	语 句 表	指 令 说 明
字节取反指令	INV_B EN ENO IN OUT	MOVB IN, OUT INVB OUT	对输入字节（IN）执行取反操作，并将结果载入内存位置 OUT
字取反指令	INV_W EN ENO IN OUT	MOVW IN, OUT INVW OUT	对输入字（IN）执行取反操作，并将结果载入内存位置 OUT
双字取反指令	INV_DW EN ENO IN OUT	MOVD IN, OUT INVD OUT	对输入双字（IN）执行取反操作，并将结果载入内存位置 OUT

取反指令有效操作数参见表 7-25。

表 7-25 取反指令有效操作数

输入/输出	数 据 类 型	操 作 数
IN1	BYTE	IB, QB, VB, MB, SMB, SB, LB, AC, *VD, *LD, *AC, 常数
	WORD	IW, QW, VW, MW, SMW, SW, LW, T, C, AC, AIW, *VD, *LD, *AC, 常数
	DWORD	ID, QD, VD, MD, SMD, SD, LD, AC, HC, *VD, *LD, *AC, 常数
OUT	BYTE	IB, QB, VB, MB, SMB, SB, LB, AC, *VD, *LD, *AC
	WORD	IW, QW, VW, MW, SMW, SW, T, C, LW, AIW, AC, *VD, *LD, *AC
	DWORD	ID, QD, VD, MD, SMD, SD, LD, AC, *VD, *LD, *AC

例 7-11：取反指令示例。

取反指令在梯形图及语句表的程序示例如图 7-14 所示。在网络 1 中，给出了取反指令的程序示例。如果取反指令的输入和输出地址一致，则在语句表中省略传送指令。其程序执行结果如图 7-15 所示。

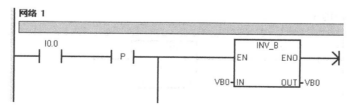

图 7-14 取反指令程序示例

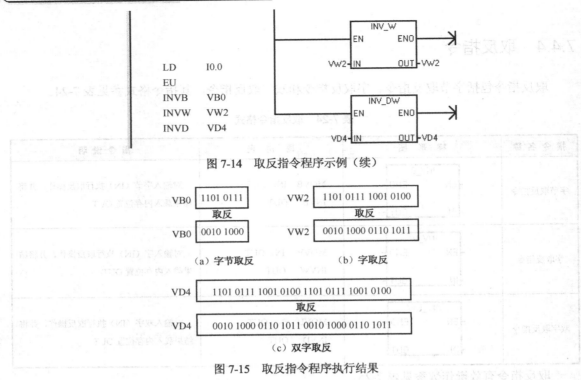

图 7-14　取反指令程序示例（续）

（a）字节取反　　　　（b）字取反

（c）双字取反

图 7-15　取反指令程序执行结果

7.5　程序实例

例 7-12：计算流水线速度。

流水线作业中，生产管理人员需要对流水线的速度进行实时监控。电动机与多齿凸轮同轴转动，凸轮上有 10 个突齿，电动机每旋转一周，接近开关接收到 10 个脉冲信号，同时流水线前进 0.325m。电动机转速（r/min）= 接近开关每分钟接收到的脉冲数/10，流水线速度 = 电动机每秒旋转圈数 ×0.325=(电动机转速 /60)×0.325=(接近开关每分钟接收到的脉冲数/600)×0.325。

PLC 控制流水线速度程序如图 7-16 和图 7-17 所示。在网络 1 中，第一个扫描周期将脉冲数清零。在网络 2 中，每个脉冲检测的上升沿，将脉冲数加 1。在网络 3 中，每分钟计算一次电动机速度，将脉冲数除以 600，得到电动机每秒旋转圈数，再将电动机每秒旋转圈数乘以 0.325，就是流水线速度。

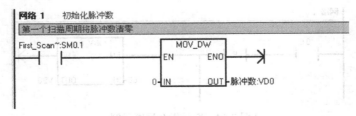

图 7-16　PCL 控制计算脉冲数程序

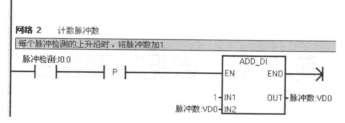

图 7-16 PCL 控制计算脉冲数程序（续）

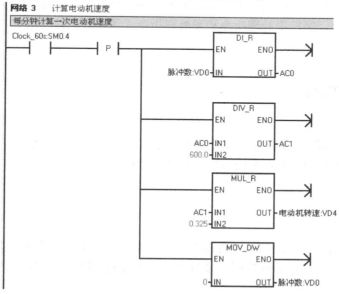

图 7-17 PLC 控制计算流水线速度程序

例 7-13：求解 60° 的正弦值。

在工业控制中，有时为了计算某些三角形的高度或者某些距离，需要用到数学函数指令。本例的程序就是用来求解 60° 的正弦值。

PLC 控制求解 60° 的正弦值程序如图 7-18 所示。在网络 1 中，首先将 60° 的角度值转换为弧度值，然后再计算正弦值。

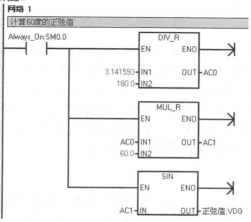

图 7-18 PLC 控制求解 60° 的正弦值程序

第 8 章　数据处理指令

数据处理指令包括数字转换指令、四舍五入指令、取整指令、段码指令、ASCII 码转换指令、字符串转换指令、字符串处理指令和表处理指令。通过数据处理指令，可以完成数据的转换和处理。

8.1　数制与码制

数制是数的表示方法，最常用的是十进制，除此之外常用的是二进制、八进制和十六进制。码制是编制代码所遵循的规则，常用的码制是 BCD 码。

8.1.1　数制

数制就是数的表示方法，把多位数码中每一位的构成方法以及按从低位到高位的进位规则进行计数称为进位计数制，简称数制。最常用的是十进制，除此之外常用的是二进制、八进制和十六进制。

1．十进制

在十进制数中，基数为 10。因此，在十进制数中出现的数字字符有 10 个，即 0，1，2，3，4，5，6，7，8，9。十进制的进位规则是"逢十进一"，任意十进制数都可以展开为按权展开式。例如：$2187.74=2\times10^3+1\times10^2+8\times10^1+7\times10^0+7\times10^{-1}+4\times10^{-2}$，其中 10^3，10^2，10^1，10^0，10^{-1}，10^{-2}，为不同位置的权。

2．二进制

在二进制数中，基数为 2。因此，在二进制数中出现的数字字符只有 2 个，即 0 和 1。每一位计数的原则为"逢二进一"。任意二进制数都可以展开为按权展开式。例如：$1101.1=1\times2^3+1\times2^2+0\times2^1+1\times2^0+1\times2^{-1}$，其中 2^3，2^2，2^1，2^0，2^{-1} 为不同位置的权。

要将十进制整数转换为二进制整数可以采用"除 2 取余"法：将十进制数除以 2，得到一个商数和余数，再将商数除以 2，又得到一个商数和余数。这个过程一直做下去，直到商数等于 0 为止，每次得到的余数即为对应二进制数的各位数字。

3．八进制

在八进制数中，基数为 8。因此，在八进制数中出现的数字字符有 8 个，即 0，1，2，3，4，5，6，7。每一位计数的原则为"逢八进一"。任意八进制数都可以展开为按权展开式。例如：

$13.7=1×8^1+3×8^0+7×8^{-1}$，其中 8^1，8^0，8^{-1} 为不同位置的权。与二进制数类似，将十进制整数转换为八进制整数可以采用"除 8 取余"法。

4. 十六进制

在十六进制数中，基数为 16。因此，在 16 进制数中出现的数字字符有 16 个，即 0，1，2，3，4，5，6，7，8，9，A，B，C，D，E，F。其中 A，B，C，D，E，F 分别表示值 10，11，12，13，14，15。每一位计数的原则为"逢十六进一"。任意十六进制数都可展开为按权展开式。例如：$23.7=2×16^1+3×16^0+7×16^{-1}$，其中 16^1、16^0、16^{-1} 为不同位置的权。将十进制整数转换为十六进制整数可以采用"除 16 取余"法。

8.1.2 码制

表示不同事物的数码称为代码，编制代码时遵循的规则就叫码制。我们习惯使用十进制，计算机硬件基于二进制，两者的结合点就是 BCD（Binary Coded Decimal）码，即用二进制编码表示十进制的 10 个符号 0～9。至少要用四位二进制数才能表示 0～9，因为四位二进制有 16 种组合。现在的问题是要在 16 种组合中挑出 10 个，分别表示 0～9，怎么挑呢？不同的挑法构成了不同的 BCD 码，如 8421 码、2421 码、5211 码等，其中的数字表示位权，还有余 3 码等。我们常说的 BCD 码主要是指 8421 码。各种编码的二进制与十进制对应关系参见表 8-1。

表 8-1 二进制与十进制编码对应关系

十 进 制 数	8421 码	2421 码	5211 码	余 3 码
0	0000	0000	0000	0011
1	0001	0001	0001	0100
2	0010	0010	0100	0101
3	0011	0011	0101	0110
4	0100	0100	0111	0111
5	0101	1011	1000	1000
6	0110	1100	1001	1001
7	0111	1101	1100	1010
8	1000	1110	1101	1011
9	1001	1111	1111	1100

8.1.3 码制转换指令

码制转换指令包括整数至 BCD 码转换指令和 BCD 码至整数转换指令，其指令格式参见表 8-2。

表 8-2　码制转换指令格式

指 令 名 称	梯 形 图	语 句 表	指 令 说 明
整数至 BCD 码转换	I_BCD EN　ENO IN　OUT	MOVW　IN, OUT IBCD　　OUT	将输入整数值（IN）转换成二进制编码的十进制数，并将结果载入 OUT 指定的变量中。IN 的有效范围是 0～9999 整数
BCD 码至整数转换	BCD_I EN　ENO IN　OUT	MOVW　IN, OUT BCDI　　OUT	将二进制编码的十进制值（IN）转换成整数值，并将结果载入 OUT 指定的变量中。IN 的有效范围是 0～9999 BCD 码

码制转换指令有效操作数参见表 8-3。

表 8-3　码制转换指令有效操作数

输入/输出	数据类型	操 作 数
IN	WORD、INT	IW, QW, VW, MW, SMW, SW, T, C, LW, AIW, AC, *VD, *LD, *AC, 常数
OUT	WORD、INT	IW, QW, VW, MW, SMW, SW, T, C, LW, AIW, AC, *VD, *LD, *AC

例 8-1：码制转换指令程序示例。

码制转换在梯形图及语句表的程序示例如图 8-1 所示。在网络 1 中，给出了码制转换程序示例。通过整数至 BCD 码转换指令，将输入整数值 VW0 转换为二进制编码的十进制数，并将结果存放到 VW2 中。通过 BCD 码至整数转换指令，将二进制编码的十进制值 VW4 转换成整数值，并将结果存放到 VW6 中。

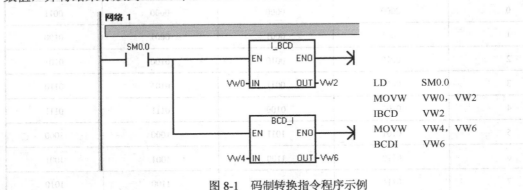

LD	SM0.0
MOVW	VW0, VW2
IBCD	VW2
MOVW	VW4, VW6
BCDI	VW6

图 8-1　码制转换指令程序示例

8.2　编码与译码指令

编码指令和译码指令的指令格式参见表 8-4。

表8-4 编码与译码指令格式

指令名称	梯形图	语句表	指令说明
编码指令	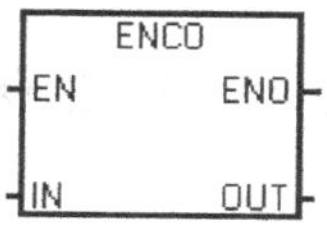 ENCO EN　ENO IN　OUT	ENCO IN, OUT	将输入字 IN 的最低有效位的位号写入输出字节 OUT 的最低有效"半字节"（4位）中
译码指令	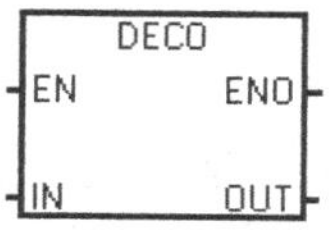 DECO EN　ENO IN　OUT	DECO IN, OUT	根据输入字节 IN 的低四位所表示的位号置输出字 OUT 的相应位为1。输出字的所有其他位都清零

编码与译码指令有效操作数参见表8-5。

表8-5 编码与译码指令有效操作数

输入/输出	数据类型	操作数
IN	BYTE	IB, QB, VB, MB, SMB, SB, LB, AC, *VD, *LD, *AC, 常数
	WORD	IW, QW, VW, MW, SMW, SW, LW, T, C, AC, AIW, *VD, *LD, *AC, 常数
OUT	BYTE	IB, QB, VB, MB, SMB, SB, LB, AC, *VD, *LD, *AC
	WORD	IW, QW, VW, MW, SMW, SW, T, C, LW, AC, AQW, *VD, *LD, *AC

例8-2：编码指令和译码指令示例。

编码指令和译码指令在梯形图及语句表的程序示例如图8-2所示。在网络1中，给出了编码指令和译码指令程序示例。通过编码指令，将输入字 VW0 的最低有效位的位号写入到字节 VB2 中。通过译码指令，将输入字节 VB4 的低四位所表示的位号，置位输出字 VW6 中的相应位。其程序执行结果如图8-3所示。

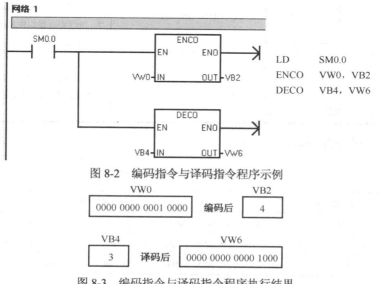

图8-2 编码指令与译码指令程序示例

图8-3 编码指令与译码指令程序执行结果

8.3 标准转换指令

标准转换指令包括数字转换指令、四舍五入指令、取整指令和段码指令。

8.3.1 数字转换指令

数字转换指令包括整数至字节转换指令、字节至整数转换指令、整数至双整数转换指令、双整数至整数转换指令和双整数至实数转换指令，其指令格式参见表8-6。

表8-6 数字转换指令格式

指 令 名 称	梯 形 图	语 句 表	指 令 说 明
整数至字节转换	I_B EN ENO IN OUT	ITB IN, OUT	将整数值（IN）转换成字节值，并将结果置入 OUT 指定的变量中。数值 0～255 被转换。所有其他值会导致溢出，输出不受影响
字节至整数转换	B_I EN ENO IN OUT	BTI IN, OUT	将字节数值（IN）转换成整数值，并将结果置入 OUT 指定的变量中。因为字节不带符号，所以无符号扩展
整数至双整数转换	I_DI EN ENO IN OUT	ITD IN, OUT	将整数值（IN）转换成双整数数值，并将结果置入 OUT 指定的变量中。符号被扩展
双整数至整数转换	DI_I EN ENO IN OUT	DTI IN, OUT	将双整数数值（IN）转换成整数值，并将结果置入 OUT 指定的变量中。如果转换的值过大，则无法在输出中表示，设置溢出位，输出不受影响
双整数至实数	DI_R EN ENO IN OUT	DTR IN, OUT	将 32b 带符号整数（IN）转换成 32b 实数，并将结果置入 OUT 指定的变量中

数字转换指令有效操作数参见 8-7。

表8-7 数字转换指令有效操作数

输入/输出	数 据 类 型	操 作 数
IN	BYTE	IB, QB, VB, MB, SMB, SB, LB, AC, *VD, *LD, *AC, 常数
	WORD、INT	IW, QW, VW, MW, SMW, SW, T, C, LW, AIW, AC, *VD, *LD, *AC, 常数
	DINT	ID, QD, VD, MD, SMD, SD, LD, HC, AC, *VD, *LD, *AC, 常数

续表

输入/输出	数据类型	操 作 数
OUT	BYTE	IB, QB, VB, MB, SMB, SB, LB, AC, *VD, *LD, *AC
	WORD、INT	IW, QW, VW, MW, SMW, SW, T, C, LW, AIW, AC, *VD, *LD, *AC
	DINT	ID, QD, VD, MD, SMD, SD, LD, AC, *VD, *LD, *AC
	REAL	ID, QD, VD, MD, SMD, SD, LD, AC, *VD, *LD, *AC

例 8-3： 数字转换指令示例。

数字转换指令在梯形图及语句表的程序示例如图 8-4 所示。在网络 1 中，给出了数字转换指令的程序示例。如果想将一个整数转换成实数，先用整数至双整数转换指令，再用双整数至实数转换指令。

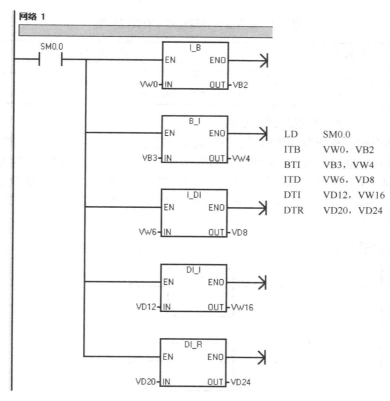

图 8-4　数字转换指令程序示例

8.3.2　四舍五入指令和取整指令

四舍五入指令和取整指令的指令格式参见表 8-8。

表 8-8　四舍五入和取整指令格式

指 令 名 称	梯 形 图	语 句 表	指 令 说 明
四舍五入	ROUND EN　ENO IN　OUT	ROUND　IN，OUT	将实值（IN）转换成双整数值，并将结果置入 OUT 指定的变量中。如果小数部分等于或大于 0.5，则进位为整数
取整	TRUNC EN　ENO IN　OUT	TRUNC　IN，OUT	将 32b 实数（IN）转换成 32b 双整数，并将结果的整数部分置入 OUT 指定的变量中。只有实数的整数部分被转换，小数部分被丢弃

四舍五入和取整指令有效操作数参见表 8-9。

表 8-9　四舍五入和取整指令有效操作数

输入/输出	数据类型	操 作 数
IN	REAL	ID, QD, VD, MD, SMD, SD, LD, AC, *VD, *LD, *AC, 常数
OUT	DINT	ID, QD, VD, MD, SMD, SD, LD, AC, *VD, *LD, *AC

例 8-4：四舍五入指令和取整指令示例。

四舍五入指令和取整指令在梯形图及语句表的程序示例如图 8-5 所示。在网络 1 中，给出了四舍五入指令和取整指令的程序示例。通过四舍五入指令，将实数 VD0 转换为双整数，并将结果存入到 VD4 中，如果小数部分等于或大于 0.5，则进位为整数。通过取整指令，将实数 VD8 转换为双整数，并将结果存入到 VD12 中，只有实数的整数部分被转换，小数部分被丢弃。其程序执行结果如图 8-6 所示。

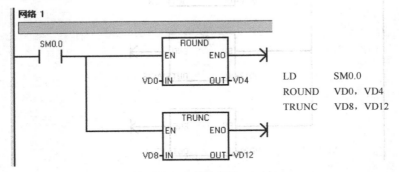

图 8-5　四舍五入指令和取整指令程序示例

图 8-6　四舍五入指令与取整指令程序执行结果

8.3.3 段码指令

段码指令可以产生一个点阵，用于点亮七段码显示器，其指令格式参见表 8-10。

表 8-10　段码指令格式

指 令 名 称	梯 形 图	语 句 表	指 令 说 明
段码指令	SEG EN　ENO IN　OUT	SEG IN，OUT	产生点阵，用于点亮七段码显示器

段码指令有效操作数参见表 8-11。

表 8-11　段码指令有效操作数

输入/输出	数据类型	操 作 数
IN	BYTE	IB、QB，VB，MB，SMB，SB，LB，AC，*VD，*LD，*AC，常数
OUT	BYTE	IB，QB，VB，MB，SMB，SB，LB，AC，*VD，*LD，*AC

要点亮七段码显示器中的段，可以使用段码指令。段码指令将 IN 中指定的字节转换生成一个点阵并存入 OUT 指定的变量中。表 8-12 中给出了段码指令使用的七段码显示器的编码。

表 8-12　段码指令格式

七段码显示器	输　入	七段码显示数字	输出 - g f e d c b a
a f|　|b g e|　|c d	0	⎕	0 0 1 1 1 1 1 1
	1	|	0 0 0 0 0 1 1 0
	2	⊐	0 1 0 1 1 0 1 1
	3	⊐	0 1 0 0 1 1 1 1
	4	⊔	0 1 1 0 0 1 1 0
	5	5	0 1 1 0 1 1 0 1
	6	⊏	0 1 1 1 1 1 0 1
	7	⌐	0 0 0 0 0 1 1 1
	8	⊟	0 1 1 1 1 1 1 1
	9	⊓	0 1 1 0 0 1 1 1

续表

七段码显示器	输入	七段码显示数字	输出 - g f e d c b a
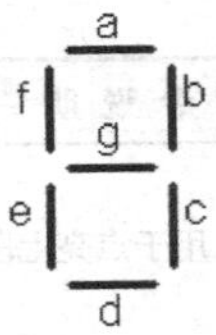 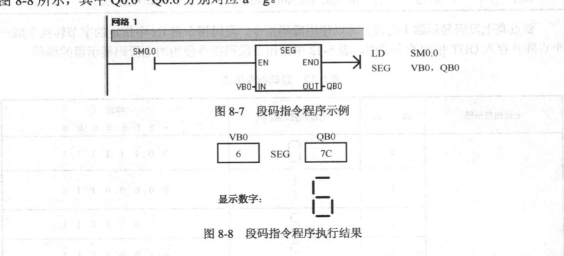	A	 日	0 1 1 1 0 1 1 1
	b	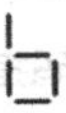 占	0 1 1 1 1 1 0 0
	C	匚	0 0 1 1 1 0 0 1
	d	占	0 1 0 1 1 1 1 0
	E	 巨	0 1 1 1 1 0 0 1
	F	 巨	0 1 1 1 0 0 0 1

例 8-5: 段码指令示例。

段码指令在梯形图及语句表的程序示例如图 8-7 所示。在网络 1 中，给出了段码指令的程序示例。通过段码指令，用 VB0 中的数值产生点阵，点亮七段码显示器。其程序执行结果如图 8-8 所示，其中 Q0.0～Q0.6 分别对应 a～g。

图 8-7 段码指令程序示例

图 8-8 段码指令程序执行结果

8.4 ASCII 码转换指令

ASCII 码转换指令包括数值至 ASCII 码转换指令和 ASCII 码与十六进制转换指令。有效的 ASCII 码字符为十六进制的 16#30～16#39 和 16#41～16#46，也就是字母数字字符 0～9 和大写 A～F。

8.4.1 数值至 ASCII 码转换指令

数值至 ASCII 码转换指令包括整数至 ASCII 码转换、双整数至 ASCII 码转换、实数至 ASCII

码转换，其指令格式参见表8-13。

表8-13 数值至ASCII码转换指令格式

指 令 名 称	梯 形 图	语 句 表	指 令 说 明
整数至ASCII码转换	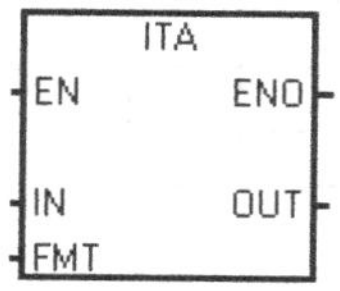 ITA EN ENO IN OUT FMT	ITA IN, OUT, FMT	将整数值（IN）转换成ASCII字符数组。格式FMT指定小数点右侧的转换精确度，以及是否将小数点显示为逗号还是点号。转换结果置入从OUT开始的8个连续字节中
双整数至ASCII码转换	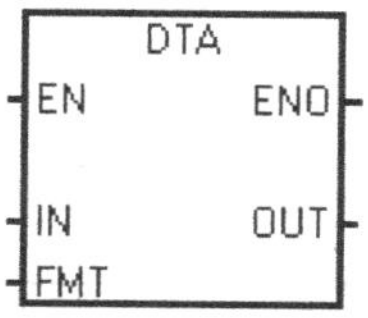 DTA EN ENO IN OUT FMT	DTA IN, OUT, FMT	将双字（IN）转换成ASCII字符数组。格式FMT指定小数点右侧的转换精确度，以及是否将小数点显示为逗号还是点号。转换结果置入从OUT开始的12个连续字节中
实数至ASCII码转换	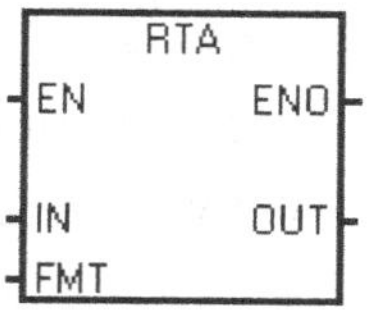 RTA EN ENO IN OUT FMT	RTA IN, OUT, FMT	将实数值（IN）转换成ASCII字符。格式FMT指定小数点右侧的转换精确度、是将小数点表示为逗号或点号，以及输出缓冲区尺寸。转换结果置入从OUT开始的输出缓冲区中

数值至ASCII码转换指令有效操作数参见表8-14。

表8-14 数值至ASCII码转换指令有效操作数

输入/输出	数据类型	操 作 数
IN	INT	IW, QW, VW, MW, SMW, SW, LW, T, C, AC, AIW, *VD, *LD, *AC, 常数
	DINT	ID, QD, VD, MD, SMD, SD, LD, AC, HC, *VD, *LD, *AC, 常数
	REAL	ID, QD, VD, MD, SMD, SD, LD, AC, *VD, *LD, *AC, 常数
FMT	BYTE	IB, QB, VB, MB, SMB, SB, LB, AC, *VD, *LD, *AC, 常数
OUT	BYTE	IB, QB, VB, MB, SMB, SB, LB, *VD, *LD, *AC

整数至ASCII码转换指令输入端FMT的各位含义如图8-9所示。

整数至ASCII码转换指令输出缓冲区的大小始终是8B。nnn表示输出缓冲区中小数点右侧的数字位数。nnn域的有效范围是0～5。nnn=000～101，分别对应0～5。对于nnn大于5的情况，输出缓冲区会被空格键的ASCII码填充。c指定是用逗号（c=1）或者点号（c=0）作为整数和小数的分隔符。高4位必须全为0。图8-10给出了一个数值的例子，其格式为使用点号（c=0），小数点右侧有三位小数（nnn=011）。输出缓冲区的格式符合以下规则：

（1）正数值写入输出缓冲区时没有符号位；

（2）负数值写入输出缓冲区时以负号（-）开头；

MSB   LSB

7	6	5	4	3	2	1	0
0	0	0	0	c	n	n	n

c=逗号（1）或者点号（0）
nnn=小数点右侧的位数

图8-9 整数至ASCII码转换指令输入端FMT的务位含义

（3）小数点左侧的开头的 0（除靠近小数点的那个 0 以外）被隐藏；

（4）数值在输出缓冲区中是右对齐的。

	输出	输出+1	输出+2	输出+3	输出+4	输出+5	输出+6	输出+7
输入=12				0	.	0	1	2
输入=123			−	0	.	1	2	3
输入=1234				1	.	2	3	4
输入=−12345	−	1	2	.	3	4	5	

图 8-10　整数至 ASCII 码转换示例

双整数至 ASCII 码转换指令输入端 FMT 的各位含义如图 8-11 所示。

双整数至 ASCII 码转换指令输出缓冲区的大小始终是 12B，nnn 表示输出缓冲区中小数点右侧的数字位数。nnn 域的有效范围是 0～5。对于 nnn 大于 5 的情况，输出缓冲区会被空格键的 ASCII 码填充。c 指定是用逗号（c=1）或者点号（c=0）作为整数和小数的分隔符。高 4 位必须全为 0。图 8-12 给出了一个数值的例子，其格式为使用点号（c=0），小数点右侧有四位小数（nnn=100）。输出缓冲区的格式符合以下规则：

MSB							LSB
7	6	5	4	3	2	1	0
0	0	0	0	0	c	n	n	n

c=逗号（1）或者点号（0）
nnn=小数点右侧的位数

图 8-11　双整数至 ASCII 码转换指令输入端 FMT 的各位含义

（1）正数值写入输出缓冲区时没有符号位；

（2）负数值写入输出缓冲区时以负号（−）开头；

（3）小数点左侧的开头的 0（除靠近小数点的那个 0 以外）被隐藏；

（4）数值在输出缓冲区中是右对齐的。

	输出	输出+1	输出+2	输出+3	输出+4	输出+5	输出+6	输出+7	输出+8	输出+9	输出+10	输出+11
输入=−12						−	0	.	0	0	1	2
输入=1234567					1	2	3	.	4	5	6	7

图 8-12　双整数至 ASCII 码转换示例

实数至 ASCII 码转换指令输入端 FMT 的各位含义如图 8-13 所示。

实数至 ASCII 码转换指令的输出缓冲区的大小由 ssss 域决定，范围在 3～15B 之间。S7-200 的实数格式支持最多 7 位小数，试图显示 7 位以上的小数会产生一个四舍五入错误。ssss 表示输出缓冲区的大小，0，1 或者 2B 的大小是无效的。nnn 表示输出缓冲区中小数点右侧的数字位数。nnn 域的有效范围是 0～5。对于 nnn 大于 5 或者指定的输

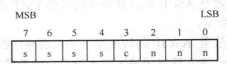

MSB							LSB
7	6	5	4	3	2	1	0
s	s	s	s	c	n	n	n

ssss=输出缓冲区的大小
c=逗号（1）或者点号（0）
nnn=小数点右侧的位数

图 8-13　实数至 ASCII 码转换指令输入端 FMT 的各位含义

出缓冲区太小以至于无法存储转换值的情况，输出缓冲区会被空格键的 ASCII 码填充。c 指定是用逗号（c=1）或者点号（c=0）作为整数和小数的分隔符。图 8-14 给出了一个数值的例子，其格式为使用点号（c=0），小数点右侧有一位小数（nnn=001）和六个字节的缓冲区大小（ssss=0110）。输出缓冲区的格式符合以下规则：

（1）正数值写入输出缓冲区时没有符号位；

（2）负数值写入输出缓冲区时以负号（-）开头；

（3）小数点左侧的开头的 0（除靠近小数点的那个 0 以外）被隐藏；

（4）小数点右侧的数值按照指定的小数点右侧的数字位数被四舍五入；

（5）输出缓冲区的大小应至少比小数点右侧的数字位数多 3B；

（6）数值在输出缓冲区中是右对齐的。

	输出	输出+1	输出+2	输出+3	输出+4	输出+5
输入=1234.5	1	2	3	4	.	5
输入=-0.0004				0	.	0
输入=-3.67526			-	3	.	7
输入=1.95				2	.	0

图 8-14　实数至 ASCII 码转换示例

例 8-6： 整数至 ASCII 码转换指令示例。

整数至 ASCII 码转换指令程序示例及程序执行结果如图 8-15 所示。在网络 1 中，将 VW0 中的整数值转换为从 VB10 开始的 8 个 ASCII 码字符，VB2 中存储的是 FMT 数据。当 FMT 为 16#0B 时，表示输出缓冲区中小数点右侧的数字位数为 3，用逗号作为整数和小数的分隔符。在图 8-15（b）中 VB10～VB17 中的数值是以十六进制数表示的。

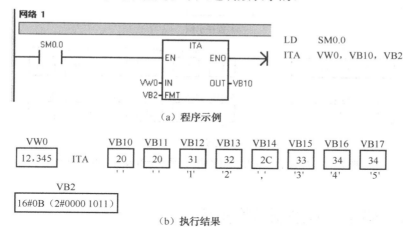

图 8-15　整数至 ASCII 码转换指令程序示例及程序执行结果

例 8-7： 双整数至 ASCII 码转换指令示例。

双整数至 ASCII 码转换指令程序示例及程序执行结果如图 8-16 所示。在网络 1 中，将 VD0 中的双整数值转换为从 VB10 开始的 12 个 ASCII 码字符，VB4 中存储的是 FMT 数据。当 FMT 为 16#0C 时，表示输出缓冲区中小数点右侧的数字位数为 4，用逗号作为整数和小数的分隔符。在图 8-16（b）中 VB10～VB21 中的数值是以十六进制数表示的。

例 8-8： 实数至 ASCII 码转换指令示例。

实数至 ASCII 码转换指令程序示例及程序执行结果如图 8-17 所示。在网络 1 中，将 VD0 中的实数值转换为从 VB10 开始的 ASCII 码字符，VB4 中存储的是 FMT 数据。当 FMT 为 16#C3 时，表示输出缓冲区大小为 12B，输出缓冲区中小数点右侧的数字位数为 3，用点号作为整数和小数的分隔符。图 8-17（b）中 VB10～VB21 中的数值是以十六进制数表示的。

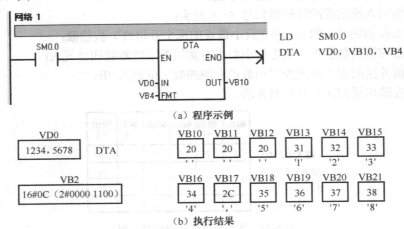

（a）程序示例

图 8-16　双整数至 ASCII 码转换指令程序示例及程序执行结果

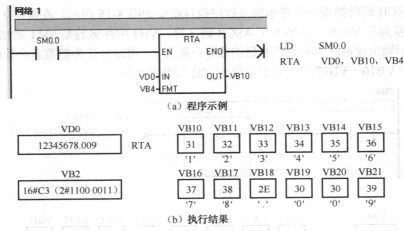

（a）程序示例

图 8-17　实数至 ASCII 码转换指令程序示例及程序执行结果

8.4.2　ASCII 码与十六进制转换指令

ASCII 码与十六进制转换指令包括十六进制数至 ASCII 码转换指令和 ASCII 码至十六进制数转换指令，其指令格式参见表 8-15。

表 8-15　ASCII 码与十六进制转换指令格式

指 令 名 称	梯 形 图	语 句 表	指 令 说 明
十六进制数至 ASCII 码转换	HTA EN　ENO IN　OUT LEN	HTA IN, OUT, LEN	将从输入字节（IN）开始的十六进制数字转换成从 OUT 开始的 ASCII 字符。被转换的十六进制数字位数由长度（LEN）指定。可转换的最大十六进制数字位数为 255

续表

指令名称	梯 形 图	语 句 表	指 令 说 明
ASCII 码至十六进制数转换	ATH EN ENO IN OUT LEN	ATH IN, OUT, LEN	将一个长度为 LEN 从输入字节（IN）开始的 ASCII 码字符串转换成从 OUT 开始的十六进制数。ASCII 字符串的最大长度为 255 字符

ASCII 码与十六进制转换指令有效操作数参见表 8-16。

表 8-16   ASCII 码与十六进制转换指令有效操作数

输入/输出	数 据 类 型	操 作 数
IN	BYTE	IB, QB, VB, MB, SMB, SB, LB, *VD, *LD, *AC
LEN	BYTE	IB, QB, VB, MB, SMB, SB, LB, AC, *VD, *LD, *AC, 常数
OUT	BYTE	IB, QB, VB, MB, SMB, SB, LB, *VD, *LD, *AC

例 8-9： 十六进制至 ASCII 码转换指令示例。

十六进制至 ASCII 码转换指令程序示例及程序执行结果如图 8-18 所示。在网络 1 中，将从 VB0 开始的十六进制数值转换为从 VB10 开始的 ASCII 码字符，转换长度为 6 个字符。在图 8-18（b）中 VB10～VB15 中的数值是以十六进制数表示的。

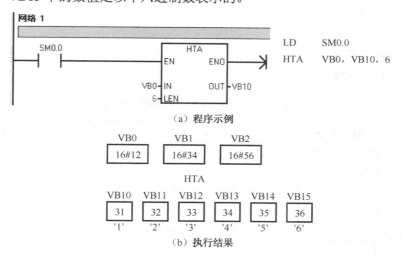

图 8-18   十六进制至 ASCII 码转换指令程序示例及程序执行结果

例 8-10： ASCII 码至十六进制转换指令示例。

ASCII 码至十六进制转换指令程序示例及程序执行结果如图 8-19 所示。在网络 1 中，将从 VB0 开始的 ASCII 字符转换为从 VB10 开始的十六进制数值，转换长度为 6 个字符。示例中 VB0 至 VB5 中的数值是以十六进制表示的。

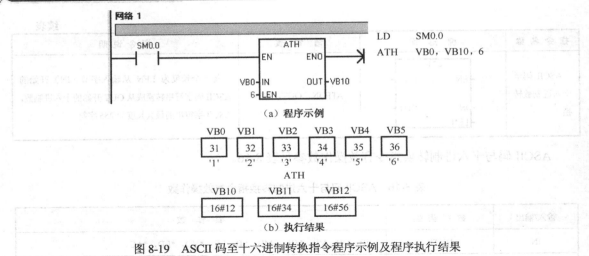

图 8-19　ASCII 码至十六进制转换指令程序示例及程序执行结果

8.5　字符串转换指令

字符串转换指令包括数值至字符串转换指令和字符串至数值转换指令。

8.5.1　数值至字符串转换指令

数值至字符串转换指令包括整数至字符串转换指令、双整数至字符串转换指令和实数至字符串转换指令，其指令格式参见表 8-17。

表 8-17　数值至字符串转换指令格式

指令名称	梯形图	语句表	指令说明
整数至字符串转换指令	I_S EN　ENO IN　OUT FMT	ITS IN, OUT, FMT	将整数值（IN）转换成 ASCII 字符串。格式 FMT 指定小数点右侧的转换精确度，以及是将小数点显示为逗号还是点号。转换结果置入从 OUT 开始的 9 个连续字节中
双整数至字符串指令	DI_S EN　ENO IN　OUT FMT	DTS IN, OUT, FMT	将双字（IN）转换成 ASCII 字符串。格式 FMT 指定小数点右侧的转换精确度，以及是将小数点显示为逗号还是点号。转换结果置入从 OUT 开始的 13 个连续字节中
实数至字符串转换指令	R_S EN　ENO IN　OUT FMT	RTS IN, OUT, FMT	将实数值（IN）转换成 ASCII 字符串。格式 FMT 指定小数点右侧的转换精确度、输出缓冲区尺寸、以及是将小数点表示为逗号还是点号。转换结果置入从 OUT 开始的输出缓冲区中

数值至字符串转换指令有效操作数参见表 8-18。

表 8-18　数值至字符串转换指令有效操作数

输入/输出	数据类型	操作数
IN	INT	IW, QW, VW, MW, SMW, SW, LW, AIW, *VD, *LD, *AC, 常数
	DINT	ID, QD, VD, MD, SMD, SD, LD, AC, HC, *VD, *LD, *AC, 常数
	REAL	ID, QD, VD, MD, SMD, SD, LD, AC, *VD, *LD, *AC, 常数
FMT	BYTE	IB, QB, VB, MB, SMB, SB, LB, AC, *VD, *LD, *AC, 常数
OUT	STRING	VB, LB, *VD, *LD, *AC

整数至字符串转换指令输入端 FMT 的各位含义如图 8-20 所示。

整数至字符串转换指令输出缓冲区的大小始终是 9B。nnn 表示输出缓冲区中小数点右侧的数字位数。nnn 域的有效范围是 0~5。nnn=000~101，分别对应 0~5。对于 nnn 大于 5 的情况，输出缓冲区会被空格键的 ASCII 码填充。c 指定是用逗号（c=1）或者点号（c=0）作为整数和小数的分隔符。高 4 位必须全为 0。图 8-21 给出了一

MSB　　　　　　　　LSB

7	6	5	4	3	2	1	0
0	0	0	0	c	n	n	n

c=逗号（1）或者点号（0）
nnn=小数点右侧的位数

图 8-20　整数至字符串转换指令输入端
FMT 的各位含义

个数值的例子，其格式为使用点号（c=0），小数点右侧有三位小数（nnn=011）。输出缓冲区的格式符合以下规则：

（1）正数值写入输出缓冲区时没有符号位；

（2）负数值写入输出缓冲区时以负号（－）开头；

（3）小数点左侧的开头的 0（除靠近小数点的那个以外）被隐藏；

（4）数值在输出缓冲区中是右对齐的。

	输出	输出+1	输出+2	输出+3	输出+4	输出+5	输出+6	输出+7	输出+8
输入=12	8				0	.	0	1	2
输入=-123	8					.	1	2	3
输入=1234	8				1	.	2	3	4
输入=-12345	8	-	1	2	.	3	4	5	

图 8-21　整数至字符串转换示例

双整数至字符串转换指令输入端 FMT 的各位含义如图 8-22 所示。

MSB　　　　　　　　LSB

7	6	5	4	3	2	1	0
0	0	0	0	c	n	n	n

c=逗号（1）或者点号（0）
nnn=小数点右侧的位数

图 8-22　双整数至字符串转换指令输入端 FMT 的各位含义

双整数至字符串转换指令输出缓冲区的大小始终是 13B，nnn 表示输出缓冲区中小数点右侧的数字位数。nnn 域的有效范围是 0~5。对于 nnn 大于 5 的情况，输出缓冲区会被空格键的 ASCII 码填充。c 指定是用逗号（c=1）或者点号（c=0）作为整数和小数的分隔符。高 4 位必须全为 0。

图 8-23 给出了一个数值的例子，其格式为使用点号（c=0），小数点右侧有四位小数（nnn=100）。
输出缓冲区的格式符合以下规则：

（1）正数值写入输出缓冲区时没有符号位；

（2）负数值写入输出缓冲区时以负号（–）开头；

（3）小数点左侧的开头的 0（除靠近小数点的那个 0 以外）被隐藏。

（4）数值在输出缓冲区中是右对齐的。

	输出	输出+1	输出+2	输出+3	输出+4	输出+5	输出+6	输出+7	输出+8	输出+9	输出+10	输出+11	输出+12
输入=−12	12							–	0	.	0	0	1	2
输入=1234567	12				1	2	3	.	4	5	6	7

图 8-23　双整数至字符串转换示例

实数至字符串转换指令输入端 FMT 的各位含义如图 8-24 所示。

MSB　　　　　　　　　　　LSB

7	6	5	4	3	2	1	0
s	s	s	s	c	n	n	n

ssss=输出缓冲区的大小
c=逗号（1）或者点号（0）
nnn=小数点右侧的位数

图 8-24　实数至字符串转换指令输入端 FMT 的各位含义

实数至字符串转换指令的输出缓冲区的大小由 ssss 域决定，范围在 3～15B 之间。S7-200
的实数格式支持最多 7 位小数，试图显示 7 位以上的小数会产生一个四舍五入错误。ssss 表示输
出缓冲区的大小，0，1 或者 2B 的大小是无效的。nnn 表示输出缓冲区中小数点右侧的数字位数。
nnn 域的有效范围是 0～5。对于 nnn 大于 5 或者指定的输出缓冲区太小以至于无法存储转换值
的情况，输出缓冲区会被空格键的 ASCII 码填充。c 指定是用逗号（c=1）或者点号（c=0）
作为整数和小数的分隔符。图 8-25 给出了一个数值的例子，其格式为使用点号（c=0），小
数点右侧有一位小数（nnn=001）和 6B 的缓冲区大小（ssss=0110）。输出缓冲区的格式符合
以下规则：

（1）正数值写入输出缓冲区时没有符号位；

（2）负数值写入输出缓冲区时以负号（–）开头；

（3）小数点左侧的开头的 0（除靠近小数点的那个外）被隐藏；

（4）小数点右侧的数值按照指定的小数点右侧的数字位数被四舍五入；

（5）输出缓冲区的大小应至少比小数点右侧的数字位数多 3B；

（6）数值在输出缓冲区中是右对齐的。

	输出	输出+1	输出+2	输出+3	输出+4	输出+5	输出+6
输入=1234.5	6	1	2	3	4	.	5
输入=−0.0004	6			0	.	0
输入=−3.67526	6		–	3	.	7
输入=1.95	6			2	.	0

图 8-25　实数至字符串转换示例

例 8-11： 整数至字符串转换指令示例。

整数至字符串转换指令程序示例及程序执行结果如图 8-26 所示。在网络 1 中，将 VW0 中的整数值转换为从 VB10 开始的字符串。当 FMT 为 16#0B 时，表示输出缓冲区中小数点右侧的数字位数为 3，用逗号作为整数和小数的分隔符。在图 8-26（b）中 VB11～VB18 中的数值是以十六进制数表示的。

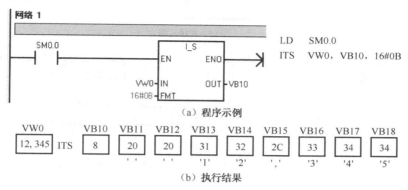

图 8-26　整数至字符串转换指令程序示例及程序执行结果

例 8-12： 双整数至字符串转换指令示例。

双整数至字符串转换指令程序示例及程序执行结果如图 8-27 所示。在网络 1 中，将 VD0 中的双整数值转换为从 VB10 开始的字符串。当 FMT 为 16#0C 时，表示输出缓冲区中小数点右侧的数字位数为 4，用逗号作为整数和小数的分隔符。在图 8-27（b）中 VB11～VB22 中的数值是以十六进制数表示的。

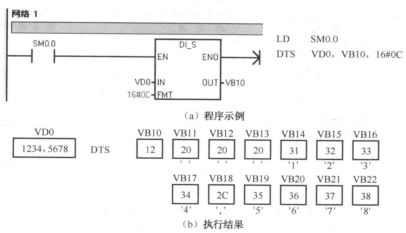

图 8-27　双整数至字符串转换指令程序示例及程序执行结果

例 8-13： 实数至字符串转换指令示例。

实数至字符串转换指令程序示例及程序执行结果如图 8-28 所示。在网络 1 中，将 VD0 中的实数值转换为从 VB10 开始的字符串。当 FMT 为 16#0C 时，表示输出缓冲区大小为 12B，输出缓冲区中小数点右侧的数字位数为 3，用点号作为整数和小数的分隔符。在图 8-28（b）中 VB11～VB22 中的数值是以十六进制数表示的。

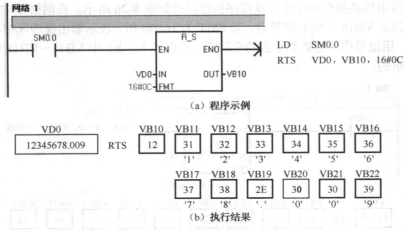

（a）程序示例

（b）执行结果

图 8-28　实数至字符串转换指令程序示例及程序执行结果

8.5.2　字符串至数值转换指令

　　字符串至数值转换指令包括字符串至整数转换指令、字符串至双整数转换指令和字符串至实数转换指令，其指令格式参见表 8-19。

表 8-19　字符串至数值转换指令格式

指令名称	梯 形 图	语 句 表	指令说明
字符串至整数转换指令	S_I EN　ENO IN　OUT INDX	STI IN, INDX, OUT	将从偏移量 INDX 开始的字符串值 IN 转换成整数值 OUT
字符串至双整数指令	S_DI EN　ENO IN　OUT INDX	STD IN, INDX, OUT	将从偏移量 INDX 开始的字符串值 IN 转换成双整数值 OUT
字符串至实数转换指令	S_R EN　ENO IN　OUT INDX	STR IN, INDX, OUT	将从偏移量 INDX 开始的字符串值 IN 转换成实数值 OUT

　　字符串至数值转换指令有效操作数参见表 8-20。

表 8-20 字符串至数值转换指令有效操作数

输入/输出	数据类型	操 作 数
IN	STRING	IB, QB, VB, MB, SMB, SB, LB, *VD, *LD, *AC, 常数
INDX	BYTE	VB, IB, QB, MB, SMB, SB, LB, AC, *VD, *LD, *AC, 常数
OUT	INT	VW, IW, QW, MW, SMW, SW, T, C, LW, AC, AQW, *VD, *LD, *AC
	DINT	VD, ID, QD, MD, SMD, SD, LD, AC, *VD, *LD, *AC
	REAL	VD, ID, QD, MD, SMD, SD, LD, AC, *VD, *LD, *AC

字符串至整数转换指令和字符串至双整数转换指令可以转换具有下列格式的字符串：

[空格][+或-] [数字 0 至数字 9]

字符串至实数转换指令可以转换具有下列格式的字符串：

[空格][+或-] [数字 0 至数字 9][.或,][数字 0 至数字 9]

INDX 值通常设置为 1，从字符串的第一个字符开始转换。INDX 可以被设置为其他值，从字符串的不同位置进行转换。这可以被用于字符串中包含非数值字符的情况。例如，如果输入字符串是"Temperature: 77.8"，则将 INDX 设为数值 13，跳过字符串起始字"Temperature:"。字符串至实数转换指令不能用于转换以科学计数法或者以指数形式表示实数的字符串。指令不会产生溢出错误（SM1.1），但是它会将字符串转换到指数之前，然后停止转换。例如：字符串"1.234E6"转换为实数值 1.234，并且没有错误提示。

当到达字符串的结尾或者遇到第一个非法字符时，转换指令结束。非法字符是指任意非数字（0~9）字符。当转换产生的整数值过大以至于输出值无法表示时，溢出标志（SM1.1）会置位。例如：当输入字符串产生的数值大于 32 767 或者小于−32 768 时，子字符串至整数转换指令会置位溢出标志。当输入字符串中并不包含可以转换的合法数值时，溢出标志（SM1.1）也会置位。例如：如果输入字符串的"A123"，转换指令会置位 SM1.1 （溢出）并且输出值保持不变。表 8-21 给出一些合法和非法输入字符串的实例。

表 8-21 合法和非法输入字符串实例

合法字符串				非法字符串
输入字符串	输出字符串	输入字符串	输 出 实 数	
"123"	123	"123"	123.0	"A123"
"-00456"	−456	"-00456"	−456.0	" "
"123.45"	123	"123.45"	123.45	"++123"
"+2345"	2345	"+2345"	2345.0	"+-123"
"000123AB"	123	"00.000123"	0.000123	"+ 123"

例 8-14：字符串至数值转换指令示例。

字符串至数值转换指令程序示例及程序执行结果如图 8-29 所示。在网络 1 中，调用了字符串至整数转换指令、字符串至双整数转换指令和字符串至实数转换指令，分别将 VB0 存储的字符串，从偏移位置 3 开始，转换为整数、双整数和实数。

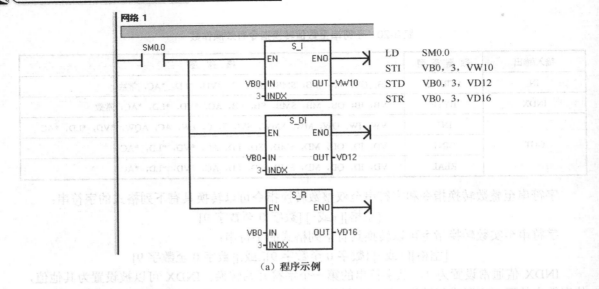

(a) 程序示例

VB0	VB1	VB2	VB3	VB4	VB5	VB6	VB7	VB8
8	'A'	' '	'9'	'8'	'.'	'7'	'E'	'F'

程序执行后：
VW10（整数）=98
VD12（双整数）=98
VD16（实数）=98.6

(b) 执行结果

图 8-29 字符串至数值转换指令程序示例及程序执行结果

8.6 字符串处理指令

字符串处理指令包括字符串长度指令、字符串复制指令、字符串连接指令、从字符串中复制字符串指令、字符串搜索指令和字符搜索指令。

8.6.1 字符串长度指令

字符串长度指令返回指定字符串的长度值，其指令格式参见表 8-22。

表 8-22 字符串长度指令格式

指令名称	梯形图	语句表	指令说明
字符串长度指令	STR_LEN EN ENO IN OUT	SLEN IN, OUT	将 IN 指定的字符串的长度值复制至 OUT 中

字符串长度指令有效操作数参见表 8-23。

表8-23 字符串长度指令有效操作数

输入/输出	数据类型	操作数
IN	STRING	VB, LB, *VD, *LD, *AC, 字符串常数
OUT	BYTE	IB, QB, VB, MB, SMB, SB, LB, AC, *VD, *LD, *AC

例8-15：字符串长度指令示例。

字符串长度指令程序示例及程序执行结果如图8-30所示。在网络1中，调用了字符串长度指令，将字符串长度存储在VB10中。

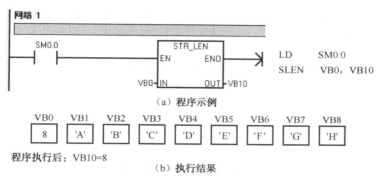

（a）程序示例

程序执行后：VB10=8

（b）执行结果

图8-30 字符串长度指令程序示例及程序执行结果

8.6.2 字符串复制指令

字符串复制指令复制指定的字符串，其指令格式参见表8-24。

表8-24 字符串复制指令格式

指令名称	梯形图	语句表	指令说明
字符复制指令	STR_CPY EN ENO IN OUT	SCPY IN, OUT	将IN中指定的字符串复制至OUT中

字符串复制指令有效操作数参见表8-25。

表8-25 字符串复制指令有效操作数

输入/输出	数据类型	操作数
IN	STRING	VB, LB, *VD, *LD, *AC, 字符串常数
OUT	STRING	VB, LB, *VD, *LD, *AC

例8-16：字符串复制指令示例。

字符串复制指令程序示例及程序执行结果如图8-31所示。在网络1中，调用了字符串复制指令，将VB0指定的字符串复制到VB10中。

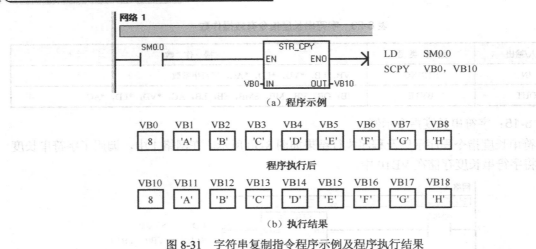

（a）程序示例

VB0	VB1	VB2	VB3	VB4	VB5	VB6	VB7	VB8
8	'A'	'B'	'C'	'D'	'E'	'F'	'G'	'H'

程序执行后

VB10	VB11	VB12	VB13	VB14	VB15	VB16	VB17	VB18
8	'A'	'B'	'C'	'D'	'E'	'F'	'G'	'H'

（b）执行结果

图 8-31　字符串复制指令程序示例及程序执行结果

8.6.3　字符串连接指令

字符串连接指令连接指定的字符串，其指令格式参见表 8-26。

表 8-26　字符串连接指令格式

指令名称	梯 形 图	语 句 表	指令说明
字符连接指令	STR_CAT EN　ENO IN　OUT	SCAT IN, OUT	将 IN 中指定的字符串连接到 OUT 中指定字符串的后面

字符串连接指令有效操作数参见表 8-27。

表 8-27　字符串连接指令有效操作数

输入/输出	数据类型	操 作 数
IN	STRING	VB, LB, *VD, *LD, *AC，字符串常数
OUT	STRING	VB, LB, *VD, *LD, *AC

例 8-17： 字符串连接指令示例。

字符串连接指令程序示例及程序执行结果如图 8-32 所示。在网络 1 中，调用了字符串连接指令，将 VB0 指定的字符串连接到 VB10 指定的字符串后面。

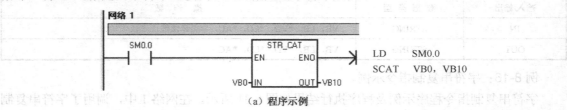

（a）程序示例

图 8-32　字符串连接指令程序示例及程序执行结果

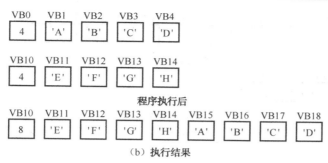

（b）执行结果

图 8-32 字符串连接指令程序示例及程序执行结果（续）

8.6.4 从字符串中复制字符串指令

从字符串中复制字符串指令将输入字符串的 N 个字符复制到输出中，其指令格式参见表 8-28。

表 8-28 从字符串中复制字符串指令格式

指令名称	梯形图	语句表	指令说明
从字符串中复制字符串指令	SSTR_CPY EN ENO IN OUT INDX N	SSCPY IN, INDEX, N, OUT	从 INDX 指定的字符开始，将 IN 中存储的字符串中的 *N* 个字符复制到 OUT 中

从字符串中复制字符串指令有效操作数参见表 8-29。

表 8-29 从字符串中复制字符串指令有效操作数

输入/输出	数据类型	操作数
IN	STRING	VB、LB、*VD、*LD、*AC、字符串常数
OUT	STRING	VB、LB、*VD、*LD、*AC
INDX、N	BYTE	IB、QB、VB、MB、SMB、SB、LB、AC、*VD、*LD、*AC、常数

例 8-18： 从字符串中复制字符串指令示例。

从字符串中复制字符串指令程序示例及程序执行结果如图 8-33 所示。在网络 1 中，调用了从字符串中复制字符串指令，将 VB0 指定的字符串复制到 VB10 中。

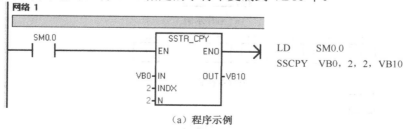

（a）程序示例

图 8-33 从字符串中复制字符串指令程序示例及程序执行结果

（b）执行结果

图 8-33　从字符串中复制字符串指令程序示例及程序执行结果（续）

8.6.5　字符串搜索指令

字符串搜索指令在字符串中搜索指定字符串，并返回找到的字符串的位置，其指令格式参见表 8-30。

表 8-30　字符串搜索指令格式

指令名称	梯形图	语句表	指令说明
字符串搜索指令	STR_FIND EN　　ENO IN1　　OUT IN2	SFND　IN1, IN2, OUT	在 IN1 字符串中寻找 IN2 字符串。从 OUT 指定的起始位置开始搜索（必须位于 1 至字符串长度范围内的字符串）。如果在 IN1 中找到了与 IN2 中字符串相匹配的一段字符，则 OUT 中会存入这段字符中首个字符的位置。如果没有找到，OUT 被清零

字符串搜索指令有效操作数参见表 8-31。

表 8-31　字符串搜索指令有效操作数

输入/输出	数据类型	操作数
IN1, IN2	STRING	VB, LB, *VD, *LD, *AC, 字符串常数
OUT	BYTE	IB, QB, VB, MB, SMB, SB, LB, AC, *VD, *LD, *AC

例 8-19： 字符串搜索指令示例。

字符串搜索指令程序示例及程序执行结果如图 8-34 所示。在网络 1 中，调用了字符串搜索指令，从 VB0 指定的字符串中搜索字符串 "CD"，将找到的字符串的首个位置存入至 VB10 中。

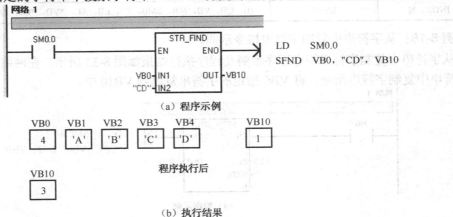

（a）程序示例

程序执行后

（b）执行结果

图 8-34　字符串搜索指令程序示例及程序执行结果

8.6.6 字符搜索指令

字符搜索指令在字符串中搜索指定的字符，并返回找到的字符的位置，其指令格式参见表 8-32。

表 8-32 字符搜索指令格式

指令名称	梯形图	语句表	指令说明
字符搜索指令	CHR_FIND EN ENO IN1 OUT IN2	CFND IN1，IN2，OUT	在 IN1 字符串中寻找 IN2 字符串中的任意字符。从 OUT 指定的起始位置开始搜索（必须位于 1 至字符串长度范围内的字符串）。如果找到了匹配的字符，将字符的首个位置写入 OUT 中。如果没有找到，OUT 被清零

字符搜索指令有效操作数参见表 8-33。

表 8-33 字符搜索指令有效操作数

输入/输出	数据类型	操 作 数
IN1，IN2	STRING	VB，LB，*VD，*LD，*AC，字符串常数
OUT	BYTE	IB，QB，VB，MB，SMB，SB，LB，AC，*VD，*LD，*AC

例 8-20：字符搜索指令示例。

字符搜索指令程序示例及程序执行结果如图 8-35 所示。在网络 1 中，调用了字符搜索指令，从 VB0 指定的字符串中搜索字符串"1234"中的任意字符，将找到的首个字符的位置存入至 VB10 中。

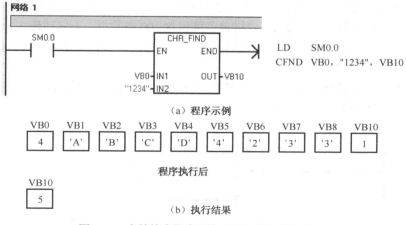

（a）程序示例

程序执行后

（b）执行结果

图 8-35 字符搜索指令程序示例及程序执行结果

8.7 表处理指令

表处理指令包括填表指令、先进先出指令、后进先出指令、存储器填充指令和查表指令。

8.7.1 填表指令

填表指令向表中增加指定数值，其指令格式参见 8-34。

表 8-34 填表指令格式

指令名称	梯 形 图	语 句 表	指 令 说 明
填表指令	AD_T_TBL EN　ENO DATA TBL	ATT　DATA，TBL	将数值 DATA 增加到表 TBL 中。

填表指令有效操作数参见表 8-35。

表 8-35 填表指令有效操作数

输　入	数据类型	操　作　数
DATA	INT	IW，QW，VW，MW，SMW，SW，LW，T，C，AC，AIW，*VD，*LD，*AC，常数
TBL	WORD	IW，QW，VW，MW，SMW，SW，T，C，LW，*VD，*LD，*AC

填表指令向表 TBL 中增加一个数值 DATA。表中第一个数是最大填表数，第二个数是实际填表数，指出已填入表的数据个数。新的数据添加在表中上一个数据的后面。每向表中添加一个新的数据，实际填表数会自动加 1。表格最多可包含 100 条数据，不包括最大填表数和实际填表数。在建立表格前，首先需要指定最大填表数，否则无法在表格中建立任何条目。

例 8-21：填表指令示例。

填表指令程序示例如图 8-36 所示。在网络 1 中，指定最大填表数为 40。在网络 2 中，当 I0.0 在上升沿时，将 VW100 中的值填入表中。

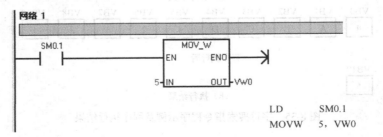

图 8-36 填表指令程序示例

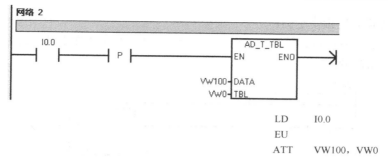

LD   I0.0
EU
ATT   VW100，VW0

图 8-36　填表指令程序示例（续）

其程序执行结果参见表 8-36。

表 8-36　填表指令程序执行结果

地　　址	地 址 说 明	执行填表指令前	执行填表指令后
VW100	填表数据	1234	1234
VW0	最大填表数	5	5
VW2	实际填表数	2	3
VW4	数据 0	5678	5678
VW6	数据 1	9876	9876
VW8	数据 2	××××	1234
VW10	数据 3	××××	××××
VW12	数据 4	××××	××××

8.7.2　先进先出指令

先进先出指令从表 TBL 中移走第一个数据，并将此数据输出到 DATA 中，剩余数据依次上移一个位置。每执行一条本指令，表中的数据数减 1。先进先出指令格式参见 8-37。

表 8-37　先进先出指令格式

指 令 名 称	梯 形 图	语 句 表	指 令 说 明
先进先出指令	FIFO EN　　ENO TBL　　DATA	FIFO　TBL，DATA	从表 TBL 中移走第一个数据，并将此数据输出到 DATA 中

先进先出指令有效操作数参见表 8-38。

表 8-38　先进先出指令有效操作数

输入/输出	数据类型	操 作 数
TBL	WORD	IW, QW, VW, MW, SMW, SW, T, C, LW, *VD, *LD, *AC
DATA	INT	IW, QW, VW, MW, SMW, SW, T, C, LW, AC, AQW, *VD, *LD, *AC

例 8-22：先进先出指令示例。

先进先出指令程序示例如图 8-37 所示。在网络 1 中，当 I0.0 在上升沿时，将表 VW0 中的第一个数值移至 VW100 中。

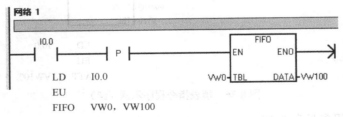

图 8-37 先进先出指令程序示例

其程序执行结果参见表 8-39。

表 8-39 先进先出指令程序执行结果

地 址	地址说明	执行填表指令前	执行填表指令后
VW100	数据	××××	5678
VW0	最大填表数	5	5
VW2	实际填表数	3	2
VW4	数据 0	5678	9876
VW6	数据 1	9876	1234
VW8	数据 2	1234	××××
VW10	数据 3	××××	××××
VW12	数据 4	××××	××××

8.7.3 后进先出指令

后进先出指令从表 TBL 中移走最后一个数据，并将此数据输出到 DATA 中，每执行一条本指令，表中的数据数减 1。后进先出指令格式参见表 8-40。

表 8-40 后进先出指令格式

指令名称	梯 形 图	语 句 表	指令说明
后进先出指令	LIFO EN ENO TBL DATA	LIFO TBL, DATA	从表 TBL 中移走最后一个数据，并将此数据输出到 DATA 中

后进先出指令有效操作数参见表 8-41。

表 8-41 后进先出指令有效操作数

输入/输出	数据类型	操作数
TBL	WORD	IW, QW, VW, MW, SMW, SW, T, C, LW, *VD, *LD, *AC
DATA	INT	IW, QW, VW, MW, SMW, SW, T, C, LW, AC, AQW, *VD, *LD, *AC

例 8-23: 后进先出指令示例。

后进先出指令程序示例如图 8-38 所示。在网络 1 中,当 I0.0 在上升沿时,将表 VW0 中的最后一个数值移至 VW100 中。

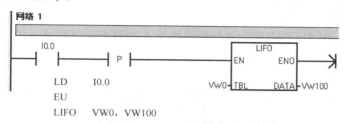

```
网络 1

     I0.0                      LIFO
  ───┤ ├──┤P├──            ─EN      ENO─────
                           VW0─TBL   DATA─VW100
  LD    I0.0
  EU
  LIFO  VW0, VW100
```

图 8-38 后进先出指令程序示例

其程序执行结果参见表 8-42。

表 8-42 后进先出指令程序执行结果

地 址	地址说明	执行填表指令前	执行填表指令后
VW100	数据	××××	1234
VW0	最大填表数	5	5
VW2	实际填表数	3	2
VW4	数据 0	5678	5678
VW6	数据 1	9876	9876
VW8	数据 2	1234	××××
VW10	数据 3	××××	××××
VW12	数据 4	××××	××××

8.7.4 存储器填充指令

存储器填充指令用输入值填充从输出开始的 *N* 个字的内容,其指令格式参见表 8-43。

表 8-43 存储器填充指令格式

指令名称	梯形图	语句表	指令说明
存储器填充指令	FILL_N ─EN ENO─ ─IN OUT─ ─N	FILL IN, OUT, N	用输入值 IN 填充从输出 OUT 开始的 N 个字的内容。N 的范围从 1 到 255

存储器填充指令有效操作数参见表 8-44。

表 8-44　存储器填充指令有效操作数

输入/输出	数据类型	操 作 数
IN	INT	IW, QW, VW, MW, SMW, SW, LW, T, C, AC, AIW, *VD, *LD, *AC, 常数
N	BYTE	IB, QB, VB, MB, SMB, SB, LB, AC, *VD, *LD, *AC, 常数
OUT	INT	IW, QW, VW, MW, SMW, SW, T, C, LW, AQW, *VD, *LD, *AC

例 8-24：存储器填充指令示例。

存储器填充指令程序示例及程序执行结果如图 8-39 所示。在网络 1 中，利用存储器填充指令，在上电初始化时，将 VW0 至 VW10 中填充成-1。

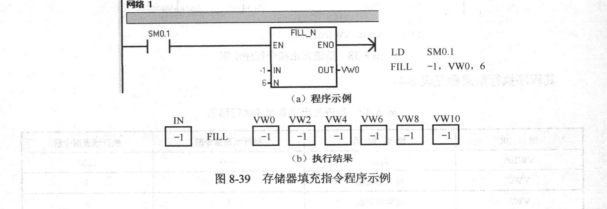

（a）程序示例

（b）执行结果

图 8-39　存储器填充指令程序示例

8.7.5　查表指令

查表指令搜索表以查找符合一定规则的数据，其指令格式参见表 8-45。

表 8-45　存储器填充指令格式

指令名称	梯 形 图	语 句 表	指令说明
查表指令	TBL_FIND EN　ENO TBL PTN INDX CMD	FND=　TBL, PTN, INDX FND<>　TBL, PTN, INDX FND>　TBL, PTN, INDX FND<　TBL, PTN, INDX	搜索表以查找符合一定规则的数据

查表指令有效操作数参见表 8-46。

表 8-46　查表指令有效操作数

输　　入	数据类型	操　作　数
TBL	WORD	IW，QW，VW，MW，SMW，T，C，LW，*VD，*LC，*AC
PTN	INT	IW，QW，VW，MW，SMW，SW，LW，T，C，AC，AIW，*VD，*LD，*AC，常数
INDX	WORD	IW，QW，VW，MW，SMW，SW，T，C，LW，AIW，AC，*VD，*LD，*AC
CMD	BYTE	常数 1：等于（=） 2：不等于（<>）， 3：小于（<）， 4：大于（>）

查表指令从 INDX 开始搜索表 TBL，寻找符合 PTN 和 CMD 条件（=、<、<或>）的数据。命令参数 CMD 是一个 1～4 的数值，分别代表=、<>、<和>。如果发现了一个符合条件的数据，那么 INDX 指向表中该数的位置。为了查找下一个符合条件的数据，在激活查表指令前，必须先对 INDX 加 1。如果没有发现符合条件的数据，那么 INDX 等于实际填表数。一个表可以有最多 100 条数据。数据条目标号从 0 到 99。

当用查表指令查找由填表指令、先进先出指令和后进先出指令生成的表时，实际填表数和输入数据相符，直接对应。最大填表数对填表指令、先进先出指令和后进先出指令是必需的，但查表指令并不需要它。填表指令、先进先出指令和后进先出指令的表格式参见 8-47。

表 8-47　填表指令、先进先出指令和后进先出指令的表格式

地　　址	地　址　说　明	表　数　据
VW0	最大填表数	5
VW2	实际填表数	5
VW4	数据 0	××××
VW6	数据 1	××××
VW8	数据 2	××××
VW10	数据 3	××××
VW12	数据 4	××××

查表指令的表格式参见表 8-48。

表 8-48　查表指令的表格式

地　　址	地　址　说　明	表　数　据
VW2	实际填表数	5
VW4	数据 0	××××
VW6	数据 1	××××
VW8	数据 2	××××
VW10	数据 3	××××
VW12	数据 4	××××

因此，查表指令的操作数 TBL 是一个指向实际填表数的字地址，比相应的填表指令、先进先出指令和后进先出指令的操作数 TBL 要高 2 个字节。

例 8-25：查表指令示例。

查表指令程序示例如图 8-40 所示。在网络 1 中，当 I0.0 在上升沿时，执行查表指令，在表中查找数值 3100 的索引值。表中的数据参见表 8-49。

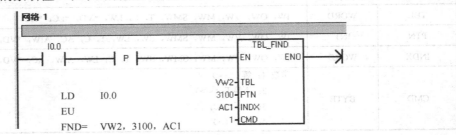

图 8-40 查表指令程序示例

表 8-49 表数据示例

地 址	地 址 说 明	表 数 据
VW2	实际填表数	5
VW4	数据 0	1234
VW6	数据 1	3100
VW8	数据 2	5678
VW10	数据 3	3100
VW12	数据 4	9876

当从表头开始查找时，将 AC1 置为 0，执行查表指令后，AC1 中存储第一个符合查表条件的数据索引编号，所以 AC1 中为 1。如果想继续查找表中剩余数据，将 AC1 加 1，再次执行查表指令后，从数据索引编号 2 开始查找，AC1 中存储第一个符合查表条件的数据索引编号，所以 AC1 中为 3。

8.8 程序实例

例 8-26：模拟量输入转换。

在实际工程中，经常需要将采集的模拟量数值进行转换处理，得到相应的工程量。使用一个 0～20mA 的模拟量信号输入时，在 S7-200 CPU 内部，0～20mA 的模拟电流信号对应的数值范围为 0～32 000；对于 4～20mA 的信号，对应的内部数值为 6400～32 000。读模拟量的目的不是在 S7-200 CPU 中得到一个 0～32 000 的数值，而是希望得到具体的物理量数值（如压力值、流量值等），这就是模拟量转换的意义。现在有一个温度传感器，输出的电流信号为 4～20mA，对应的量程为 0～50℃，则转换公式为

$$实际温度=(AIW0-6400)/(32000-6400)×(50-0)+0$$

PLC 控制模拟量转换为温度的程序如图 8-41 至图 8-43 所示。在网络 1 中，将模拟量输入 AIW0 减去模拟量对应下限 6400，并转换为实数。在网络 2 中，将模拟量对应上限 32 000 减去模拟量对应下限 6400，并转换为实数。在网络 3 中，根据公式，计算实际温度值。

图 8-41 PLC 控制模拟量转换程序（一）

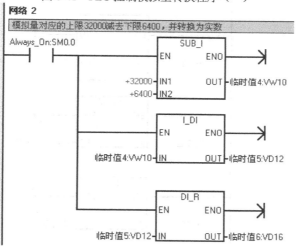

图 8-42 PLC 模拟量转换程序（二）

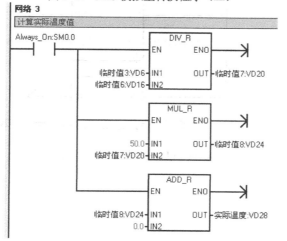

图 8-43 PLC 控制计算实际温度程序

例 8-27：模拟量输出转换。

在实际工程中，经常需要控制阀门的开度。阀门的开度可以通过 4～20mA 信号来控制，当电流为 4mA 时，阀门全关；当电流为 10mA 时，阀门开到 1/2；当电流为 20mA 时，阀门全开。在 S7-200 CPU 内部，4～20mA 的信号，对应的内部数值为 6400～32 000。现在有一个模拟量阀门，控制的电流信号为 4～20mA，对应的开度为 0%～100%，则转换公式为

$$AQW0=阀门开度/100×(32\ 000-6400)+6400$$

PLC 控制阀门开度程序如图 8-44 所示。在网络 1 中，根据转换公式，将阀门的开度转换为6400 至 32 000 之间的数值。

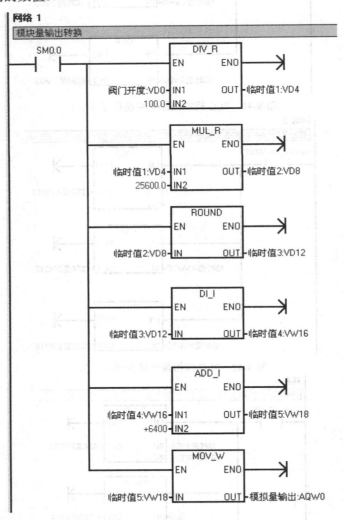

图 8-44　PLC 控制阀门开度程序

第9章 移位指令

移位指令包括左/右移位指令、循环左/右移位指令和移位寄存器指令。移位指令执行时间较短，主要用于逻辑运算，可以提高程序执行效率。

9.1 左/右移位指令

移指令包括左移位指令和右移位指令。

9.1.1 左移位指令

左移位指令将输入值 IN 左移 N 位，并将结果装载到输出 OUT 中，根据移位数据的长度分为字节型、字型和双字型。左移位指令对移出的位自动补零。如果位数 N 大于或等于最大允许值（对于字节操作为 8，对于字操作为 16，对于双字操作为 32），那么移位操作的次数为最大允许值。如果移位次数大于 0，溢出标志位（SM1.1）上就是最近移出的位值。如果移位操作的结果为 0，零存储器位（SM1.0）置位。字节操作是无符号的。对于字和双字操作，当使用有符号数据类型时，符号位也被移动。左移位指令格式参见表 9-1。

表 9-1 左移位指令格式

指令名称	梯形图	语句表	指令说明
字节左移位指令	SHL_B EN ENO IN OUT N	MOVB IN, OUT SLB OUT, N	将输入字节（IN）数值根据移位计数（N）向左移动，并将结果载入输出字节（OUT）
字左移位指令	SHL_W EN ENO IN OUT N	MOVW IN, OUT SLW OUT, N	将输入字（IN）数值根据移位计数（N）向左移动，并将结果载入输出字节（OUT）
双字左移位指令	SHL_DW EN ENO IN OUT N	MOVD IN, OUT SLD OUT, N	将输入双字（IN）数值根据移位计数（N）向左移动，并将结果载入输出字节（OUT）

左移位指令有效操作数参见表 9-2。

表 9-2 左移位指令有效操作数

输入/输出	数据类型	操作数
IN	BYTE	IB, QB, VB, MB, SMB, SB, LB, AC, *VD, *LD, *AC, 常数
	WORD	IW, QW, VW, MW, SMW, SW, LW, T, C, AC, AIW, *VD, *LD, *AC, 常数
	DWORD	ID, QD, VD, MD, SMD, SD, LD, AC, HC, *VD, *LD, *AC, 常数
OUT	BYTE	IB, QB, VB, MB, SMB, SB, LB, AC, *VD, *LD, *AC
	WORD	IW, QW, VW, MW, SMW, SW, T, C, LW, AIW, AC, *VD, *LD, *AC
	DWORD	ID, QD, VD, MD, SMD, SD, LD, AC, *VD, *LD, *AC
N	BYTE	IB, QB, VB, MB, SMB, SB, LB, AC, *VD, *LD, *AC, 常数

例 9-1：左移位指令示例。

左移位指令的梯形图及语句表的程序示例如图 9-1 所示。在网络 1 中，调用字节左移位指令、字左移位指令和双字左移位指令。如果左移位指令的输入和输出地址相同，则语句表中可省略传送指令。

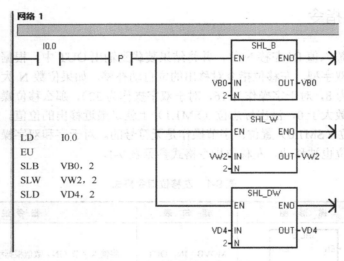

图 9-1 左移位指令程序示例

其程序执行结果如图 9-2 所示。

9.1.2 右移位指令

右移位指令将输入值 IN 右移 N 位，并将结果装载到输出 OUT 中，根据移位数据的长度分为字节型、字型和双字型。右移指令对移出的位自动补零。如果位数 N 大于或等于最大允许值（对于字节操作为 8b，对于字操作为 16b，对于双字操作为 32b），那么移位操作的次数为最大允许值。如果移位次数大于 0，溢出标志位（SM1.1）上就是最近移出的位值。如果移位操作的结果为 0，零存储器位（SM1.0）置位。字节操作是无符号的。对于字和双字操作，当使用有符号数据类型时，符号位也被移动。左移位指令格式参见表 9-3。

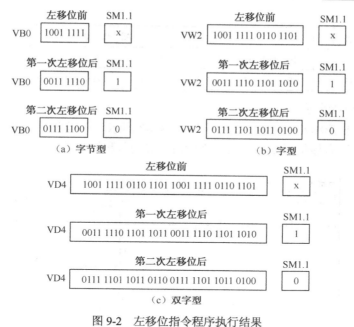

图 9-2 左移位指令程序执行结果

表 9-3 右移位指令格式

指令名称	梯形图	语句表	指令说明
字节右移位指令	SHR_B EN ENO IN OUT N	MOVB IN, OUT SRB OUT, N	将输入字节（IN）数值根据移位计数（N）向右移动，并将结果载入输出字节（OUT）
字右移位指令	SHR_W EN ENO IN OUT N	MOVW IN, OUT SRW OUT, N	将输入字（IN）数值根据移位计数（N）向右移动，并将结果载入输出字节（OUT）
双字右移位指令	SHR_DW EN ENO IN OUT N	MOVD IN, OUT SRD OUT, N	将输入双字（IN）数值根据移位计数（N）向右移动，并将结果载入输出字节（OUT）

右移位指令有效操作数参见表 9-4。

表 9-4 右移位指令有效操作数

输入/输出	数据类型	操 作 数
IN	BYTE	IB, QB, VB, MB, SMB, SB, LB, AC, *VD, *LD, *AC, 常数
	WORD	IW, QW, VW, MW, SMW, SW, LW, T, C, AC, AIW, *VD, *LD, *AC, 常数
	DWORD	ID, QD, VD, MD, SMD, SD, LD, AC, HC, *VD, *LD, *AC, 常数
OUT	BYTE	IB, QB, VB, MB, SMB, SB, LB, AC, *VD, *LD, *AC
	WORD	IW, QW, VW, MW, SMW, SW, T, C, LW, AIW, AC, *VD, *LD, *AC

续表

输入/输出	数 据 类 型	操 作 数
OUT	DWORD	ID, QD, VD, MD, SMD, SD, LD, AC, *VD, *LD, *AC
N	BYTE	IB, QB, VB, MB, SMB, SB, LB, AC, *VD, *LD, *AC, 常数

例 9-2：右移位指令示例。

右移位指令的梯形图及语句表的程序示例如图 9-3 所示。在网络 1 中调用字节右移位指令、字右移位指令和双字右移位指令。如果右移位指令的输入和输出地址相同，则语句表中可省略传送指令。

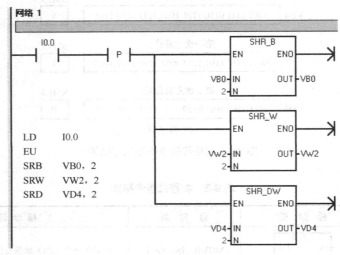

图 9-3 右移位指令程序示例

其程序执行结果如图 9-4 所示。

	右移位前	SM1.1		右移位前	SM1.1
VB0	1001 1111	x	VW2	1001 1111 0110 1101	x
	第一次右移位后	SM1.1		第一次右移位后	SM1.1
VB0	0100 1111	1	VW2	0100 1111 1011 0110	1
	第二次右移位后	SM1.1		第二次右移位后	SM1.1
VB0	0110 0111	1	VW2	0010 0111 1101 1011	0

（a）字节型   （b）字型

	右移位前	SM1.1
VD4	1001 1111 0110 1101 1001 1111 0110 1101	x
	第一次右移位后	SM1.1
VD4	0100 1111 1011 0110 1100 1111 1011 0110	1
	第二次右移位后	SM1.1
VD4	0010 0111 1101 1011 0110 0111 1101 1011	0

（c）双字型

图 9-4 右移位指令程序执行结果

9.2　循环移位指令

循环移位指令包括循环左移位指令和循环右移位指令。

9.2.1　循环左移位指令

循环左移位指令将输入值 IN 循环左移 N 位，并将输出结果装载到 OUT 中。循环移位是环形的，如果位数 N 大于或者等于最大允许值（对于字节操作为 8b，对于字操作为 16b，对于双字操作为 32b），S7-200 在执行循环移位之前，会执行取模操作，得到一个有效的移位次数。移位位数的取模操作的结果，对于字节操作是 0～7，对于字操作是 0～15，而对于双字操作是 0～31。如果移位次数为 0，循环移位指令不执行。如果循环移位指令执行，最后一个移位的值会复制到溢出标志位（SM1.1）。当要被循环移位的值为 0 时，零标志位（SM1.0）被置位。字节操作是无符号的。对于字和双字操作，当使用有符号数据类型时，符号位也被移位。循环左移位指令格式参见表 9-5。

表 9-5　循环左移位指令格式

指令名称	梯形图	语句表	指令说明
字节循环左移位指令	ROL_B EN　ENO IN　OUT N	MOVB　IN, OUT RLB　　OUT, N	将输入字节（IN）数值根据移位计数（N）向左循环移动，并将结果载入输出字节（OUT）
字循环左移位指令	ROL_W EN　ENO IN　OUT N	MOVW　IN, OUT RLW　　OUT, N	将输入字（IN）数值根据移位计数（N）向左循环移动，并将结果载入输出字节（OUT）
双字循环左移位指令	ROL_DW EN　ENO IN　OUT N	MOVD　IN, OUT RLD　　OUT, N	将输入双字（IN）数值根据移位计数（N）向左循环移动，并将结果载入输出字节（OUT）

循环左移位指令有效操作数参见表 9-6。

表 9-6　循环左移位指令有效操作数

输入/输出	数据类型	操 作 数
IN	BYTE	IB, QB, VB, MB, SMB, SB, LB, AC, *VD, *LD, *AC, 常数
	WORD	IW, QW, VW, MW, SMW, SW, LW, T, C, AC, AIW, *VD, *LD, *AC, 常数
	DWORD	ID, QD, VD, MD, SMD, SD, LD, AC, HC, *VD, *LD, *AC, 常数
OUT	BYTE	IB, QB, VB, MB, SMB, SB, LB, AC, *VD, *LD, *AC
	WORD	IW, QW, VW, MW, SMW, SW, T, C, LW, AIW, AC, *VD, *LD, *AC
	DWORD	ID, QD, VD, MD, SMD, SD, LD, AC, *VD, *LD, *AC
N	BYTE	IB, QB, VB, MB, SMB, SB, LB, AC, *VD, *LD, *AC, 常数

例 9-3： 循环左移位指令示例。

循环左移位指令的梯形图及语句表的程序示例如图 9-5 所示。在网络 1 中调用字节循环左移位指令、字循环左移位指令和双字循环左移位指令。如果循环左移位指令的输入和输出地址相同，则语句表中可省略传送指令。

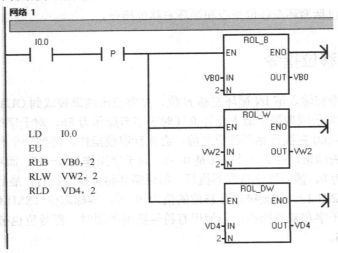

```
LD    I0.0
EU
RLB   VB0, 2
RLW   VW2, 2
RLD   VD4, 2
```

图 9-5　循环左移位指令程序示例

其程序执行结果如图 9-6 所示。

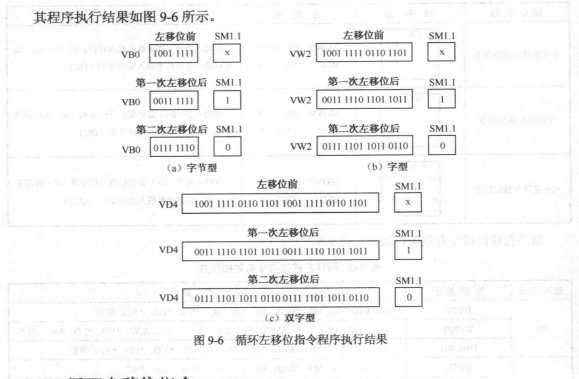

图 9-6　循环左移位指令程序执行结果

9.2.2　循环右移位指令

循环右移位指令将输入值 IN 循环右移 N 位，并将输出结果装载到 OUT 中。循环移位是环形的。如果位数 N 大于或者等于最大允许值（对于字节操作为 8b，对于字操作为 16b，对于双字操作为 32b），S7-200 在执行循环移位之前，会执行取模操作，得到一个有效的移位次数。移位位数的取模操作的结果，对于字节操作是 0～7，对于字操作是 0～15，而对于双字操作是 0～31。如果移位次数为 0，循环移位指令不执行。如果循环移位指令执行，最后一个移位的值会复制到溢出标志位（SM1.1）。当要被循环移位的值为 0 时，零标志位（SM1.0）被置位。字节操作是无符号的。对于字和双字操作，当使用有符号数据类型时，符号位也被移位。循环右移位指令格式参见表 9-7。

表 9-7 循环右移位指令格式

指令名称	梯形图	语句表	指令说明
字节循环右移位指令	ROR_B EN ENO IN OUT N	MOVB IN, OUT RRB OUT, N	将输入字节（IN）数值根据移位计数（N）向右循环移动，并将结果载入输出字节（OUT）
字循环右移位指令	ROR_W EN ENO IN OUT N	MOVW IN, OUT RRW OUT, N	将输入字（IN）数值根据移位计数（N）向右循环移动，并将结果载入输出字节（OUT）
双字循环右移位指令	ROR_DW EN ENO IN OUT N	MOVD IN, OUT RRD OUT, N	将输入双字（IN）数值根据移位计数（N）向右循环移动，并将结果载入输出字节（OUT）

循环右移位指令有效操作数参见表 9-8。

表 9-8 循环右移位指令有效操作数

输入/输出	数据类型	操 作 数
IN	BYTE	IB, QB, VB, MB, SMB, SB, LB, AC, *VD, *LD, *AC, 常数
	WORD	IW, QW, VW, MW, SMW, SW, LW, T, C, AC, AIW, *VD, *LD, *AC, 常数
	DWORD	ID, QD, VD, MD, SMD, SD, LD, AC, HC, *VD, *LD, *AC, 常数
OUT	BYTE	IB, QB, VB, MB, SMB, SB, LB, AC, *VD, *LD, *AC
	WORD	IW, QW, VW, MW, SMW, SW, T, C, LW, AIW, AC, *VD, *LD, *AC
	DWORD	ID, QD, VD, MD, SMD, SD, LD, AC, *VD, *LD, *AC
N	BYTE	IB, QB, VB, MB, SMB, SB, LB, AC, *VD, *LD, *AC, 常数

例 9-4：循环右移位指令示例。

循环右移位指令的梯形图及语句表的程序示例如图 9-7 所示。在网络 1 中，调用字节循环右移位指令、字循环右移位指令和双字循环右移位指令。如果循环右移位指令的输入和输出地址相同，则语句表中可省略传送指令。

其程序执行结果如图 9-8 所示。

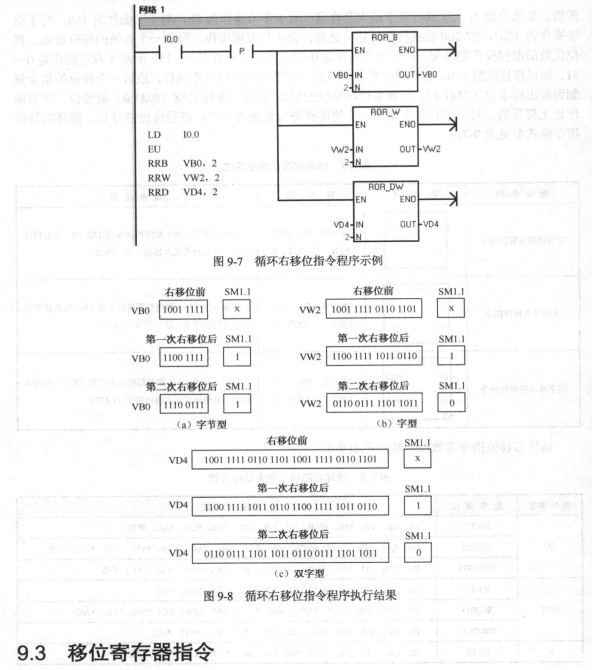

图 9-7　循环右移位指令程序示例

图 9-8　循环右移位指令程序执行结果

9.3　移位寄存器指令

移位寄存器指令是将一个数值移入到移位寄存器中。移位寄存器指令提供了一种排列和控制产品流或数据流的简单方法。使用该指令，每个扫描周期，整个移位寄存器移动一位。移位寄存器指令把输入的 DATA 数值移入移位寄存器。其中，S_BIT 指定移位寄存器的最低位，N 指定移位寄存器的长度和移位方向（正向移位=N，反向移位=−N）。移位寄存器指令移出的每一位都被放入溢出标志位（SM1.1）。移位寄存器指令的指令格式参见表 9-9。

表9-9　移位寄存器指令格式

指令名称	梯形图	语句表	指令说明
移位寄存器指令	SHRB EN　ENO DATA S_BIT N	SHRB　DATA，S_BIT，N	将DATA数值移入移位寄存器。S_BIT指定移位寄存器的最低位。N指定移位寄存器的长度和移位方向

移位寄存器指令有效操作数参见表9-10。

表9-10　移位寄存器指令有效操作数

输入/输出	类　型	操　作　数
DATA、S_BIT	BOOL	I，Q，V，M，SM，S，T，C，L
N	BYTE	IB，QB，VB，MB，SMB，SB，LB，AC，*VD，*LD，*AC，常数

移位寄存器的最高位（MSB.b）可通过下面公式计算求得

MSB.b = [（S_BIT的字节号）+（[N]-1+（S_BIT的位号））/8].[除8的余数]

例如：如果S_BIT是V33.4，N是14，下列计算显示MSB.b是V35.1。

$$MSB.b = V33 + ([14]-1+4)/8$$
$$= V33 + 17/8$$
$$= V33 + 2（余数为1）$$
$$= V35.1$$

当反向移动时，N为负值，输入数据从最高位移入、最低位（S_BIT）移出。移出的数据放在溢出标志位（SM1.1）中。当正向移动时，N为正值，输入数据从最低位（S_BIT）移入、最高位移出。移出的数据放在溢出标志位（SM1.1）中。移位寄存器的最大长度为64b。如图9-9所示，给出了N为正和负两种情况下的移位过程。

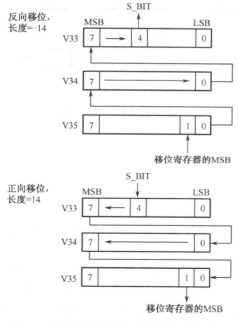

图9-9　移位寄存器的正向移位和反向移位

例 9-5：移位寄存器指令示例。

移位寄存器指令的梯形图及语句表的程序示例如图 9-10 所示。在网络 1 中，调用移位寄存器指令。

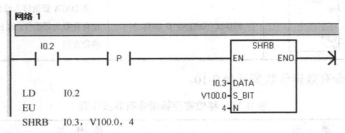

```
LD    I0.2
EU
SHRB  I0.3, V100.0, 4
```

图 9-10　移位寄存器指令程序示例

其程序执行结果如图 9-11 所示。

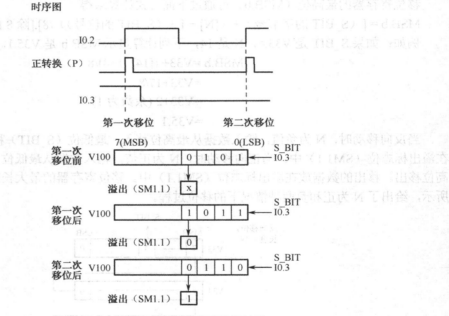

图 9-11　移位寄存器指令程序执行结果

9.4　程序实例

例 9-6：跑马灯程序。

本实例是采用循环移位指令来实现霓虹灯上的跑马灯，也就是灯的亮、灭沿某一方向依次移动。

PLC 控制跑马灯程序如图 9-12 所示。在网络 1 中，当按下启动按钮后，点亮第一个彩灯。如果启动按钮弹出，则熄灭所有彩灯。在网络 2 中，当按下启动按钮后，启动循环计时。循环计时有自复位功能，当计时到时，重新开始计时。在网络 3 中，当计时到时，调用循环左移指令，点亮下一个彩灯，熄灭当前彩灯。

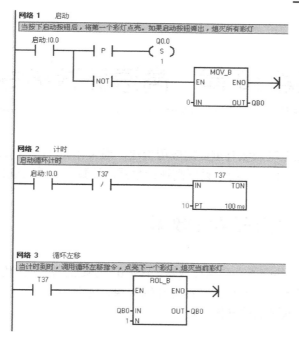

图 9-12 PLC 控制跑马灯程序

例 9-7：彩灯移动程序。

通过按钮控制 8 个彩灯，按下按钮时，点亮 1 个彩灯并每隔 1s 点亮下一个彩灯熄灭当前的彩灯，当彩灯熄灭后，全部彩灯熄灭。

PLC 控制彩灯移动程序如图 9-13 所示。在网络 1 中，当按下启动按钮后，并且没有彩灯亮时，点亮第一个彩灯。在网络 2 中，启动循环计时。循环计时有自复位功能，当计时到时，重新开始计时。在网络 3 中，当计时到时，调用左移指令，点亮下一个彩灯熄灭当前彩灯。

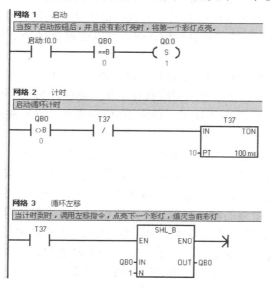

图 9-13 PLC 控制彩灯移动程序

第 10 章 高速计数指令

高速计数器在定位控制领域有重要的应用价值，通常作为计数器来计算运动控制系统中编码器的相对位置。高速计数指令用于设置高速计数器的计数方式并读取计数值。

10.1 S7-200 内部高速计数器

在 S7-200 PLC 中，共有 6 个高速计数器：HSC0～HSC5。高速计数器由系统指定的输入点输入信号，每个高速计数器对它所支持的脉冲输入端、方向控制、复位和启动都有专用的输入点，通过比较或中断完成预定的操作。

10.1.1 高速计数器介绍

普通计数器是按照顺序扫描方式工作的，在每个扫描周期中，对计数脉冲只能进行一次计数累加，对于脉冲信号的频率比 PLC 的扫描频率高时，如果仍采用普通计数器进行累加，必然会丢失很多输入脉冲信号。而高速计数器可用来累计比 PLC 扫描频率更高的脉冲输入，利用产生的中断事件完成预定的操作。S7-200 CPU 具有集成的、硬件高速计数器。CPU221 和 CPU222 可以使用 4 个 30kHz 的单相高速计数器或 2 个 20kHz 的两相高速计数器，而 CPU224 和 CPU226 可以使用 6 个 30kHz 的单相高速计数器或 4 个 20kHz 的两相高速计数器。CPU224 XP 高速输入中的两路支持更高的速度。用作单相脉冲输入时，可以达到 200kHz；用作双相 90°正交脉冲输入时，速度可达 100kHz。

高速计数器 HSC（High Speed Counter）在定位控制领域中有重要的应用价值。使用高速计数器功能，需要通过高速计数器指令来完成执行工作。高速计数指令有 2 条：高速计数器定义指令 HDEF 和执行高速计数器指令 HSC。使用 HSC 指令前，必须先执行 HDEF 指令对高速计数器进行定义。

一般来说，高速计数器被用作驱动鼓式计时器，该设备安装有 1 个增量轴式编码器的轴，以恒定的速度转动。轴式编码器每圈提供 1 个确定的计数值和 1 个复位脉冲。来自轴式编码器的时钟和复位脉冲作为高速计数器的输入。高速计数器装入一组预设值中的第一个值，当前计数值小于当前预设值时，希望的输出有效。计数器设置成在当前值等于预设值时和有复位时产生中断。随着每次当前计数值等于预设值的中断事件出现，1 个新的预设值被装入并重新设置下一个输出状态。当出现复位中断事件时，设置第一个预设值和第一个输出状态，这个循环又重新开始。由于中断事件产生的速率远低于高速计数器的计数速率，用高速计数器可以实现精确控制，而与 PLC 整个扫描周期的关系不大。采用中断的方法允许在简单的状态控制中用独立的中断程序装入 1 个新的预设值。

在 S7-200 PLC 中，共有 6 个高速计数器：HSC0～HSC5。但并不是所有的 CPU 都支持这 6 个高速计数器，不同 CPU 支持的高速计数器数量及其地址编号参见表 10-1。

表 10-1　不同 CPU 支持的高速计数器

CPU 类型	CPU221	CPU222	CPU224/CPU224XP	CPU226
高速计数器数量	4		6	
高速计数器编号	HSC0, HSC3～HSC5		HSC0～HSC5	

高速计数器的输入端不像普通输入端那样由用户定义，而是由系统指定的输入点输入信号，每个高速计数器对它所支持的脉冲输入端、方向控制、复位和启动都有专用的输入点，通过比较或中断完成预定的操作。每个高速计数器专用的输入点参见表 10-2。

表 10-2　高速计数器所使用的输入点

高速计数器编号	输　入　点
HSC0	I0.0, I0.1, I0.2
HSC1	I0.6, I0.7, I1.0, I1.1
HSC2	I1.2, I1.3, I1.4, I1.5
HSC3	I0.1
HSC4	I0.3, I0.4, I0.5
HSC5	I0.4

10.1.2　高速计数器的控制

每个高速计数器都对应一个特殊继电器的控制字节 SMB，通过对控制字节指令的位进行编程，确定高速计数器的工作方式。S7-200 在执行 HSC 指令前，首先要检验与每个高速计数器相关的控制字节，在控制字节中设置了启动输入信号和复位输入信号的有效电平，正交计数器的计数倍率，计数方向采用内部控制时的有效电平，是否允许改变计数方向，是否允许更新设定值，是否允许更新当前值，以及是否允许执行高速计数指令。各个高速计数器的控制字节中且只有在执行 HDEF 指令时使用。在执行 HDEF 指令前，必须把这些控制位设定到希望的状态。否则，计数器对计数模式的选择取默认设置。一旦 HDEF 指令被执行，就不能再更改计数器的设置，除非先进入 STOP 模式。高速计数器的控制字节描述参见表 10-3。

表 10-3　高速计数器的控制字节

HSC0	HSC1	HSC2	HSC3	HSC4	HSC5	描　　述
SM37.0	SM47.0	SM57.0	—	SM147.0	—	用于复位的有效电平控制位： 0=复位为高电平有效 1=复位为低电平有效
—	SM47.1	SM57.1	—	—	—	用于启动的有效电平控制位： 0=启动为高电平有效 1=启动为低电平有效

续表

HSC0	HSC1	HSC2	HSC3	HSC4	HSC5	描　述
SM37.2	SM47.2	SM57.2	—	SM147.2	—	正交计数器的计数速率选择： 0=4X 计数速率 1=1X 计数速率
SM37.3	SM47.3	SM57.3	SM137.3	SM147.3	SM157.3	计数方向控制位： 0=减计数 1=增计数
SM37.4	SM47.4	SM57.4	SM137.4	SM147.4	SM157.4	将计数方向写入 HSC： 0=无更新 1=更新方向
SM37.5	SM47.5	SM57.5	SM137.5	SM147.5	SM157.5	将新预设值写入 HSC： 0=无更新 1=更新预设值
SM37.6	SM47.6	SM57.6	SM137.6	SM147.6	SM157.6	将新的当前值写入 HSC： 0=无更新 1=更新当前值
SM37.7	SM47.7	SM57.7	SM137.7	SM147.7	SM157.7	启用 HSC： 0=禁止 HSC 1=启用 HSC

　　每个高速计数器在内部存储了一个 32b 当前值（CV）和一个 32b 预设值（PV）。当前值是计数器的实际计数值，而预设值是一个可选择的比较值，用于在当前值到达预设值时触发一个中断。只能使用数据类型 HC（高速计数器当前值）后跟计数器编号（0，1，2，3，4 或 5）来读取每个高速计数器的当前值，参见表 10-4。当希望读取状态图或用户程序中的当前计数时，使用 HC 数据类型。HC 数据类型为只读；不能使用 HC 数据类型将一个新当前计数写入高速计数器。

表 10-4　高速计数器的当前值

要读取的数值	HSC0	HSC1	HSC2	HSC3	HSC4	HSC5
当前值（CV）	HC0	HC1	HC2	HC3	HC4	HC5

　　预设值无法直接读取。要将新当前值或预设值载入高速计数器，必须设置保持期望的新当前值或新预设值的控制字节和特殊存储双字，也要执行 HSC 指令以使新数值传送到高速计数器。

　　使用下列步骤将一个新当前值或新预设值写入高速计数器（步骤（1）和步骤（2）可以任意顺序完成）：

　　（1）将要写入的数值装载到合适的 SM 新当前值和新预设值中。装载这些数值不会影响高速计数器。

　　（2）置位或清除合适控制字节中的合适位，指示是否更新当前值或预设值。操作这些位不会影响高速计数器。

　　（3）执行 HSC 指令引用合适的高速计数器编号。执行该指令将检查控制字节。如果控制字节指定更新当前值、预设值或两者皆更新，则将合适的数值从 SM 新当前值或新预设值位置复制到高速计数器内部寄存器中。

高速计数器的新当前值和新预设值地址参见表 10-5。

表 10-5　高速计数器的新当前值和新预设值地址

要读取的数值	HSC0	HSC1	HSC2	HSC3	HSC4	HSC5
新当前值（新 CV）	SMD38	SMD48	SMD58	SMD138	SMD148	SMD158
新预设值（新 PV）	SMD42	SMD52	SMD62	SMD142	SMD152	SMD162

每个高速计数器都有一个状态字节，其中的状态存储位指出了当前计数方向，当前值是否大于或者等于预设值。表 10-6 给出了每个高速计数器状态位的描述。

表 10-6　高速计数器的状态字节

HSC0	HSC1	HSC2	HSC3	HSC4	HSC5	描　述
SM36.0	SM46.0	SM56.0	SM136.0	SM146.0	SM156.0	不用
SM36.1	SM46.1	SM56.1	SM136.1	SM146.1	SM156.1	不用
SM36.2	SM46.2	SM56.2	SM136.2	SM146.2	SM156.2	不用
SM36.3	SM46.3	SM56.3	SM136.3	SM146.3	SM156.3	不用
SM36.4	SM46.4	SM56.4	SM136.4	SM146.4	SM156.4	不用
SM36.5	SM46.5	SM56.5	SM136.5	SM146.5	SM156.5	当前计数方向状态位： 0=减计数 1=增计数
SM36.6	SM46.6	SM56.6	SM136.6	SM146.6	SM156.6	当前值等于预设值状态位： 0=不等 1=相等
SM36.7	SM46.7	SM56.7	SM136.7	SM146.7	SM156.7	当前值大于预设值状态位： 0=小于等于 1=大于

10.1.3　高速计数器的工作模式

高速计数器有 12 种不同的工作模式，但并不是所有计数器都能使用每一种模式。表 10-7 中给出了与高速计数器相关的时钟、方向控制、复位和启动输入点。同一个输入点不能用于两个不同的功能，但是任何一个没有被高速计数器的当前模式使用的输入点都可以用作其他用途。例如，如果 HSC0 正被用于模式 1，它占用 I0.0 和 I0.2，则 I0.1 可以被 HSC3 占用。

表 10-7　高速计数器工作模式

模　式	描　述	输　入			
	HSC0	I0.0	I0.1	I0.2	—
	HSC1	I0.6	I0.7	I1.0	I1.1
	HSC2	I1.2	I1.3	I1.4	I1.5

续表

模　式	描　　述	输　　入			
	HSC3	I0.1	—	—	—
	HSC4	I0.3	I0.4	I0.5	—
	HSC5	I0.4	—	—	—
0		时钟	—	—	—
1	带有内部方向控制的单相计数器	时钟	—	复位	—
2		时钟	—	复位	启动
3		时钟	方向	—	—
4	带有外部方向控制的单相计数器	时钟	方向	复位	—
5		时钟	方向	复位	启动
6		增时钟	减时钟	—	—
7	带有增减计数时钟的双相计数器	增时钟	减时钟	复位	—
8		增时钟	减时钟	复位	启动
9		时钟 A	时钟 B	—	—
10	带 A/B 相正交计数器的双相计数器	时钟 A	时钟 B	复位	—
11		时钟 A	时钟 B	复位	启动
12	只有 HSC0 和 HSC3 支持模式 12	—	—	—	—

对于操作模式相同的计数器，其计数功能是相同的。高速计数器有 4 种基本类型：带有内部方向控制的单相计数器，带有外部方向控制的单相计数器，带有增减（2 个）计数时钟的双相计数器和带 A/B 相正交计数器的双相计数器。注意，并不是所有计数器都能使用每一种模式。

在使用高速计数器之前，应该用高速计数器 HDEF 指令为计数器选择一种计数模式。使用初次扫描存储器位 SM0.1（该位仅在第一次扫描周期接通，之后断开）来调用一个包含 HDEF 指令的子程序。

各个高速计数器的工作模式参见表 10-8 至表 10-13。

表 10-8　HSC0 的工作模式

模　式	描　　述	控　制　位	I0.0	I0.1	I0.2
0	带有内部方向控制的单相计数器	SM37.3 = 0，减	时钟	—	—
1		SM37.3 = 1，增			复位
3	带有外部方向控制的单相计数器	I0.1 = 0，减	时钟	方向	—
4		I0.1 = 1，增			复位
6	带有增减计数时钟的双相计数器	外部输入控制	增时钟	减时钟	—
7					复位
9	带 A/B 相正交计数器的双相计数器	外部输入控制	时钟 A	时钟 B	—
10					复位

表 10-9　HSC1 的工作模式

模式	描　述	控 制 位	I0.6	I0.7	I1.0	I1.1
0	带有内部方向控制的单相计数器	SM47.3 = 0，减 SM47.3 = 1，增	时钟	—	—	—
1					复位	—
2					复位	启动
3	带有外部方向控制的单相计数器	I0.7 = 0，减 I0.7 = 1，增	时钟	方向	—	—
4					复位	—
5					复位	启动
6	带有增减计数时钟的双相计数器	外部输入控制	增时钟	减时钟	—	—
7					复位	—
8					复位	启动
9	带 A/B 相正交计数器的双相计数器	外部输入控制	时钟 A	时钟 B	—	—
10					复位	—
11					复位	启动

表 10-10　HSC2 的工作模式

模式	描　述	控 制 位	I1.2	I1.3	I1.4	I1.5
0	带有内部方向控制的单相计数器	SM57.3 = 0，减 SM57.3 = 1，增	时钟	—	—	—
1					复位	—
2					复位	启动
3	带有外部方向控制的单相计数器	I1.3 = 0，减 I1.3 = 1，增	时钟	方向	—	—
4					复位	—
5					复位	启动
6	带有增减计数时钟的双相计数器	外部输入控制	增时钟	减时钟	—	—
7					复位	—
8					复位	启动
9	带 A/B 相正交计数器的双相计数器	外部输入控制	时钟 A	时钟 B	—	—
10					复位	—
11					复位	启动

表 10-11　HSC3 的工作模式

模式	描　述	控 制 位	I0.1
0	带有内部方向控制的单相计数器	SM137.3 = 0，减 SM137.3 = 1，增	时钟

表 10-12　HSC4 的工作模式

模式	描　述	控 制 位	I0.3	I0.4	I0.5
0	带有内部方向控制的单相计数器	SM147.3 = 0，减 SM147.3 = 1，增	时钟	—	—
1					复位
3	带有外部方向控制的单相计数器	I0.4 = 0，减 I0.4 = 1，增	时钟	方向	—
4					复位

续表

模　式	描　述	控　制　位	I0.3	I0.4	I0.5
6	带有增减计数时钟的双相计数器	外部输入控制	增时钟	减时钟	—
7					复位
9	带 A/B 相正交计数器的双相计数器	外部输入控制	时钟 A	时钟 B	—
10					复位

表 10-13　HSC5 的工作模式

模　式	描　述	控　制　位	I0.4
0	带有内部方向控制的单相计数器	SM157.3 = 0，减 SM157.3 = 1，增	时钟

10.1.4　高速计数器的工作原理

高速计数器有 4 种基本类型：带有内部方向控制的单相计数器，带有外部方向控制的单相计数器，带有增减计数时钟的双相计数器和带 A/B 相正交计数器的双相计数器。以 HSC1 的工作模式为例，说明高速计数器的具体工作原理。

1. 带有内部方向控制的单相计数器

在模式 0、模式 1 和模式 2 中，HSC1 可以作为带有内部方向控制的单相计数器，它根据 PLC 内部的特殊继电器 SM47.3 的状态来确定计数方向，外部输入 I0.6 作为计数脉冲的输入端。在模式 1 和模式 2 中，I1.0 作为复位输入端。在模式 2 中，I1.1 作为启动输入端。其时序图如图 10-1 所示。

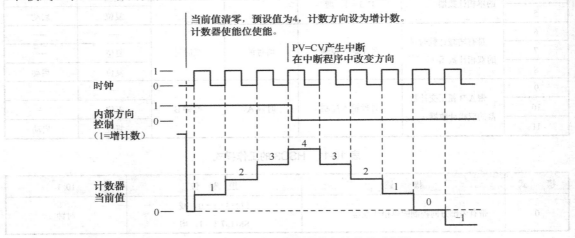

图 10-1　带有内部方向控制的单相计数器时序图

2. 带有外部方向控制的单相计数器

在模式 3、模式 4 和模式 5 中，HSC1 可以作为带有外部方向控制的单相计数器，它根据 PLC 外部输入点 I0.7 的状态来确定计数方向，外部输入 I0.6 作为计数脉冲的输入端。在模式 3 中，无复位和启动输入端。在模式 4 和模式 5 中，I1.0 作为复位输入端。在模式 5 中，I1.1 作为启动输入端。其时间序图如图 10-2 所示。

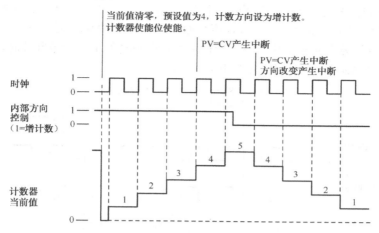

图 10-2 带有外部方向控制的单相计数器时序图

3. 带有增减计数时钟的双相计数器

在模式 6、模式 7 和模式 8 中，HSC1 可以作为带 2 个时钟输入的双相计数器，它根据 PLC 外部输入点 I0.6 和 I0.7 的状态来确定计数方向，外部输出 I0.6 作为增计数脉冲的输入端，I0.7 作为减计数脉冲的输入端。在模式 6 中，无复位和启动输入端。在模式 7 和模式 8 中，I1.0 作为复位输入端。在模式 8 中，I1.1 作为启动输入端。

当使用模式 6、模式 7 或者模式 8 时，如果增时钟输入的上升沿与减时钟输入的上升沿之间的时间间隔小于 0.3μs，高速计数器会把这些事件看作是同时发生的。如果这种情况发生，当前值不变，计数方向指示不变。只要增时钟输入的上升沿与减时钟输入的上升沿之间的时间间隔大于 0.3μs，高速计数器分别捕捉每个事件。在以上两种情况下，都不会有错误产生，计数器保持正确的当前值。其时序图如图 10-3 所示。

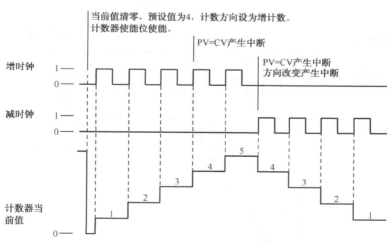

图 10-3 带有增减计数时钟的双相计数器时序图

4. 带 A/B 相正交计数器的双相计数器

在模式 9、模式 10 和模式 11 中，HSC1 可以作为 A/B 相正交计数器。外部输入 I0.6 为 A

相脉冲输入，外部输入 I0.7 为 B 相脉冲输出。在模式 9 中，无复位和启动输入端。在模式 10 和模式 11 中，I1.0 作为复位输入端。在模式 11 中，I1.1 作为启动输入端。当 A 相脉冲超前 B 相脉冲 90°时，计数方向为递增计数；当 B 相脉冲超前 A 相脉冲 90°时，计数方向为递减计数。

A/B 相正交计数器有两种工作状态：一种工作状态是输入 1 个计数脉冲时，当前值计 1 个数，此时的计数倍率为 1，其时序图如图 10-4 所示。

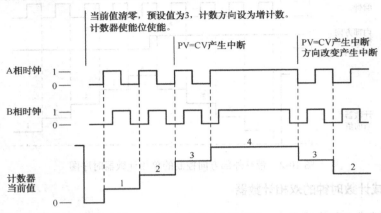

图 10-4 一倍率的 A/B 相正交计数器的时序图

另一种工作状态是输入 1 个计数脉冲时，当前值计 4 个数，此时的计数倍率为 4。这是因为在许多位移测量系统中，常常采用光电编码盘，将光电编码盘的 A、B 两相输出信号作为高速计数器的输入信号，为提高测量精度，光电编码盘对 A、B 相脉冲信号做 4 倍频计数。当 A 相脉冲超前 B 相脉冲信号 90°时，为正转；当 B 相脉冲信号超前 A 相脉冲信号 90°时，为反转。为满足这种需要，正交计数器定义了这种工作状态，其时序图如图 10-5 所示。

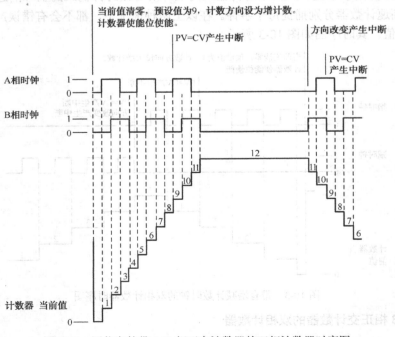

图 10-5 四倍率的带 A/B 相正交计数器的双相计数器时序图

10.2 高速计数器编程

10.2.1 高速计数器指令

高速计数器指令包括定义高速计数器指令 HDEF 和执行高速计数器指令 HSC，使用 HSC 指令前，必须先执行 HDEF 指令对高速计数器进行定义。高速计数器指令格式参见表 10-14。

表 10-14 高速计数器指令格式

指令名称	梯形图	语句表	指令说明
定义高速计数器指令	HDEF EN ENO HSC MODE	HDEF HSC, MODE	为指定的高速计数器选择操作模式。模块的选择决定了高速计数器的时钟、方向、启动和复位功能
执行高速计数器指令	HSC EN ENO N	HSC N	在高速计数器特殊存储器位状态的基础上，配置和控制高速计数器。参数 N 指定高速计数器的标号

高速计数器指令有效操作数参见表 10-15。

表 10-15 高速计数器指令有效操作数

输 入	数据类型	操 作 数
HSC, MODE	BYTE	常数
N	WORD	常数

10.2.2 高速计数器的初始化

高速计数器 HDEF 指令在进入 RUN 模式后只能执行一次，对一个高速计数器第二次执行 HDEF 指令会引起运行错误，而且不能改变第一次执行 HDEF 指令时对计数器的设置。为了减少程序运行时间、优化程序结构，一般以子程序的形式进行初始化。以下以 HSC1 为例，对初始化和操作的步骤进行描述。在初始化描述中，假定 S7-200 已经设置成 RUN 模式。因此，首次扫描标志位为真。

1. 模式 0、模式 1 和模式 2 初始化

模式 0、模式 1 和模式 2 的初始化步骤如下所述。

（1）用初次扫描存储器位（SM0.1=1）调用执行初始化操作的子程序。由于采用了这样的子程序调用，后续扫描不会再调用这个子程序，从而减少了扫描时间，也提供了一个结构优化的程序。

（2）初始化子程序中，根据所希望的控制操作对 SMB47 置数。例如：当 SMB47 = 16#F8 时，将高速计数器的启用计数器、写新当前值、写新预设值、将方向设为向增计数、将启动和复位输入设为高电平有效。

（3）执行 HDEF 指令，其输入参数为：HSC 端为 1（选择 1 号高速计数器），MODE 端为 0，1 或 2（模式 0、模式 1 或模式 2）。

（4）向 SMD48 中写入初始值。

（5）向 SMD52 中写入预设值。

（6）如果希望捕获当前值（CV）等于预设值（PV）中断事件，编写中断子程序并指定 CV=PV 中断事件（事件 13）调用该中断子程序。

（7）如果希望捕获外部复位事件，编写中断子程序，并指定外部复位中断事件（事件 15）调用该中断子程序。

（8）执行全局中断允许指令（ENI）来允许 HSC1 中断。

（9）执行 HSC 指令，使 S7-200 对 HSC1 编程。

（10）退出初始化子程序。

2. 模式 3、模式 4 和模式 5 初始化

模式 3、模式 4 和模式 5 的初始化具体步骤如下。

（1）用初次扫描存储器位（SM0.1=1）调用执行初始化操作的子程序。由于采用了这样的子程序调用，后续扫描不会再调用这个子程序，从而减少了扫描时间，也提供了一个结构优化的程序。

（2）初始化子程序中，根据所希望的控制操作对 SMB47 置数。例如：当 SMB47 = 16#F8 时，将高速计数器的启用计数器、写新当前值、写新预设值、将 HSC 的初始方向设为向上计数、将启动和复位输入设为高电平有效。

（3）执行 HDEF 指令，其输入参数为：HSC 端为 1（选择 1 号高速计数器），MODE 端为 3，4 或 5（模式 3、模式 4 或模式 5）。

（4）向 SMD48 中写入初始值。

（5）向 SMD52 中写入预设值。

（6）如果希望捕获当前值（CV）等于预设值（PV）中断事件，编写中断子程序，并指定 CV=PV 中断事件（事件 13）调用该中断子程序。

（7）如果希望捕获外部复位事件，编写中断子程序，并指定外部复位中断事件（事件 15）调用该中断子程序。

（8）执行全局中断允许指令（ENI）来允许 HSC1 中断。

（9）执行 HSC 指令，使 S7-200 对 HSC1 编程。

（10）退出初始化子程序。

3. 模式 6、模式 7 和模式 8 初始化

模式 6、模式 7 和模式 8 的初始化具体步骤如下。

（1）用初次扫描存储器位（SM0.1=1）调用执行初始化操作的子程序。由于采用了这样的子程序调用，后续扫描不会再调用这个子程序，从而减少了扫描时间，也提供了一个结构优化的程序。

（2）初始化子程序中，根据所希望的控制操作对 SMB47 置数。例如：当 SMB47 = 16#F8 时，将高速计数器的启用计数器、写新当前值、写新预设值、将 HSC 的初始方向设为向上计数、将启动和复位输入设为高电平有效。

（3）执行 HDEF 指令，其输入参数为：HSC 端为 1（选择 1 号高速计数器），MODE 端为 6，7 或 8（模式 6、模式 7 或模式 8）。

（4）向 SMD48 中写入初始值。

（5）向 SMD52 中写入预设值。

（6）如果希望捕获当前值（CV）等于预设值（PV）中断事件，编写中断子程序，并指定 CV=PV 中断事件（事件 13）调用该中断子程序。

（7）如果希望捕获外部复位事件，编写中断子程序，并指定外部复位中断事件（事件 15）调用该中断子程序。

（8）执行全局中断允许指令（ENI）来允许 HSC1 中断。

（9）执行 HSC 指令，使 S7-200 对 HSC1 编程。

（10）退出初始化子程序。

4. 模式 9、模式 10 和模式 11 初始化

模式 9、模式 10 和模式 11 的初始化具体步骤如下。

（1）用初次扫描存储器位（SM0.1=1）调用执行初始化操作的子程序。由于采用了这样的子程序调用，后续扫描不会再调用这个子程序，从而减少了扫描时间，也提供了一个结构优化的程序。

（2）初始化子程序中，根据所希望的控制操作对 SMB47 置数。例如：当 SMB47 = 16#F8 时，将高速计数器的启用计数器、写新当前值、写新预设值、将 HSC 的初始方向设为向上计数、将启动和复位输入设为高电平有效；计数频率为四倍频。当 SMB47 = 16#FC 时，高速计数器的启用计数器、写新当前值、写新预设值、将 HSC 的初始方向设为向上计数、将启动和复位输入设为高电平有效；计数频率为一倍频。

（3）执行 HDEF 指令，其输入参数为：HSC 端为 1（选择 1 号高速计数器），MODE 端为 9、10 或 11（模式 9、模式 10 或模式 11）。

（4）向 SMD48 中写入初始值。

（5）向 SMD52 中写入预设值。

（6）如果希望捕获当前值（CV）等于预设值（PV）中断事件，编写中断子程序，并指定 CV=PV 中断事件（事件 13）调用该中断子程序。

（7）如果希望捕获外部复位事件，编写中断子程序，并指定外部复位中断事件（事件 15）调用该中断子程序。

（8）执行全局中断允许指令（ENI）来允许 HSC1 中断。

（9）执行 HSC 指令，使 S7-200 对 HSC1 编程。

（10）退出初始化子程序。

5. 模式 12 初始化

HSC0 为 PTO0 产生的脉冲计数，即模式 12，具体初始化步骤如下。

（1）用初次扫描存储器位（SM0.1=1）调用执行初始化操作的子程序。由于采用了这样的子程序调用，后续扫描不会再调用这个子程序，从而减少了扫描时间，也提供了一个结构优化的程序。

（2）初始化子程序中，根据所希望的控制操作对 SMB37 置数。例如：当 SMB37 = 16#F8 时，将高速计数器的启用计数器、写新当前值、写新预设值、将 HSC 的初始方向设为向上计数、将启动和复位输入设为高电平有效。

（3）执行 HDEF 指令，其输入参数为：HSC 端为 0（选择 0 号高速计数器），MODE 端为 12（模式 12）。

（4）向 SMD38 中写入初始值。

（5）向 SMD42 中写入预设值。

（6）如果希望捕获当前值（CV）等于预设值（PV）中断事件，编写中断子程序，并指定 CV=PV 中断事件（事件 13）调用该中断子程序。

（7）如果希望捕获外部复位事件，编写中断子程序，并指定外部复位中断事件（事件 15）调用该中断子程序。

（8）执行全局中断允许指令（ENI）来允许 HSC1 中断。

（9）执行 HSC 指令，使 S7-200 对 HSC1 编程。

（10）退出初始化子程序。

10.2.3 高速计数器的程序编写

高速计数器初始化子程序如图 10-6 所示。在网络 1 中，将 HSC1 配置为：启用计数器、写初始值、写预设值、设初始方向为增计数、选择启动和复位输入高电平有效、选择四倍速模式。使用 HDEF 指令，定义 HSC1 为使用复位和启动输入的 A/B 正交模式。清除 HSC1 的当前值，并将 HSC1 预设值设为 100。当 HSC1 的当前值等于预设值时，将事件 13 连接至中断程序。全局中断启用。启用 HSC1。

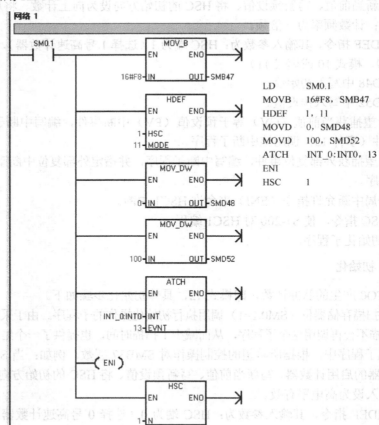

图 10-6　高速计数器初始化子程序示例

高速计数器初始化主程序如图 10-7 所示。在网络 1 中，用初次扫描存储器位（SM0.1=1）调用执行初始化操作的子程序。

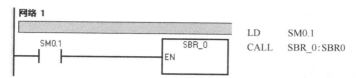

```
LD      SM0.1
CALL    SBR_0:SBR0
```

图 10-7 高速计数器初始化主程序示例

中断程序如图 10-8 所示。在网络 1 中，清除 HSC1 的当前值。将 HSC1 配置为：只写新当前值，且 HSC1 保持启用。

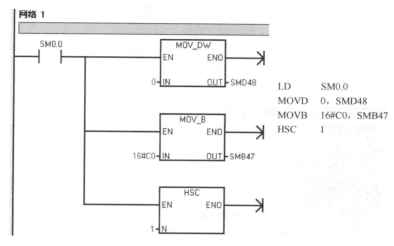

```
LD      SM0.0
MOVD    0, SMD48
MOVB    16#C0, SMB47
HSC     1
```

图 10-8 中断程序示例

在程序执行过程中，如果想修改高速计数器的配置，可以先修改高速计数器的控制字，再执行 HSC 指令。

对具有内部方向（控制模式 0、模式 1 或模式 2）的单相计数器 HSC1，改变其计数方向的步骤如下。

（1）向 SMB47 写入所需的计数方向。当 SMB47=16#90 时，高速计数器配置为：允许计数、置 HSC 计数方向为减。当 SMB47=16#98 时，高速计数器配置为：允许计数、置 HSC 计数方向为增。

（2）执行 HSC 指令，使 S7-200 对 HSC1 编程。

在任何模式下，改变 HSC1 的初始值步骤如下。

（1）向 SMB47 写入新的初始值的控制位。当 SMB47=16#C0 时，高速计数器配置为：允许计数、写入新的初始值。

（2）向 SMD48 中写入初始值。

（3）执行 HSC 指令，使 S7-200 对 HSC1 编程。

在任何模式下，改变 HSC1 的预设值步骤如下。

（1）向 SMB47 写入允许写入新的预设值的控制位：当 SMB47=16#A0 时，高速计数器配置为允许计数、写入新的预设值。

（2）向 SMD52 中写入预设值。

（3）执行 HSC 指令，使 S7-200 对 HSC1 编程。

在任何模式下，禁止 HSC1 步骤如下。

（1）将 16#00 写入 SMB47。

（2）执行 HSC 指令，以禁止计数。

10.2.4　高速计数器的指令向导

虽然使用高速计数器指令可以实现对高速计数的编程，但实现麻烦，需要读/写控制字，对编程人员要求较高。为了方便用户使用，STEP7-MircoWin 软件中提供了高速计数器指令向导。利用高速计数器指令向导，可以很容易编写高速计数器程序。现在，我们利用高速计数器指令向导，生成高速计数器子程序。

（1）激活高速计数器指令向导。打开 STEP7-MicroWIN 软件，单击主菜单"工具"→"指令向导"，打开"指令向导"对话框，如图 10-9 所示。选中"HSC"选项，然后单击"下一步"按钮。

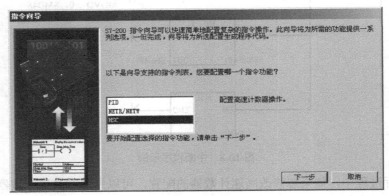

图 10-9　"指令向导"对话框

（2）选择高速计数器编号和工作模式，如图 10-10 所示。本例中，选择高速计数器"HSC1"和"模式 11"。

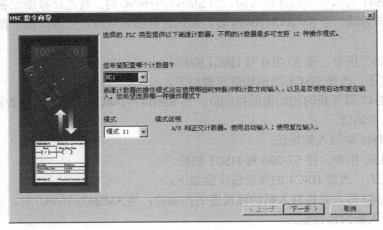

图 10-10　"HSC 指令向导"对话框

（3）配置高速计数器初始化信息，如图 10-11 所示。在此对话框中可以为设置高速计数器如下信息：

- 初始化子程序命名，或者使用默认名称。
- 设置计数器预置值：可以为整数、双字地址或符号名。
- 设置计数器当前值：可以为整数、双字地址或符号名。
- 初始化计数方向：增或减。
- 对于带外部复位端的高速计数器，可以设定复位信号为高电平有效或者低电平有效。对于带外部启动端的高速计数器，可以设定启动信号为高电平有效或者低电平有效。如果使用的高速计数器或工作模式没有外部复位或启动端，则该对应选项为虚。
- 使用 A/B 相正交计数器时，可以将计数速率设为 1×或 4×。使用非 A/B 相正交计数器时，此项为虚。

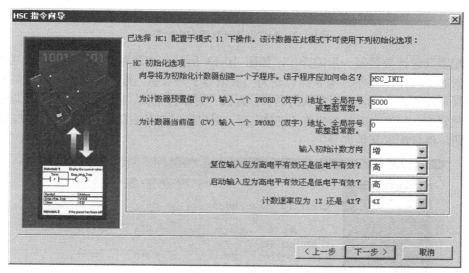

图 10-11　配置高速计数器初始化信息

注意： 所谓"高/低电平有效"指的是在物理输入端子上的有效逻辑电平，即可以使 LED 点亮的电平。这取决于源型/漏型输入接法，并非指实际电平的高与低。

（4）配置高速计数器中断事件，如图 10-12 所示。一个高速计数器最多可以有 3 个中断事件，在白色方框中填写中断服务程序名称或者使用默认名称。中断事件并非必选项，由用户根据自己的控制工艺要求选用。可配置的中断有以下 3 个。

- 外部复位输入有效时中断。如果使用的高速计数器模式不具有外部复位端，则此项为虚。
- 方向控制输入状态改变时中断。有以下 3 种情况会产生该种中断：单项计数器的内部或外部方向控制位改变瞬间，双相计数器增、减时钟交替的瞬间和 A/B 相脉冲相对相位（超前或滞后）改变的瞬间。
- 当前值等于预置值时中断。通过向导，可以在该中断的服务程序中重新设置高速计数器的参数，如预置值、当前值。一个这样的过程称为"一步"。填写 HSC 的步数，最多可以设置为 10 步。

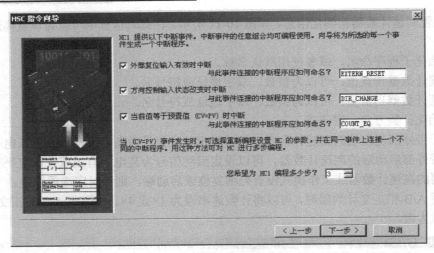

图 10-12　配置高速计数器的中断事件

（5）配置高速计数器每一步的操作，如图 10-13 所示。在此对话框中配置的是当前值等于预置值中断服务程序的操作。向导会自动为当前值等于预置值匹配一个新的中断服务程序，用户可以对其重新命名，或者使用默认的名称。勾选"更新预置值（PV）"后，用户可以在其右侧输入新的预置值。勾选"更新当前值（CV）"后，用户可以在其右侧输入新的当前值。单击"下一步"按钮，继续配置其他向导。

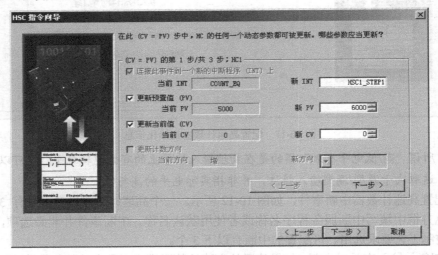

图 10-13　配置高速计数器每一步的操作

（6）完成指令向导的配置，如图 10-14 所示。单击"完成"按钮，完成高速计数器指令向导的配置。

完成指令向导后，生成一个初始化子程序和 5 个中断程序，如图 10-15 所示。向导生成的中断服务程序及子程序都未上锁，用户可以根据自己的控制需要进行修改。

利用高速计数器指令向导生成的子程序完成高速计数器的初始化，程序如图 10-16 所示。

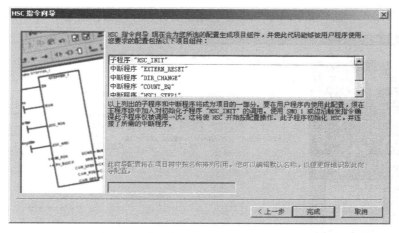

图 10-14　完成高速计数器指令向导的配置

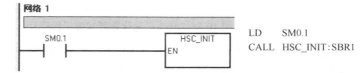

图 10-15　"指令向导"生成的程序　　图 10-16　利用指令向导生成的子程序完成高速计数器初始化的主程序示例

10.3　程序实例

例 10-1：利用高速计数器测量转速。

电动机编码器每圈脉冲为 2000 个，利用高速计数器读取电动机编码器脉冲，从而计算电动机每分钟的转速。

用高速计数器指令向导生成高速计数器初始化程序。在高速计数器指令向导中选择"HC0"和"模式 0"，如图 10-17 所示。

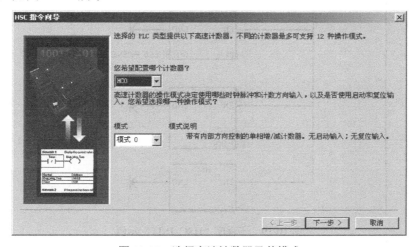

图 10-17　选择高速计数器及其模式

如图 10-18 所示，输入指令向导生成的子程序名称、计数器预置值和计数器当前值。

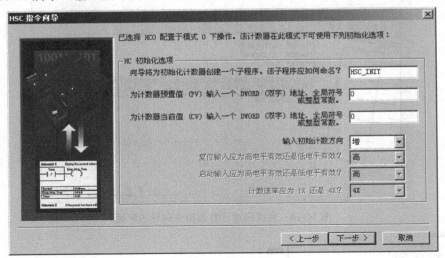

图 10-18　利用高速计数器配置子程序及其预置值和当前值

高速计数器初始化子程序"HSC_INIT"，如图 10-19 所示。在网络 1 中，配置高速计数器 HC0 为模式 0，计数器当前值（CV）等于 0，计数器预置值（PV）等于 0，增计数。

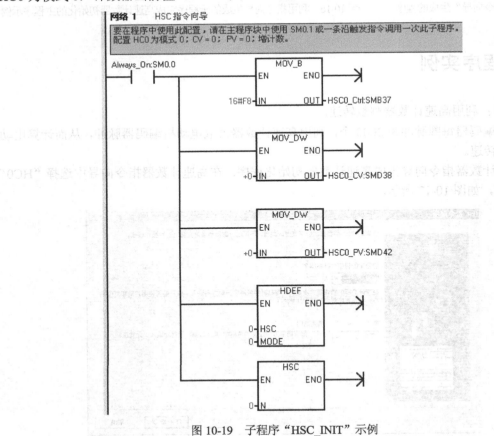

图 10-19　子程序"HSC_INIT"示例

PLC 控制测量电动机转速主程序如图 10-20 所示。在网络 1 中，在第一个扫描周期调用 "HSC_INIT"子程序，初始化高速计数器 HC0。在网络 2 中，每分钟计算一次电动机转速，同时将高速计数器的值清零。

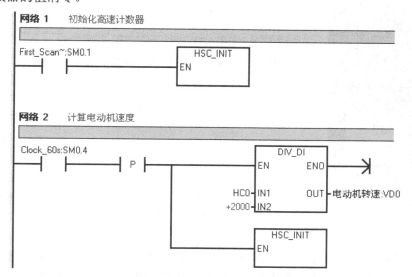

图 10-20 PLC 控制测量电动机转速程序示例

例 10-2：利用高速计数器测量距离。

电动机编码器每圈脉冲为 2000 个，电动机每转一圈带动机器行走的距离为 0.3m。利用高速计数器读取电动机编码器脉冲，从而计算机器行走的距离。

用高速计数器指令向导生成高速计数器初始化程序。在高速计数器指令向导中选择"HC0"和"模式 0"，如图 10-21 所示。

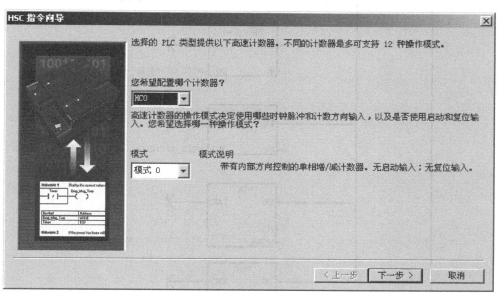

图 10-21 选择高速计数器及其模式

如图 10-22 所示，输入指令向导生成的子程序名称、计数器预置值和计数器当前值。

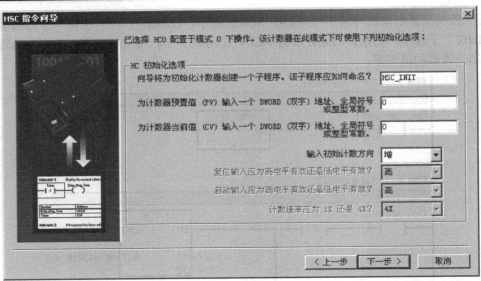

图 10-22 利用高速计数器配置子程序及其预置值和当前值

高速计数器初始化子程序"HSC_INIT"如图 10-23 所示。在网络 1 中，配置高速计数器 HC0 为模式 0，计数器当前值（CV）等于 0，计数器预置值（PV）等于 0，增计数。

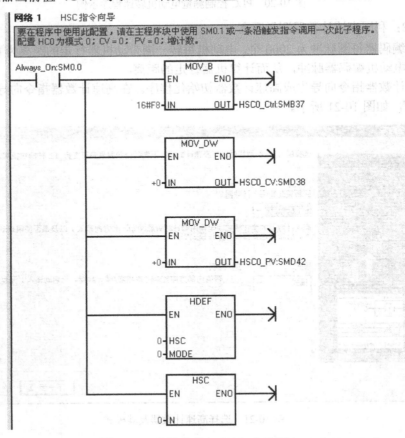

图 10-23 子程序"HSC_INIT"示例

PLC 控制测量距离主程序如图 10-24 所示。在网络 1 中,在第一个扫描周期调用"HSC_INIT"子程序,初始化高速计数器 HC0。在网络 2 中,计算行走距离。

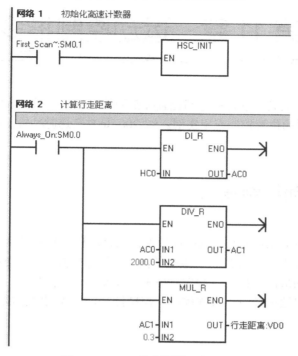

图 10-24　PLC 控制测量距离示例

第 11 章　运动控制指令

　　运动控制是将负载从某一确定的空间位置按某种轨迹移动到另一确定的空间位置，工业机械手或机器人就是典型的位置控制应用实例。S7-200 是靠高速脉冲输出指令或位置控制模块来实现运动控制功能的。

11.1　PLC 运动控制技术

　　运动控制技术是自动化技术与电气拖动技术的融合，利用 PLC 作为运动控制器的运动控制技术就是 PLC 运动控制技术。它综合了微电子技术、计算机技术、检测技术、自动化技术以及伺服控制技术等学科的最新成果。运动控制技术所涉及的知识面极广，应用形式繁多，各种现代工业控制技术，如自适应控制、最优控制、模糊控制、神经网络控制及各种智能控制已深入到运动控制系统中。

11.1.1　运动控制的概念

　　采用 PLC 作为运动控制器的运动控制，是将预定的目标转变为期望的机械运动，使被控制的机械实现准确的位置控制、速度控制、加速度控制、转矩或力矩控制以及这些被控机械量的综合控制。显然，运动控制系统的控制目标是：位置、速度、加速度、转矩或力矩等。

　　位置控制是将负载从某一确定的空间位置按某种轨迹移动到另一确定的空间位置上，工业机械手或机器人就是典型的位置控制应用实例。速度和加速度控制是使负载以确定的速度曲线进行运动，例如电梯就是通过速度和加速度调节来实现轿厢平衡升降和平层精度的。转矩控制则要通过转矩的反馈来维持转矩的恒定，或遵循一定规律的变化，如轧钢机械和传送带中的张力控制等。

11.1.2　运动控制技术的基本要素

　　PLC 运动控制技术是自动化技术和电力拖动技术的重要组成部分，它涵盖了运动控制器技术、软件技术、传感器技术、网络技术以及传动技术。运动控制系统主要由运动控制器、驱动器、机械装置以及检测装置等组成。

　　PLC 作为运动控制器，以其高可靠性、功能强、体积小、可在线修改程序、易于与计算机连接、能对模拟量进行控制等优异的性能，在工业控制领域得到了广泛运用。PLC 已在流水线、包装线、机械手等设备上得到广泛的应用，而这些应用都属于运动控制的范畴。总之，PLC 作为运动控制系统中的运动控制器已实现了复杂的运动控制。

驱动器是指将运动控制器输出的小信号放大以驱动伺服机构的部件。对于不同类别的伺服机构，驱动器有电动、液动、气动等类型。PLC 运动控制系统采用 PLC 作为运动控制器，驱动器为变频器、伺服电动机驱动器、步进电动机驱动器等。

步进驱动系统（步进电动机与驱动器组成的系统）主要应用在开环、控制精度及响应速度要求不太高的运动控制场合，如程序控制系统、数字控制系统等。步进驱动系统的运行性能是电动机与驱动器两者配合所反映出来的综合效果。效率、可靠性和驱动能力是步进电动机驱动器所要解决的三大问题，三者之间彼此制约。驱动能力随电源电压的升高而增大，但电路的功率水泵一般也相应增大，使效率降低。可靠性则随着驱动器电路的功率消耗增大、温度升高而降低。

11.1.3 S7–200 的运动控制功能

S7-200 是靠高速脉冲输出指令来实现运动控制功能的。S7-200 的高速脉冲输出功能是在 PLC 的指定输出点上实现脉冲串输出（PTO）和脉宽调制（PWM）功能。S7-200 的 CPU 本体上有两个 PTO/PWM 高速脉冲发生器，它们每个都可以产生一个高速脉冲串（PTO）或者一个脉宽调制波形（PWM），其最高频率可达 20kHz（CPU 224 XP 和 CPU 224 XPsi 最高频率可达 100kHz）。PTO/PWM 与数字量输出过程映像寄存器共用输出点 Q0.0 和 Q0.1。当在 Q0.0 或 Q0.1 上激活 PTO/PWM 功能时，PTO/PWM 发生器对 Q0.0 或 Q0.1 拥有控制权，同时普通输出点功能被禁止。这时 Q0.0/Q0.1 的输出波形不受输出过程映像区状态、输出点强制值或者立即输出指令执行的影响。当 Q0.0 或 Q0.1 没有激活 PTO/PWM 功能时，可作为普通输出点使用。PTO/PWM 的功能必须使用 24V DC 晶体管输出到 CPU，继电器的输出电压不能驱动 CPU。PTO/PWM 的输出必须至少有 10%的额定负载，才能完成从关闭到打开，以及从打开到关闭的顺利转换。

PTO 提供一个指定脉冲数目的方波输出，占空比为 50%，如图 11-1 所示。每一脉冲的频率或周期随着加速和减速时的频率发生变化，而在移动的常频率段部分保持不变。一旦产生了指定数目的脉冲，PTO 输出变为低电平，并且直到装载一个新值时才会产生脉冲。PTO 可以产生单段脉冲或通过使用脉冲包络产生多段脉冲，但必须为其设定脉冲个数和周期。PTO 脉冲个数的范围为 1～4 294 967 295，周期为 50～65 535μs 或者 2～65 535ms（CPU 224 XP 和 CPU 224 XPsi 可以支持最短 10μs 脉冲周期）。PTO 设定的周期应为偶数，否则会引起占空比失真。

PWM 产生一个占空比变化、周期固定的脉冲输出，如图 11-2 所示。PWM 用微秒或毫秒为时间基准指定周期和脉宽。周期的范围从 50μs 至 65 535μs（CPU 224 XP 和 CPU 224 XPsi 可以支持最短 10μs 脉冲周期）或从 2ms 至 65 535ms。脉宽时间范围从 0μs 至 65 535μs 或若从 0ms 至 65 535ms。如果设定脉宽等于周期（使占空比为 100%），则输出连续接通；设定脉宽等于 0（使占空比为 0%），输出断开。

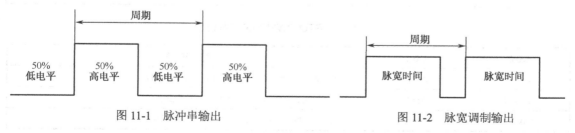

图 11-1 脉冲串输出   图 11-2 脉宽调制输出

11.2 高速脉冲输出指令

11.2.1 PLS 脉冲输出指令

S7-200 提供脉冲输出指令 PLS 控制高速脉冲输出，其指令格式参见表 11-1。

表 11-1 脉冲输出指令

指 令 名 称	梯 形 图	语 句 表	指 令 说 明
脉冲输出指令	PLS EN ENO Q0.X	PLS Q0.X	在高速输出（Q0.0 和 Q0.1）上控制脉冲串输出（PTO）和脉宽调制（PWM）功能

脉冲输出指令有效操作数参见表 11-2。

表 11-2 脉冲输出指令有效操作数

输 入	数据类型	操 作 数
Q0.X	WORD	常数，0（=Q0.0）或 1（=Q0.1）

脉冲输出指令 PLS 必须和特殊存储器 SM 配合，才能完成对步进电动机的控制。

脉冲输出指令 PLS 会从特殊存储器 SM 中读取数据，使程序按照其存储值控制 PTO/PWM 发生器。所以在执行脉冲输出指令 PLS 前，必须将相应的值装入特殊存储器中。这些特殊存储器分为三大类：PTO/PWM 功能状态位、PTO/PWM 功能控制位和 PTO/PWM 功能寄存器，这些寄存器的含义参见表 11-3 至表 11-6。

表 11-3 PTO/PWM 功能状态位

Q0.0	Q0.1	状 态 位
SM66.0～SM66.3	SM76.0～SM76.3	保留
SM66.4	SM76.4	PTO 包络中止（0=无错，1=由于计算错误中止）
SM66.5	SM76.5	用户中止了 PTO 包络（0=不中止，1=中止）
SM66.6	SM76.6	PTO/PWM 管线溢出（0=无溢出，1=溢出）
SM66.7	SM76.7	PTO 空闲位（0=PTO 正在执行，1=PTO 空闲）

表 11-4 PTO/PWM 功能控制位

Q0.0	Q0.1	控 制 位
SM67.0	SM77.0	PTO/PWM 更新周期（0=无更新，1=更新周期）
SM67.1	SM77.1	PWM 更新脉宽时间（0=无更新，1=更新脉宽）
SM67.2	SM77.2	PTO 更新脉冲计数值（0=无更新，1=更新脉冲计数）

续表

Q0.0	Q0.1	控 制 位
SM67.3	SM77.3	PTO/PWM 时间基准（0=1μs/单位，1=1ms/单位）
SM67.4	SM77.4	PWM 更新方法（0=异步，1=同步）
SM67.5	SM77.5	PTO 单个/多个段操作（0=单段操作，1=多段操作）
SM67.6	SM77.6	PTO/PWM 模式选择（0=PTO，1=PWM）
SM67.7	SM77.7	PTO/PWM 启用（0=禁止，1=启用）

表 11-5　PTO/PWM 功能寄存器

Q0.0	Q0.1	寄 存 器
SMW68	SMW78	PTO/PWM 周期数值范围（2～5 535 个时基单位）
SMW70	SMW80	PWM 脉宽数值范围（0～65 535 个时基单位）
SMD72	SMD82	PTO 脉冲计数值（1～4 294 967 295）
SMB166	SMB176	PTO 现有轮廓步骤的当前条目（仅用在多段 PTO 操作中）
SMW168	SMW178	包络表的起始位置，用从 V0 开始的字节偏移表示（仅用在多段 PTO 操作中）
SMB170	SMB180	线性包络状态字节
SMB171	SMB181	线性包络结果寄存器
SMD172	SMD182	手动模式频率寄存器

表 11-6　PTO/PWM 功能控制字节参考

控制字节	启　用	执行 PLS 指令的结果				
		模式选择	PTO 段操作/PWM 更新方法	时　基	PTO 脉冲数/PWM 脉冲宽度	周　期
16#81	是	PTO	单段	1μs/单位		更新
16#84	是	PTO	单段	1μs/单位	更新脉冲数	
16#85	是	PTO	单段	1μs/单位	更新脉冲数	更新
16#89	是	PTO	单段	1ms/单位		更新
16#8C	是	PTO	单段	1ms/单位	更新脉冲数	
16#8D	是	PTO	单段	1ms/单位	更新脉冲数	更新
16#A0	是	PTO	多段	1μs/单位		
16#A8	是	PTO	多段	1ms/单位		
16#D1	是	PWM	同步	1μs/单位		更新
16#D2	是	PWM	同步	1μs/单位	更新脉冲宽度	
16#D3	是	PWM	同步	1μs/单位	更新脉冲宽度	更新
16#D9	是	PWM	同步	1ms/单位		
16#DA	是	PWM	同步	1ms/单位	更新脉冲宽度	
16#DB	是	PWM	同步	1ms/单位	更新脉冲宽度	更新

脉冲输出指令 PLS 可以用以下步骤建立控制逻辑，完成对高速脉冲输出 Q0.0 的 PTO 控制：

（1）将值 16#85（以微秒为单位）或 16#8D（以毫秒为单位）载入到控制字节 SMB67。

（2）在周期寄存器 SMW68 中载入一个周期值。

（3）在 PTO 脉冲计数寄存器 SMD72 中载入脉冲计数值。

（4）如果需要在 PTO 输出完成后立即执行相关功能，可以将脉冲串完成事件（中断类别 19）附加于中断子程序，为中断编程，使用 ATCH 指令并执行全局中断启用指令 ENI。

（5）执行 PLS 指令，使 S7-200 为 PTO 发生器编程。

11.2.2 脉冲串输出

脉冲串输出（PTO）按照给定的脉冲个数和周期输出一串方波（占空比 50%），PTO 可以产生单段脉冲串或多段脉冲串（使用脉冲波形），可以指定脉冲数和周期（以微秒或毫秒为增加量）。PTO 脉冲个数的范围为 1～4 294 967 295，周期为 50～65 535μs 或者 2～65 535ms。如果为周期指定一个奇数的微秒或毫秒数（例如 71ms），将会引起占空比失真。如果设定的周期小于 2 个时间单位，则将周期默认为 2 个时间单位。如果脉冲个数设定为 0，则将脉冲个数默认为 1 个脉冲。PTO 功能允许脉冲串"链接"或者"排队"。当当前脉冲串输出完成时，会立即开始输出一个新的脉冲串，从而保证了多个输出脉冲串之间的连续性。

在单段管道模式下，需要为下一个脉冲串更新特殊寄存器。一旦启动了起始 PTO 段，就必须按照第二个信号波形的要求改变特殊寄存器，并再次执行 PLS 指令。第二个脉冲串的属性在管道中一直保持到第一个脉冲串发送完成。在管道中一次只能存储一段脉冲串的属性。当第一个脉冲串发送完成时，接着输出第二个信号波形，此时管道可以用于下一个新的脉冲串。重复这个过程可以再次设定下一个脉冲串的特性。除以下两种情况外脉冲串之间可以作到平滑转换：时间基准发生了变化；在利用 PLS 指令捕捉到新脉冲之前启动的脉冲串已经完成。

在多段管道模式下，CPU 自动从 V 存储器区的包络表中读出每个脉冲串的特性。在该模式下，仅使用特殊存储器区的控制字节和状态字节。选择多段操作，必须装入包络表在 V 存储器中的起始地址偏移量（SMW168 或 SMW178）。时间基准可以选择微秒级或者毫秒级，但是，在包络表中的所有周期值必须使用同一个时间基准，而且在包络正在运行时不能改变。执行 PLS 指令来启动多段操作。每段记录的长度为 8B，由 16b 周期值、16b 周期增量值和 32b 脉冲个数值组成。表 11-7 中给出了包络表的格式。可以通过编程的方式使脉冲的周期自动增减。在周期增量处输入一个正值将增加周期；输入一个负值将减小周期；输入 0 将不改变周期。当 PTO 包络执行时，当前启动的段编号保存在 SMB166 或 SMB176 中。

表 11-7　多段 PTO 操作的包络表格式

字节偏移量	分　段	描　　述
0		分段数目：1～255
1		初始周期（2～65 535 时间基准单位）
3	#1	每个脉冲的周期增量（−32 768～32 767 时间基准单位）
5		脉冲数（1～4 294 967 295）

续表

字节偏移量	分　段	描　　述
9		初始周期（2～65 535 时间基准单位）
11	#2	每个脉冲的周期增量（−32 768～32 767 时间基准单位）
13		脉冲数（1～4 294 967 295）
（连续）	#3	（连续）

脉冲串输出（PTO）程序如图 11-3 所示。在网络 1 中，将 Q0.0 配置为：启用脉冲输出、PTO 模式、周期单位为 ms、更新脉冲计数。PTO 的周期数值为 2 个周期单位，PTO 的脉冲计数值为 1000。用 PLS 指令激活 Q0.0 的高速脉冲输出功能。

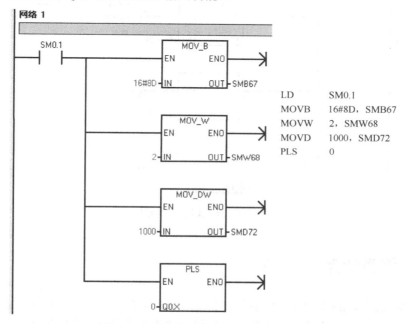

```
LD      SM0.1
MOVB    16#8D，SMB67
MOVW    2，SMW68
MOVD    1000，SMD72
PLS     0
```

图 11-3　脉冲串输出（PTO）程序示例

11.2.3　脉宽调制

脉宽调制（PWM）产生一个占空比变化周期固定的脉冲输出，可以以微秒或者毫秒为单位指定其周期和脉冲宽度。周期的范围从 10 µs 至 65 535 µs 或从 2 ms 至 65 535 ms。脉宽时间范围从 0 µs 至 65 535µs 或从 0ms 至 65 535ms。如果设定脉宽等于周期（使占空比为 100%），则输出连续接通；如果设定脉宽等于 0（使占空比为 0%），则输出断开。如果设定的周期小于 2 个时间单位，则将周期默认为 2 个时间单位。

有两个方法可改变 PWM 信号波形的特性：同步更新和异步更新。如果不要求改变时间基准，则可以使用同步更新。利用同步更新，信号波形特性的变化发生在周期边沿，提供平滑转换。通常，对于 PWM 操作，脉冲宽度在周期保持不变时变化，所以不要求改变时间基准。但是，如果需要改变 PWM 发生器的时间基准，就要使用异步更新。异步更新会造成 PWM 功能被瞬间禁止，与 PWM 信号波形不同步。这会引起被控设备的振动。由于这个原因，建议采用 PWM

同步更新。选择一个适合于所有周期时间的时间基准。

脉宽调制程序如图 11-4 所示。在网络 1 中，将 Q0.0 配置为：启用脉冲输出、PWM 模式、周期单位为 ms、更新脉宽。PWM 的周期数值为 10 个周期单位，脉宽数值为 5 个周期单位。用 PLS 指令激活 Q0.0 的高速脉冲输出功能。

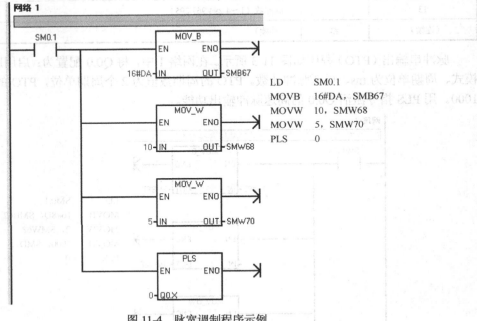

图 11-4　脉宽调制程序示例

11.2.4　包络表计算

PTO/PWM 发生器的多段管道功能在许多应用中非常有用，尤其在步进电动机控制中。例如，可以用带有脉冲包络的 PTO 来控制一台步进电动机以实现一个简单的加速、匀速和减速过程或者一个由最多 255 段脉冲波形组成的复杂过程，而其中每一段波形都是加速、匀速或者减速操作。图 11-5 中的示例给出的包络表值要求产生一个输出信号波形，其包括三段：步进电动机加速（第一段）、步进电动机匀速（第二段）和步进电动机减速（第三段）。

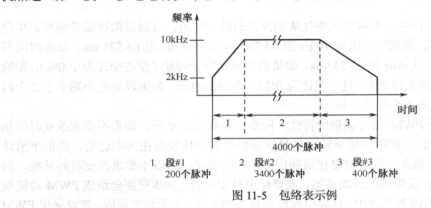

图 11-5　包络表示例

对于该实例：启动和最终脉冲频率是 2kHz，最大脉冲频率是 10kHz，要求 4000 个脉冲才能达到期望的电动机旋转数。由于包络表中的值是用周期表示的，而不是用频率表示的，需要把给定的频率值转换成周期值。因此，启动（初始）和最终（结束）周期时间是 500μs，相应于最大频率的周期时间是 100μs。在输出包络的加速部分，要求在 200 个脉冲时达到最大脉冲频率；同时也假定包络的减速部分，在 400 个脉冲时完成。

假定包络表存放在从 VB500 开始的 V 存储器区，表 11-8 给出了产生所要求信号波形的值。该表的值可以在用户程序中用指令放在 V 存储器中。这种方法就是在数据块中定义包络表的值。

表 11-8　包 络 表 值

存储器地址	数　值	描　　述	
VB500	3	总段数	
VW501	500	初始周期	段 1
VW503	−2	周期增量	
VD505	200	脉冲数	
VW509	100	初始周期	段 2
VW511	0	周期增量	
VD513	3400	脉冲数	
VW517	100	初始周期	段 3
VW519	1	周期增量	
VD521	400	脉冲数	

11.3　运动控制术语

使用 PTO 用于开环位置控制需要运动控制领域的专业技术，本节将介绍运行控制领域的基本术语。

11.3.1　最大速度和启动/停止速度

在开环运动控制中，最大速度（MAX_SPEED）和启动/停止速度（SS_SPEED）的关系如图 11-6 所示。

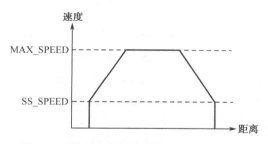

图 11-6　最大速度和启动/停止速度的关系图

225

（1）MAX_SPEED。该数值是应用中操作速度的最大值，它应在电动机转矩能力的范围内。驱动负载所需的力矩由摩擦力、惯性以及加速/减速时间决定。位控向导根据指定的MAX_SPEED计算并显示位控模块所能控制的最小速度。

（2）SS_SPEED。该数值满足电动机在低速时驱动负载的能力。如果 SS_SPEED 的数值过低，电动机和负载在运动的开始和结束时可能会摇摆或颤动。如果 SS_SPEED 的数值过高，电动机会在启动时丢失脉冲，并且负载在试图停止时会使电动机超速。对于 PTO 输出，必须指定期望的启动/停止速度。由于启动/停止速度在每次运动指令执行时至少会产生一次，所以启动/停止速度的周期应小于加速/减速时间。

在电动机的数据单中，对于电动机和给定负载，有不同的方式定义启动/停止（或拉入/拉出）速度。通常，SS_SPEED 值是 MAX_SPEED 值的 5%～15%。请参考电动机的数据单选择正确的速度。典型的电动机力矩和速度曲线关系如图 11-7 所示。

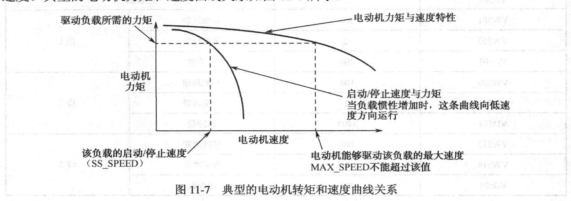

图 11-7　典型的电动机转矩和速度曲线关系

11.3.2　加速和减速时间

加速时间和减速时间的默认设置都是 1s，如图 11-8 所示。通常，电动机可在小于 1s 的时间内工作。时间设定是以毫秒为单位的。

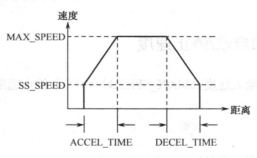

图 11-8　加速和减速时间

（1）ACCEL_TIME：电动机从 SS_SPEED 加速到 MAX_SPEED 所需要的时间。默认值为 1000ms。
（2）DECEL_TIME：电动机从 MAX_SPEED 减速到 SS_SPEED 所需要的时间。默认值为 1000ms。
电动机的加速和减速时间要经过测试来确定。开始时，应输入一个较大的值。逐渐减小这个时间值直至电动机开始失速，从而优化应用中的这些设置。

11.3.3 组态移动包络

一个包络是一个预定义的移动描述，它包括一个或多个速度，影响着从起点到终点的移动。即使不定义包络也可以使用 PTO 或位控模块，位控向导提供了指令以用于控制移动而无须运行包络。

包络由多段组成，每段包含一个达到目标速度的加速/减速过程和以目标速度匀速运行的一串固定数量的脉冲。如果是单段运动控制或者是多段运动控制中的最后一段，还应该包括一个由目标速度到停止的减速过程。PTO 和位控模块最多支持 25 个波形图。

1. 定义移动包络

位控向导提供移动包络定义，用户可以为应用程序定义每一个移动包络。对每一个包络，可以选择操作模式并为包络的各步定义指标。位控向导中可以为每个包络定义一个符号名，其做法是在定义包络时输入一个符号名即可。

2. 选择包络的操作模式

用户要按照操作模式组态包络。PTO 支持相对位置和单一速度的连续转动。而位控模块支持绝对位置、相对位置、单一速度连续转动和以两种速度连续转动。如图 11-9 所示为运动控制的不同操作模式。

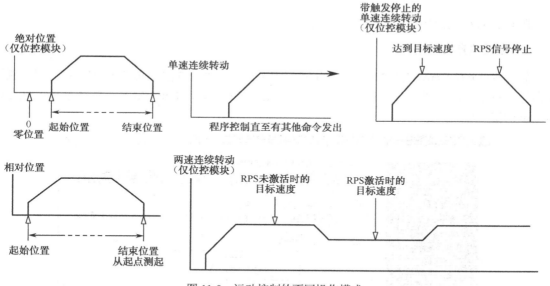

图 11-9 运动控制的不同操作模式

3. 创建包络的步

一个步是工件运动的一个固定距离，包括加速和减速时间内的距离。PTO 每一包络最大允许 29 个步，而位控模块的每一包络最大允许 4 个步。要为每一步指定目标速度和结束位置或脉冲数目，且每次输入一步。一步、两步、三步和四步包络如图 11-10 所示。一步包络只有一个匀速段，两步包络有两个匀速段，以此类推。步的数目与包络中匀速段的数目一致。

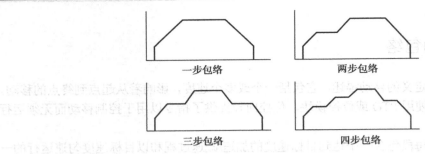

图 11-10 包络的步示例

11.4 位置控制向导

使用脉冲输出指令 PLS 做运动控制程序比较麻烦，特别是对特殊存储器的作用不容易理解，在使用上容易出错。为了方便用户使用高速脉冲输出，STEP7-MircoWin 软件中提供了位置控制向导。利用位置控制向导，可以很容易编写出步进电动机的控制程序。现在，我们利用位置控制向导完成对任务要求的程序编写。

11.4.1 PTO 位置控制向导

PTO 位置控制向导使用步骤如下所述。

1. 激活位置控制向导

打开 STEP7-MicroWIN 软件，单击主菜单"工具"→"位置控制向导（P）"，打开"位置控制向导"对话框，如图 11-11 所示，选中"配置 S7-200 内置 PTO/PWM 操作"单选框，然后单击"下一步"按钮。

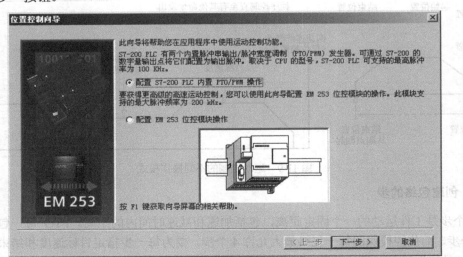

图 11-11 "位置控制向导"对话框

2. 指定脉冲发生器

S7-200 PLC 提供两个脉冲发生器。一个被分配给数字量输出点 Q0.0，另一个被分配给数字量输出点 Q0.1。本例中选用数字量输出点"Q0.0"，如图 11-12 所示，然后单击"下一步"按钮。

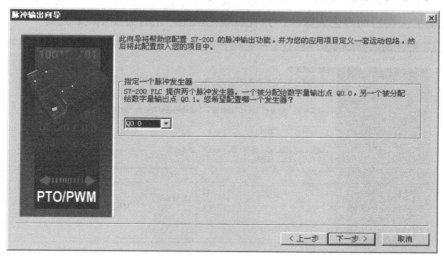

图 11-12　指定脉冲发生器

3. 选择线性脉冲串输出

选择"线性脉冲串输出（PTO）"，如图 11-13 所示。如果想监视 PTO 产生的脉冲数目，可以选中复选框"使用高速计数 HSC0（模式 12）自动计数线性 PTO 生成的脉冲。此功能将在内部完成，无须外部接线"。

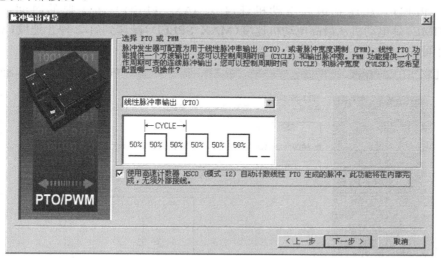

图 11-13　选择线性脉冲串输出（PTO）

4. 设置电动机速度

设置电动机速度如图 11-14 所示。最高电动机速度（MAX_SPEED）是在电动机力矩能力范围内，应用中最佳操作速度的数值。驱动负载所需的力矩由摩擦力、惯性以及加速/减速时间决定。位置控制向导根据指定的最高电动机速度，计算并显示所能控制的最小速度。启动/停止速度（SS_SPEED）是在电动机能力范围内，以较低的速度驱动负载的数值。如果启动/停止速度的数值过低，电动机和负载在运动的开始和结束时可能会摇摆或颤动。如果启动/停止速度的数值过高，电动机会在启动时丢失脉冲，并且负载在试图停止时会使电动机超速。

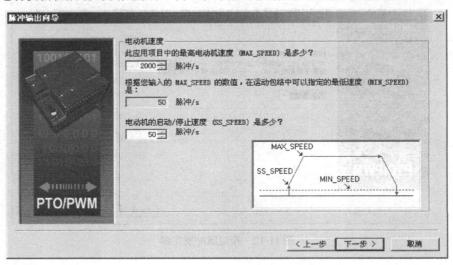

图 11-14　设置电动机速度

5. 设置加速和减速时间

设置加速和减速时间，如图 11-15 所示。加速时间（ACCEL_TIME）是电动机从启动/停止速度（SS_SPEED）加速到最高电动机速度（MAX_SPEED）所需要的时间。减速时间（DECEL_TIME）是电动机从最高电动机速度（MAX_SPEED）减速到启动/停止速度（SS_SPEED）所需要的时间。

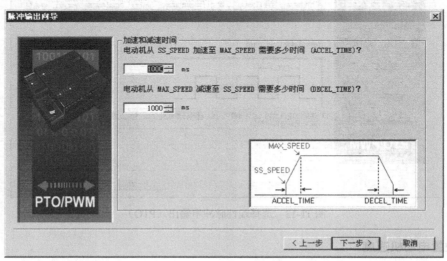

图 11-15　设置加速和减速时间

6. 定义运动包络

在图 11-16 中单击"新包络"按钮，可以定义新的运动包络。

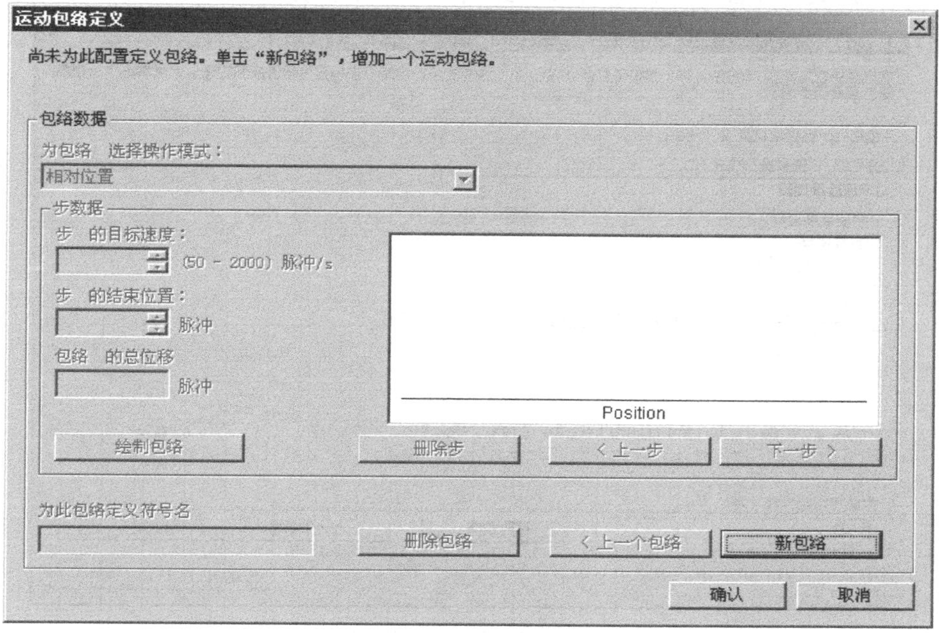

图 11-16 "运动包络定义"对话框

如图 11-17 所示，在"为包络 0 选择操作模式"中选择"相对位置"，"步 0 的目标速度"为"1000 脉冲/s"，"步 0 的结束位置"为"200 000 脉冲"，"为此包络定义符号名"采用默认值，此符号名会出现在符号表中。

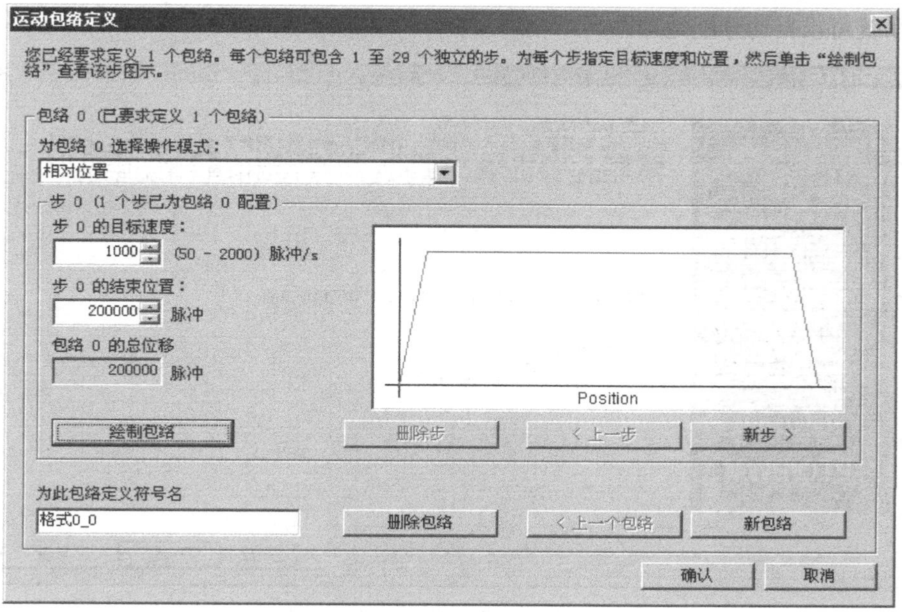

图 11-17 运动"包络 0"

如图 11-18 所示，在"为包络 1 选择操作模式"中选择"单速连续运转"，"目标速度"为"1000 脉冲/s"，并勾选"编一个子程序（PTOx_ADV）用于为此包络启动 STOP（停止）操作"单选框，"为此包络定义符号名"采用默认值，此符号名会出现在符号表中。

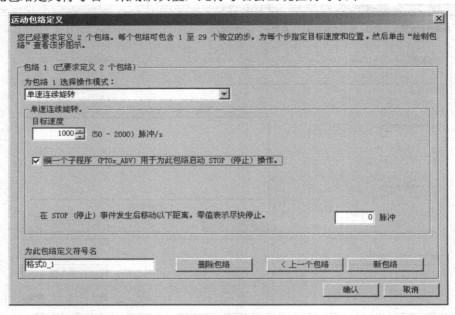

图 11-18　运动"包络 1"

7.　为配置分配存储区

设定运动包络数据的 V 内存地址，如图 11-19 所示。PTO 向导在 V 内存中以受保护的数据页形式生成 PTO 包络模板，在编写程序时不能使用 PTO 向导已经使用的地址。单击"建议地址"按钮时，系统可以自动分配地址。

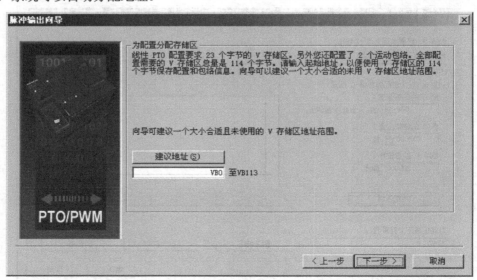

图 11-19　设定运动包络数据的 V 内存地址

8. 生成程序代码

在图 11-20 中单击"完成"按钮,生成 PTO 运动控制子程序。至此,位置控制向导的设置即告完成。

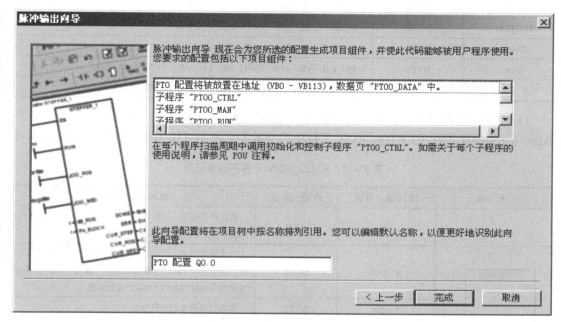

图 11-20 生成 PTO 程序代码

通过位置控制向导,生成 5 个子程序,即 PTO0_CTRL、PTO0_RUN、PTO0_MAN、PTO0_LDPOS 和 PTO0_ADV。

(1) PTO0_CTRL 子程序使能和初始化用于步进电动机或伺服电动机的 PTO 输出。仅能使用该子程序一次,并保证该子程序每个扫描周期都被执行。可以使用 SM0.0 作为 EN 的输入。PTO0_CTRL 子程序的参数参见表 11-9,其有效操作数参见表 11-10。

表 11-9 PTO0_CTRL 子程序的参数表

子 程 序	输入/输出参数	数据类型	输入/输出参数含义
	EN	BOOL	使能
	I_STOP	BOOL	当输入为低电平时,PTO 功能正常操作。当输入变为高电平时,PTO 立即终止脉冲输出
	D_STOP	BOOL	当输入为低电平时,PTO 功能正常操作。当输入变为高电平时,PTO 产生一个脉冲串将电动机减速到停止
	Done	BOOL	当 Done 位为高电平时,表明 CPU 已经执行完子程序
	Error	BYTE	当 Done 位为高电平时,Error 字节错误代码来报告是否正常完成
	C_Pos	DINT	如果向导已启用 HSC 计数功能,此参数包含用脉冲数目表示的模块的当前位置;否则此数值始终为零

表 11-10 PTO0_CTRL 有效操作数

输入/输出	数据类型	操作数
I_STOP	BOOL	I, Q, V, M, SM, S, T, C, L, 功率流
D_STOP	BOOL	I, Q, V, M, SM, S, T, C, L, 功率流
Done	BOOL	I, Q, V, M, SM, S, T, C, L
Error	BYTE	IB, QB, VB, MB, SMB, SB, LB, AC, *VD, *AC, *LD
C_Pos	DINT	ID, QD, VD, MD, SMD, SD, LD, AC, *VD, *AC, *LD

（2）PTO0_RUN 子程序用于执行特定运动包络。当用户定义了一个或多个运动轮廓后，位置配置向导生成此子程序。PTO0_RUN 子程序的参数参见表 11-11，其有效操作数参见表 11-12。

表 11-11 PTO0_RUN 子程序的参数表

子 程 序	输入/输出参数	数据类型	输入/输出参数含义
PTO0_RUN EN START Profile　Done Abort　Error 　　　C_Profile 　　　C_Step 　　　C_Pos	EN	BOOL	使能该子程序。确保 EN 位保持接通，直至 Done 位指示该子程序已完成
	START	BOOL	对于每次扫描，当 START 参数接通且 PTO 当前未激活时，指令激活 PTO。要保证该命令只激发一次，使用边沿检测指令以脉冲触发 START 参数接通
	Profile	BYTE	移动包络的号码或符号名
	Abort	BOOL	停止当前的包络并减速直至电动机停下
	Done	BOOL	当 Done 位为高电平时，表明 CPU 已经执行完子程序
	Error	BYTE	当 Done 位为高电平时，Error 字节错误代码来报告是否正常完成
	C_Profile	BYTE	当前正在执行的包络
	C_Step	BYTE	当前正在执行的包络的步
	C_Pos	DINT	如果在向导中已启用 HSC 计数功能，此参数包含用脉冲数目表示的模块的当前位置；否则此数值始终为零

表 11-12 PTO0_RUN 有效操作数

输入/输出	数据类型	操 作 数
START	BOOL	I, Q, V, M, SM, S, T, C, L, 功率流
Profile	BYTE	IB, QB, VB, MB, SMB, SB, LB, AC, *VD, *AC, *LD, 常数
Abort	BOOL	I, Q, V, M, SM, S, T, C, L
Done	BOOL	I, Q, V, M, SM, S, T, C, L
Error	BYTE	IB, QB, VB, MB, SMB, SB, LB, AC, *VD, *AC, *LD
C_Profile	BYTE	IB, QB, VB, MB, SMB, SB, LB, AC, *VD, *AC, *LD
C_Step	BYTE	IB, QB, VB, MB, SMB, SB, LB, AC, *VD, *AC, *LD
C_Pos	DINT	ID, QD, VD, MD, SMD, SD, LD, AC, *VD, *AC, *LD

（3）PTO0_MAN 子程序使 PTO 输出置为手动模式。这可以使电动机在向导中指定的范围（从启动/停止速度到最高电动机速度）内以不同速度启动、停止和运行。如果启用了 PTO0_MAN 子程序，则不应执行其他任何 PTO 指令。PTO0_MAN 子程序的参数参见表 11-13，其有效操作数参见表 11-14。

表 11-13　PTO0_MAN 子程序的参数表

子程序	输入/输出参数	数据类型	输入/输出参数含义
PTO0_MAN EN RUN Speed　Error C_Pos	EN	BOOL	使能
	RUN	BOOL	命令 PTO 加速到指定速度。即使在电动机运行时，也可以改变速度参数的值。参数 RUN 在低电平时则命令 PTO 减速，直至电动机停止
	Speed	DINT	决定 RUN 使能时的速度，速度被限定在启动/停止速度和最大速度之间。速度是一个每秒多少个脉冲的双整型（DINT）值。电动机运行时可以修改该速度参数
	Error	BYTE	参数 Error 包含指令的执行结果
	C_Pos	DINT	如果在向导中已启用 HSC 计数功能，此参数包含用脉冲数目表示的模块的当前位置；否则此数值始终为零

表 11-14　PTO0_MAN 有效操作数

输入/输出	数据类型	操作数
RUN	BOOL	I，Q，V，M，SM，S，T，C，L，功率流
Speed	DINT	ID，QD，VD，MD，SMD，SD，LD，AC，*VD，*AC，*LD，常数
Error	BYTE	IB，QB，VB，MB，SMB，SB，LB，AC，*VD，*AC，*LD
C_Pos	DINT	ID，QD，VD，MD，SMD，SD，LD，AC，*VD，*AC，*LD

PTO0_LDPOS 子程序改变 PTO 脉冲计数器的当前位置值为一个新值。可以使用该指令为任何一个运动命令建立一个新的零位置。PTO0_LDPOS 子程序的参数参见表 11-15，其有效操作数参见表 11-16。

表 11-15　PTO0_LDPOS 子程序的参数表

子程序	输入/输出参数	数据类型	输入/输出参数含义
PTO0_LDPOS EN START New_Pos　Done 　Error 　C_Pos	EN	BOOL	使能该子程序。确保 EN 位保持接通，直至 Done 位指示该子程序已完成
	START	BOOL	接通 START 参数，以装载一个新的位置值到 PTO 脉冲计数器。每一循环周期，只要 START 参数接通且 PTO 当前不忙，该指令装载一个新的位置给 PTO 脉冲计数器。要保证该命令只发一次，使用边沿检测指令以脉冲触发 START 参数接通
	New_Pos	DINT	New_Pos 参数提供一个新的值替代报告的当前位置值。位置值用脉冲数表示
	Done	BOOL	当 Done 位为高电平时，表明 CPU 已经执行完子程序
	Error	BYTE	当 Done 位为高电平时，Error 字节错误代码来报告是否正常完成
	C_Pos	DINT	如果在向导已启用 HSC 计数功能，此参数包含用脉冲数目表示的模块的当前位置；否则此数值始终为零

表 11-16 PTO0_LDPOS 有效操作数

输入/输出	数据类型	操作数
START	BOOL	I, Q, V, M, SM, S, T, C, L, 功率流
New_Pos	DINT	ID, QD, VD, MD, SMD, SD, LD, AC, *VD, *AC, *LD
Done	BOOL	I, Q, V, M, SM, S, T, C, L
Error	BYTE	IB, QB, VB, MB, SMB, SB, LB, AC, *VD, *AC, *LD
C_Pos	DINT	ID, QD, VD, MD, SMD, SD, LD, AC, *VD, *AC, *LD

PTO0_ADV 子程序停止当前的连续运动包络，并增加向导包络定义中指定的脉冲数。PTO0_ADV 子程序的参数参见表 11-17。

表 11-17 PTO0_ADV 子程序的参数表

子程序	输入参数	数据类型	输入参数含义
PTO0_ADV -EN	EN	BOOL	使能该子程序

PTO 指令的错误代码参见表 11-18。

表 11-18 PTO 指令错误代码

错误代码	描述
0	无错误，正常完成
1	在运行中立即发出 STOP 指令。STOP 命令成功完成
2	在运行中执行减速 STOP 命令。STOP 命令成功完成
3	在脉冲发生器中或 PTO 表的格式化中检测到的执行错误
127	发生 ENO 错误。检查 PLC 信息以获取关于非致命错误的描述
128	忙碌。已有其他 PTO 操作在运行
129	立即 STOP 和减速 STOP 命令已同时启用，导致的结果是立即停止
130	PTO 指令当前正被命令为 STOP 模式
132	所请求的包络编号超出范围

使用位置控制向导生成的子程序，编写位置程序比较简单，但必须搞清楚这几个子程序的使用方法。位置控制向导生成的符号表如图 11-21 所示。其中符号名"格式 0_0"和"格式 0_1"可以在位置控制向导中修改。

符号	地址	注释
PTO_INT_ENO_ERROR	133	PTO 执行 D_STOP 指令处理 STOP (停止) 事件时得到 ENO 错误
PLS_HC_ENO_ERROR	132	HSC、PLS或PTO指令导致一个 ENO 错误。
PTO_ENO_ERROR	131	PTO 指令导致一个 ENO 错误。
PTO_STOP	130	PTO 指令目前正被命令 STOP (停止)。
ISTOP_DSTOP_EN	129	L_STOP和D_STOP命令被同时使能。
PTO_BUSY	128	PTO 指令正在忙于执行另一项指令。
DSTOP_SUCCESS	2	D_STOP 在运动中有效。STOP (停止) 命令成功完成。
ISTOP_SUCCESS	1	L_STOP 在运动中有效。STOP (停止) 命令成功完成。
格式 0_1		这是用于包络 1 的符号名。
格式 0_0	0	这是用于包络 0 的符号名。

图 11-21 位置控制向导生成的符号表

位置控制 PTO 程序示例如图 11-22 和图 11-23 所示。在网络 1 中，当 I0.0 为低电平时，PTO 功能正常操作；当 I0.0 变为高电平时，PTO 立即终止脉冲输出。当 I0.1 为低电平时，PTO 功能正常操作；当 I0.1 输入变为高电平时，PTO 产生一个脉冲串将电动机减速至停止。在网络 2 中，当 I0.2 接通时，根据包络 0 定义的路径控制步进电动机的动作。

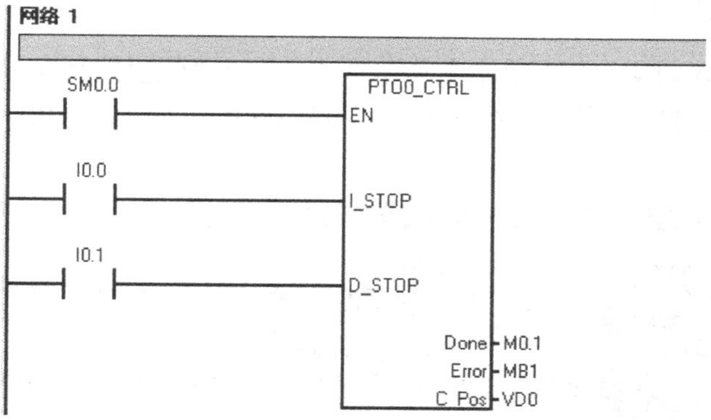

```
LD      SM0.0
=       L60.0
LD      I0.0
=       L63.7
LD      I0.1
=       L63.6
LD      L60.0
CALL    PTO0_CTRL:SBR2, L63.7, L63.6, M0.1, MB1, VD0
```

图 11-22 位置控制 PTO 程序示例（一）

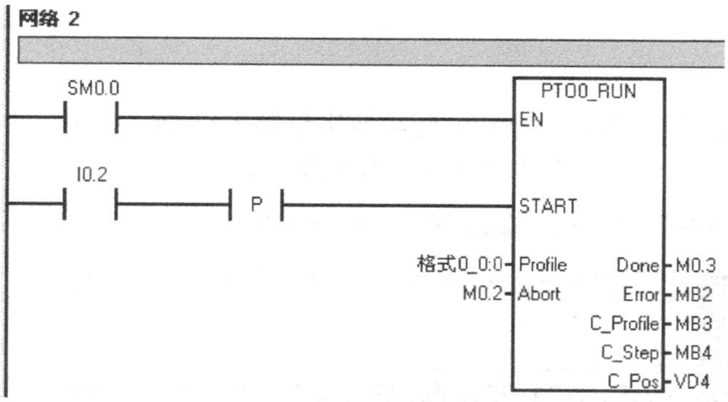

```
LD      SM0.0
=       L60.0
LD      I0.2
EU
=       L63.7
LD      L60.0
CALL    PTO0_RUN:SBR3, L63.7, 格式 0_0:0, M0.2, M0.3, MB2, MB3, MB4, VD4
```

图 11-23 位置控制 PTO 程序示例（二）

11.4.2 PWM 位置控制向导

PWM 位置控制向导使用步骤如下所述。

1. 激活位置控制向导

打开 STEP7-MicroWIN 软件，单击主菜单"工具"→"位置控制向导（P）"，打开"位置控制向导"对话框，如图 11-24 所示，选择"配置 S7-200 PLC 内置 PTO/PWM 操作"单选框，然后单击"下一步"按钮。

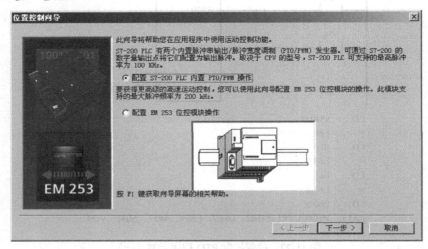

图 11-24 "位置控制向导"对话框

2. 指定脉冲发生器

S7-200 PLC 提供两个脉冲发生器。一个被分配给数字量输出点 Q0.0，另一个被分配给数字量输出点 Q0.1，如图 11-25 所示，本例选中"Q0.0"发生器，然后单击"下一步"按钮。

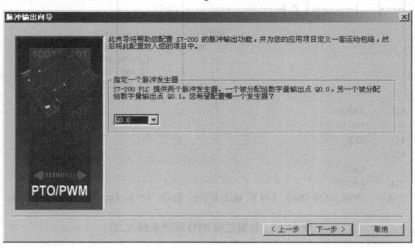

图 11-25 指定脉冲发生器

3. 选择脉冲宽度调制

选择脉冲宽度调制（PWM），如图 11-26 所示，并为周期和脉冲宽度选择一个时间基准"毫秒"。

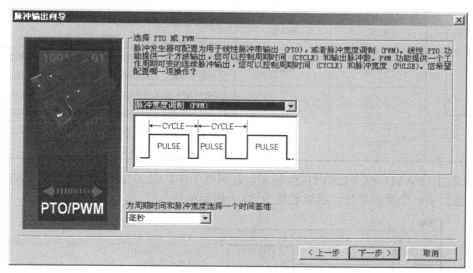

图 11-26 选择脉冲宽度调制（PWM）

4. 生成程序代码

在图 11-27 中单击"完成"按钮，生成 PWM 运动控制子程序。至此，位置控制向导的设置即告完成。

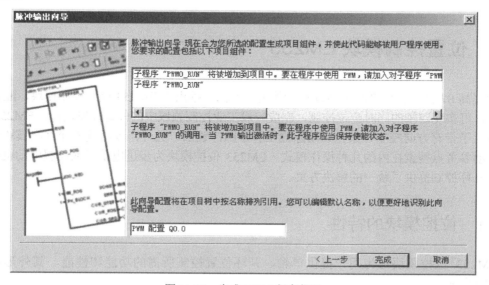

图 11-27 生成 PWM 程序代码

通过 PWM 位置控制向导，生成子程序 PWM0_RUN。PWM0_RUN 子程序通过改变脉冲宽度从 0 到一个周期的宽度来控制输出占空比。PWM0_RUN 子程序的参数参见表 11-19。

表 11-19　PWM0_RUN 子程序的参数表

子　程　序	输入/输出参数	数据类型	输入/输出参数含义
	EN	BOOL	使能
	RUN	BOOL	当输入高电平时，启动 PWM 当输入低电平时，停止 PWM
	Cycle	WORD	PWM 输出定义周期的字值。允许的变化范围是 2～65 535，以在向导中指定的时基单元（微秒或毫秒）为单位
	Pulse	WORD	PWM 输出定义脉宽的字值。值允许的变化范围是 0～65 535，以在向导中指定的时间基准单元（微秒或毫秒）为单位
	Error	BYTE	指示执行结果。0 为无错误，1 为在运行中立即发出 STOP 指令，STOP 命令成功完成

脉宽调制（PWM）程序如图 11-28 所示。在网络 1 中，当 I0.0 接通时，启用 PWM。PWM 的周期数值为 100 个周期单位，脉宽数值为 50 个周期单位。

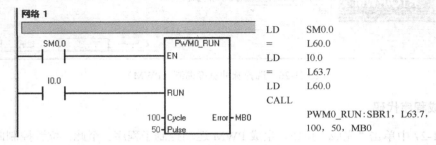

			LD	SM0.0
			=	L60.0
			LD	I0.0
			=	L63.7
			LD	L60.0
			CALL	
				PWM0_RUN：SBR1，L63.7，
				100，50，MB0

图 11-28　脉宽调制程序示例

11.5　位置控制模块 EM253

为提高 S7-200 系列 PLC 的运动控制能力，西门子推出了 EM253 位置控制模块，配合 PLC 控制器，可实现四轴的同时定位控制，完成一般工业控制领域中的位置控制功能。EM253 位控模块提供了带有方向控制、禁止和清除输出和单脉冲输出。另外，专用输入允许将模块组态为包括自动参考点搜索在内的几种操作模式。EM253 位控模块为步进电动机或伺服电动机的速度和位置开环控制提供了统一的解决方案。

11.5.1　位控模块的特性

EM253 位控模块可为用户提供单轴、开环位置控制所需的功能和性能，其外形结构如图 11-29 所示。

位控模块的特性如下：

（1）提供高速控制，速度从每秒 20 个脉冲到每秒 200 000 个脉冲。

（2）支持急停（S 曲线）或线性的加速、减速功能。

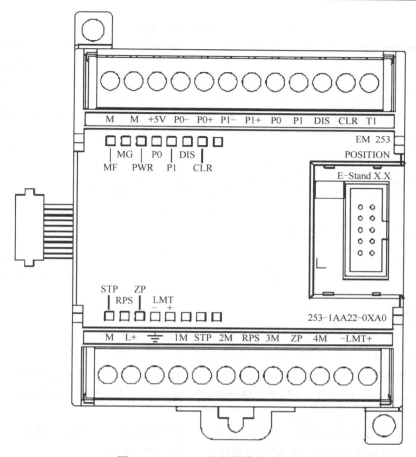

图 11-29 EM253 位控模块外形结构

（3）提供可组态的测量系统，既可以使用工程单位（如英寸或厘米），也可以使用脉冲数。

（4）提供可组态的螺距误差补偿。

（5）支持绝对、相对和手动的位控方式。

（6）提供连续操作。

（7）提供多达 25 组的移动包络，每组最多可有 4 种速度。

（8）提供 4 种不同的参考点寻找模式，每种模式都可对起始的寻找方向和最终的接近方向进行选择。

（9）提供可拆卸的现场接线端子以便于安装和拆卸。

使用 STEP 7-Micro/WIN 可生成位控模块所使用的全部组态和移动包络信息。这些信息和程序块一起下载到 S7-200 中。由于位控模块所需的全部信息都存储在 S7-200 中，当更换位控模块时不必重新编程或组态。

S7-200 在输出的过程映像区中（Q 区）保留 8b 作为位控模块的接口。S7-200 的应用程序将使用这些位来控制位控模块的操作。这 8 个输出位与位控模块上的任何物理输出都不相连。

位控模块提供 5 个数字输入和 4 个数字输出与运动控制应用相连，参见表 11-20，这些输入/输出位于位控模块上。

表 11-20　位控模块的输入/输出

信　号	描　述
STP	STP 输入可让模块停止脉冲输出。在位控向导中可选择所需要的 STP 操作
RPS	RPS（参考点切换）输入可为绝对运动操作建立参考点或零点位置
ZP	ZP（零脉冲）输入可帮助建立参考点或零点位置。通常，电动机驱动器/放大器在电动机的每一转产生一个 ZP 脉冲
LMT+ LMT−	LMT+和 LMT−是运动位置的最大限制。位控向导中可以组态 LMT+和 LMT−输入
P0、P1 P0+、P0− P1+、P1−	P0 和 P1 是漏型晶体管输出用以控制电动机的运动和方向。P0+、P0-以及 P1+、P1-是差分脉冲输出，与 P0 和 P1 的功能一样，但所提供的信号质量更好。漏型输出和差分输出同时有效。可以根据电动机驱动器/放大器的接口要求来选择使用哪种输出
DIS	DIS 是一个漏型输出，用来禁止或使能电动机驱动器/放大器
CLR	CLR 是一个漏型输出，用来清除伺服脉冲计数器

11.5.2　位控模块的编程

STEP7-Micro/WIN 为位控模块的编程提供便捷的工具，其使用遵循以下步骤。

（1）组态位控模块。STEP7-Micro/WIN 提供一个位控向导，可生成组态/包络表和位控指令。

（2）测试位控模块的操作。STEP 7-Micro/WIN 提供一个 EM253 控制面板，用以测试输入和输出的接线、位控模块的组态以及运动包络的运行。

（3）创建 S7-200 的执行程序。位控向导自动生成位控指令，可以将这些指令插入程序中。

（4）编译程序并将系统块、数据块和程序块下载到 S7-200 中。

要使能位控模块，应插入一个 POSx_CTRL 指令。用 SM0.0（始终接通）以确保这条指令在每一个循环周期中都能得到执行。要将电动机移动到一个指定位置，使用一条 POSx_GOTO 指令或一条 POSx_RUN 指令。POSx_GOTO 指令使电动机运动到程序中输入的指定位置。POSx_RUN 指令则使电动机按照位控向导中所组态的路线运动。要使用绝对坐标进行运动，用户必须为应用建立零位置。使用一条 POSx_RSEEK 或一条 POSx_LDPOS 指令建立零位置。

11.5.3　位控模块的组态

要进行位移控制必须为位控模块创建组态/包络表。位控向导引导用户一步一步完成整个组态过程，非常便捷。使用位控向导可离线创建组态/包络表，可以在不连接 S7-200 CPU 及位控模块的情况下进行组态。要运行位控向导，必须对项目进行编译并选择符号寻址方式。位控模块的组态步骤如下所述。

1.　激活位置控制向导

打开 STEP7-MicroWIN 软件，单击主菜单"工具"→"位置控制向导（P）"，打开"位置控制向导"对话框，如图 11-30 所示，选择"配置 EM253 位控模块操作"单选框，然后单击"下一步"按钮。

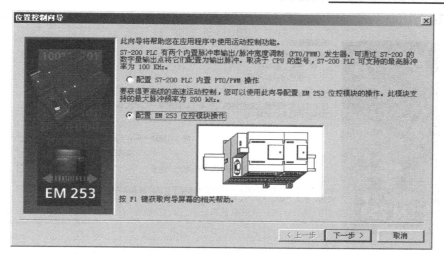

图 11-30 "位置控制向导"对话框

2. 输入模块的位置

输入模块的位置，如图 11-31 所示。指定 EM253 位控模块插槽位置（模块 0 到模块 6）。若 STEP7-Micro/WIN 被连接到 PLC，仅需单击"读取模块"按钮即可。

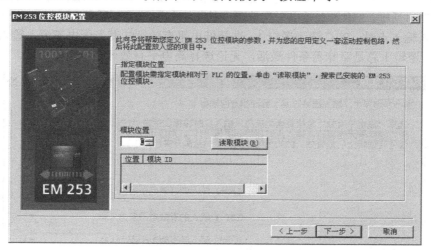

图 11-31 输入模块位置

3. 选择测量类型

选择测量类型，如图 11-32 所示。可以选择"使用工程单位"或"使用相对脉冲数"作为测量系统度量单位。若选择脉冲数，则无须其他的信息；而若选择工程单位，则需要电动机转一周产生的脉冲数（参考电动机或驱动的数据表单）、测量基准单位（如 in，ft，mm 或 cm）和电动机旋转一周的运动距离。STEP7-Micro/WIN 提供一个 EM253 控制面板，对已组态的位控模块通过该面板可修改每周的单位数，即电动机旋转一周所产生的基准单位的个数。如果用户在以后改变了测量系统，则必须删除整个组态，包括位控向导生成的所有指令。用户必须输入与新的测量系统一致的选项。

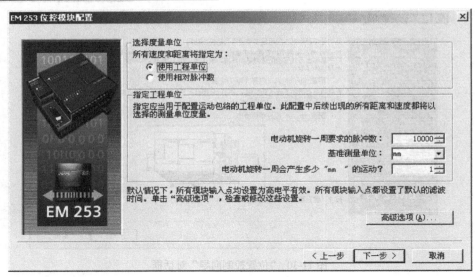

图 11-32   选择测量类型

4. 编辑默认的输入和输出组态

要编辑或查看集成输入/输出的默认组态，在图 11-32 中单击"高级选项"按钮，弹出"高级 I/O 选项"对话框，"输入有效电平"选项卡的组态如图 11-33 所示。选择高电平有效意味着当有电流流入输入点时，PLC 读到逻辑 1；选择低电平有效意味着当无电流流入输入点时，PLC 读到逻辑 1。逻辑 1 总是意味着条件激活，无论选择高电平有效还是低电平有效。

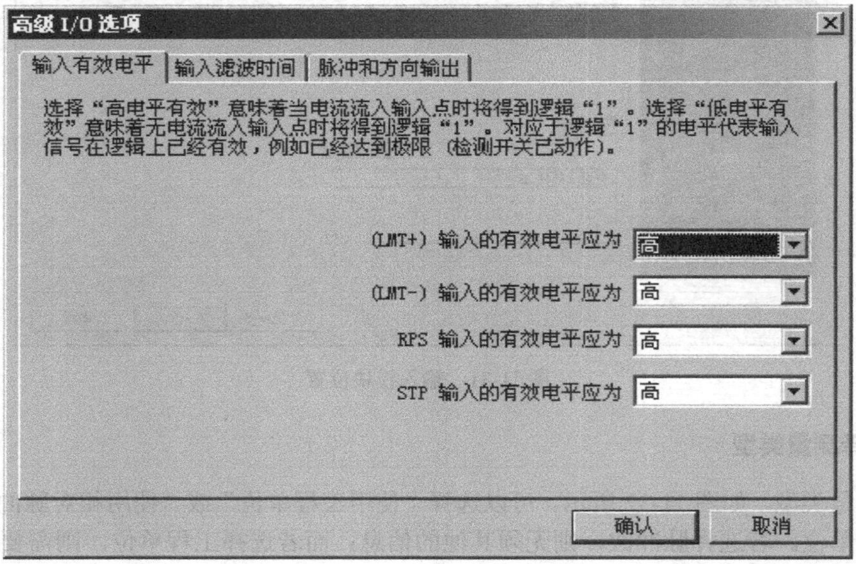

图 11-33   "输入有效电平"选项卡

"输入滤波时间"选项卡的组态如图 11-34 所示。可以为信号 STP、RPS、LMT+ 和 LMT- 设置 0.20～12.80ms 的滤波时间常数，默认滤波时间常数为 6.4ms。增加滤波时间可以去除更多噪声，但将降低对一个信号状态改变的响应时间。

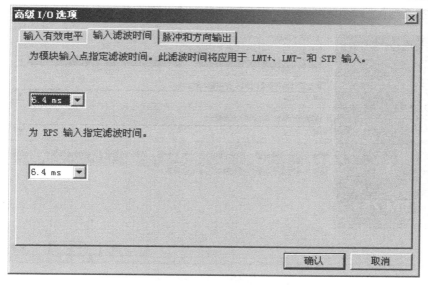

图 11-34　"输入滤波时间"选项卡

"脉冲和方向输出"选项卡的组态如图 11-35 所示，可用来选择输出极性和方向控制方式。

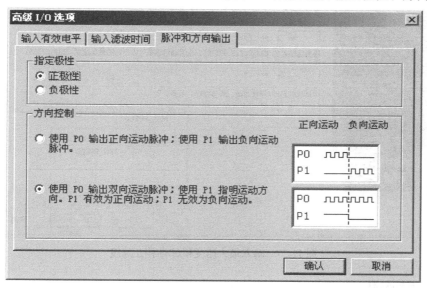

图 11-35　"脉冲和方向输出"选项卡

5. 组态模块对物理输入的响应

组态模块对物理输入的响应，如图 11-36 所示。使用下拉菜单为 LMT+、LMT-和 STP 输入选择模块响应。共有 3 种响应方式：无动作，忽略输入条件、减速至停止和立即停止。

6. 输入最大速度和启动/停止速度

在图 11-37 所示的"EM253 位控模块配置"对话框中输入最大速度（MAX_SPEED）和启动/停止速度（SS_SPEED）。

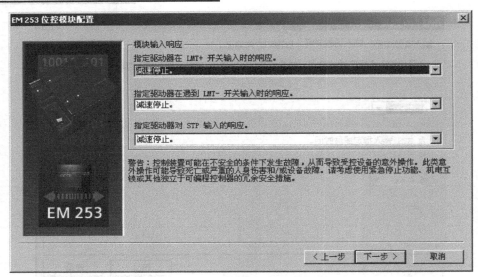

图 11-36　组态模块对物理输入的响应

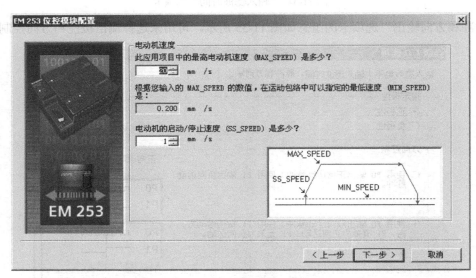

图 11-37　输入最大速度和启动/停止速度

7. 输入点动参数

在图 11-38 所示的"EM253 位控模块配置"对话框中输入点动参数。

电动机的点动速度（JOG_SPEED）是 JOG 命令仍然有效时能够实现的最大速度。JOG_INCREMENT 是瞬时 JOG 命令移动工具的距离。当位控模块接收到一个点动命令后，它启动一个定时器。如果点动命令在 0.5 s 到时之前结束，位控模块则以定义的 SS_SPEED 速度将电动机运动至 JOG_INCREMENT 指定的距离。如果当 0.5 s 到时时，点动命令仍然是激活的，位控模块加速至 JOG_SPEED 速度。继续运动直至点动命令结束。位控模块随后减速停止。可以在 EM253 控制面板中使能点动命令，或者在位控指令中使能点动命令。如图 11-39 所示为点动命令的操作示意图。

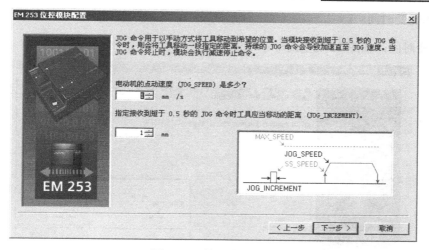

图 11-38　输入点动参数

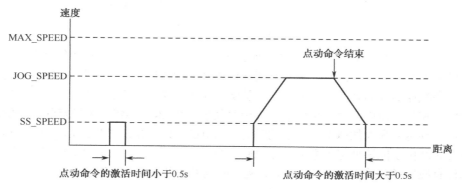

图 11-39　点动命令操作示意图

8. 输入加速和减速时间

在图 11-40 所示的"EM253 位控模块配置"对话框中输入加速和减速时间。

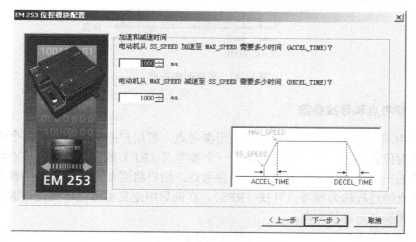

图 11-40　输入加速和减速时间

9. 输入陡变时间

输入陡变时间，如图 11-41 所示。

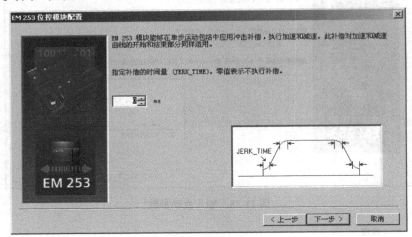

图 11-41 输入陡变时间

对于单步运动，输入陡变时间补偿。通过减小运动包络的加速和减速部分的陡变（变化速率）来提供更为平滑的位置控制。陡变时间补偿也被称为"S 曲线包络"。这种补偿同样地作用于加速曲线和减速曲线的开始和结束部分。陡变补偿不能够应用在介于零速和 SS_SPEED 速度之间的初始段和结束段中。用户可以输入一个时间值（JERK_TIME）来指定陡变补偿。这一时间是加速从零到达到最大加速度所需要的时间。与 ACCEL_TIME 和 DECEL_TIME 相比，一个较长的陡变时间由于能够使整个循环时间只有一个较小的增加，从而可以产生更为平滑的操作。零值表示没有应用任何补偿（默认=0ms）。陡变时间补偿如图 11-42 所示。

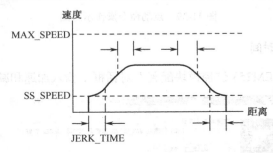

图 11-42 陡变时间补偿

10. 组态参考点和寻找参数

用户可以为应用选择使用参考点或不使用参考点。若用户的应用需要从一个绝对位置处开始运动或以绝对位置作为参考，则必须建立一个参考点（RP）或零点位置，该点将位置测量固定到物理系统的一个已知点上。若使用一个参考点，用户将需要定义自动定位参考点的方法。自动定位参考点的过程称为参考点寻找（RPS）。在向导中定义参考点寻找过程需要两步，即参考点寻找速度和参考点寻找方向。

参考点寻找速度和参考点寻找方向如图 11-43 所示。RP_FAST 是模块执行 RP 寻找命令的初始速度。通常 RP_FAST 是 MAX_SPEED 的 2/3 左右。RP_SLOW 是接近 RP 时的最终速度。通常使用一个较慢的速度去接近 RP 以免错过。RP_SLOW 的典型值为 SS_SPEED。RP_SEEK_DIR 是 RP 寻找操作的初始方向。通常，这个方向是从工作区到 RP 附近。限位开关在确定 RP 的寻找区域时扮演重要角色。当执行 RP 寻找操作时，遇到限位开关会引起方向反转，使寻找能够继续下去（默认=反向）。RP_APPR_DIR 是最终接近 RP 的方向。为了减小螺距误差和提供更高的精度，应该按照从 RP 移动到工作区所使用的方向来接近参考点（默认=正向）。

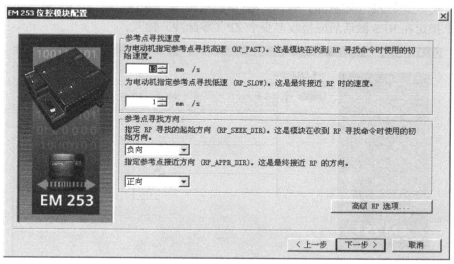

图 11-43　参考点寻找速度和参考点寻找方向

在图 11-43 中单击"高级 RP 选项"按钮，位控向导提供高级参考点选项，可以指定一个参考点偏移量（RP_OFFSET），如图 11-44 所示。参考点偏移量（RP_OFFSET）是从参考点到物理测量系统零点位置之间的距离（默认=0）。间隙补偿：在方向发生变化时，为消除系统中的机械松动，电动机必须移动的距离。间隙补偿总是正值（默认=0）。

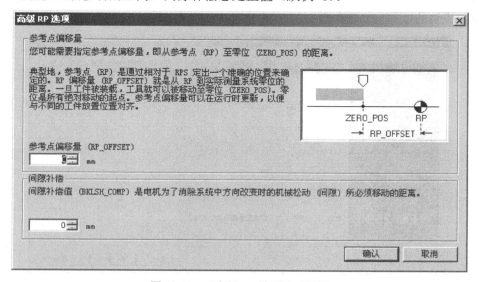

图 11-44　"高级 RP 选项"对话框

参考点搜索顺序如图 11-45 所示。位控模块提供了一个参考点开关（RPS）输入，在搜索 RP 的过程中使用。以 RPS 为参考确定一个准确的位置作为 RP。可以把 RPS 有效区域的中点或者边沿作为 RP，也可以选择从 RPS 有效区域边沿开始，经过一定数量 Z 脉冲（ZP）的位置作为 RP。参考点搜索共有 5 种模式。RP 寻找模式 0：不执行 RP 搜索顺序。RP 寻找模式 1：这种模式将 RP 定位在靠近工作区一侧的 RPS 输入开始激活的地方。RP 寻找模式 2：RP 在 RPS 输入有效区内居中。RP 寻找模式 3：RP 位于 RPS 输入的有效区外。RP_Z_CNT 指定了在 RPS 失效之后应接收多少个 ZP（零脉冲）输入。RP 寻找模式 4：RP 通常位于 RPS 输入的有效区内。RP_Z_CNT 指定在 RPS 激活后应接收多少个 ZP（零脉冲）输入。

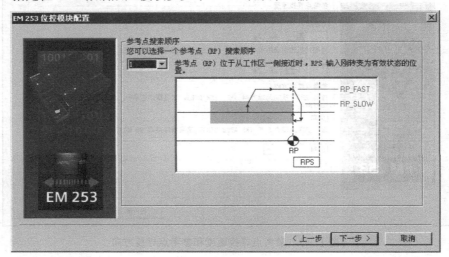

图 11-45　参考点搜索顺序

11. 定义命令字节

定义命令字节，如图 11-46 所示。命令字节是一个 8b 数字量输出的地址，该地址保留在用于访问位控模块的过程映像寄存器中。

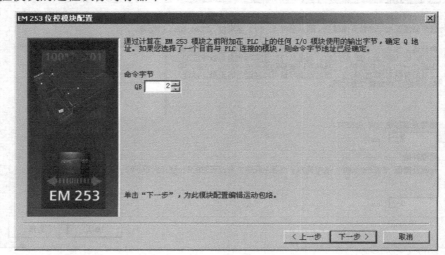

图 11-46　定义命令字节

12. 定义运动包络

定义运动包络,如图 11-47 所示。

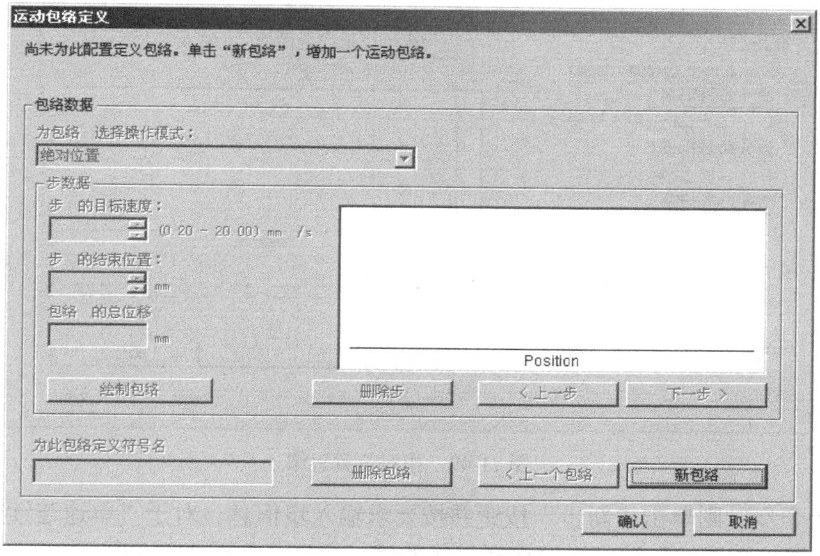

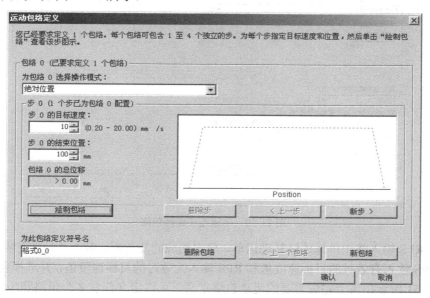

图 11-47　定义运动包络

在"运动包络定义"对话框,单击"新包络"按钮允许定义包络,然后选择所需的操作模式。对于"绝对位置"包络,输入"目标速度"和"结束位置"。然后单击"绘制包络"按钮,观察运动的曲线,如图 11-48 所示。

图 11-48　绝对位置包络

若需要多个步,则单击"新步"按钮并按要求输入步信息。对于"相对位置"包络,输入"目标速度"和"结束位置"。然后单击"绘制包络"按钮,观察运动的曲线,如图 11-49 所示。

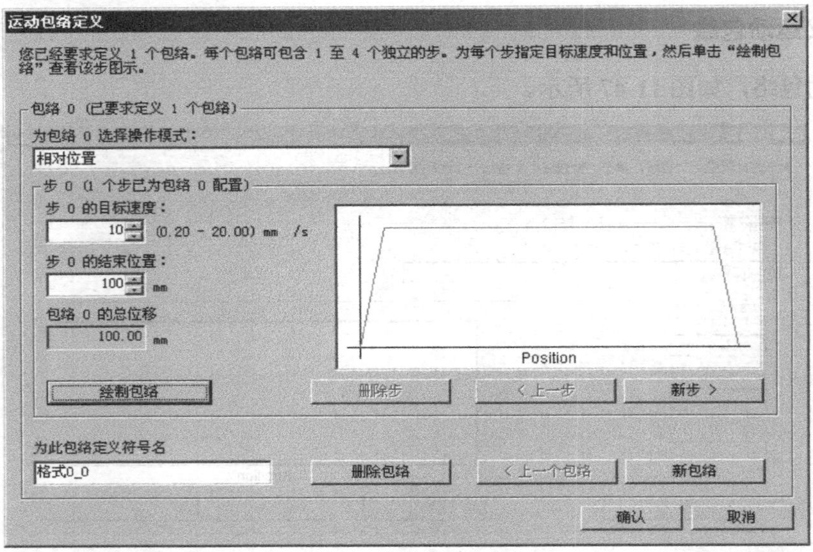

图 11-49 相对位置包络

若需要多个步，则单击"新步"按钮并按要求输入步信息。对于"单速连续旋转"包络，需要编辑"单速连续旋转"速度以及选择包络的旋转方向，如图 11-50 所示。

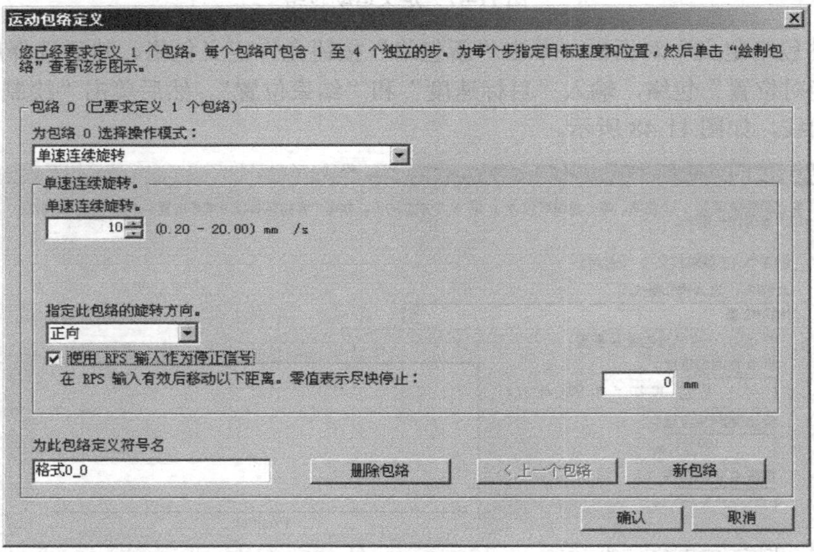

图 11-50 单速连续旋转包络

若想用 RPS 输入终止单速连续转动运动，单击相应的复选框。对于"双速连续旋转"包络，需要编辑 RPS 输入有效时的目标速度值和 RPS 输入无效时的目标速度值，并选择包络的旋转方向，如图 11-51 所示。为了完成需要的运动包络定义，可以定义任意多个包络和步。

13. 分配存储区

分配存储区，如图 11-52 所示。

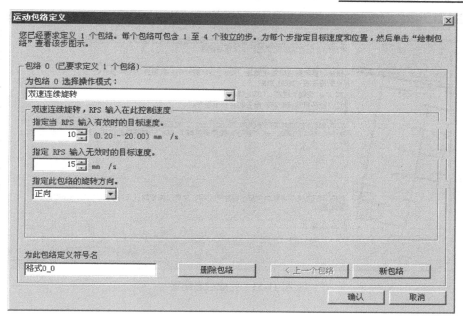

图 11-51　双速连续旋转包络

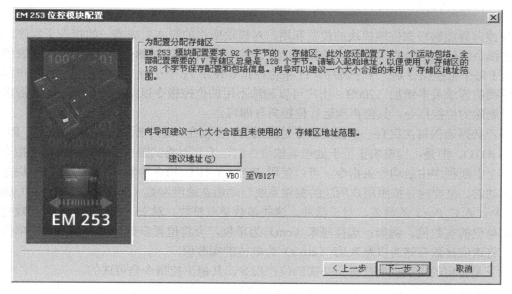

图 11-52　分配存储区

14. 完成组态配置

完成组态配置，如图 11-53 所示。当单击"完成"按钮后，位控向导会将模块的组态和包络表插入 S7-200 程序的数据块中，为位控参数生成一个全局符号表，在项目的程序块中增加位控指令子程序，可以在应用中使用这些指令。要修改任何组态或包络信息，可以再次运行位控向导。由于位控向导修改了程序块、数据块和系统块，要确保这三种块都下载到 S7-200 CPU 中。否则，位控模块可能会无法得到操作所需要的所有程序组件。

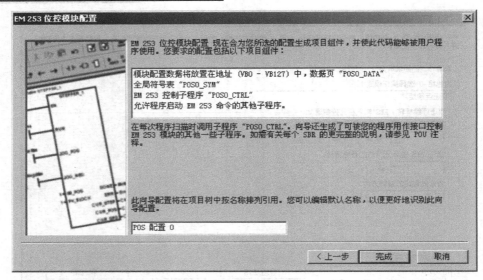

图 11-53　完成组态配置

11.5.4　位控指令应用指导

位控向导能够根据位控模块的位置和用户对模块所作的组态生成唯一的指令子程序，从而使位控模块的控制变得非常容易。每条位控指令都有一个前辍"POSx_"，其中"x"代表模块位置。由于每个位控指令是一个子程序，11 条位控指令使用 11 个子程序。位控指令使用户程序对存储空间的需求最多增加 1700B。用户可以删除不用的位控指令以减小对存储空间的需求。要恢复已删除的位控指令，只需再次运行位控向导即可。

用户必须确保每次仅有一个位控指令是激活的。可以在一个中断程序中执行 POSx_RUN 和 POSx_GOTO，但是，当模块正忙于处理其他命令时，千万不要试图在中断程序中启动指令。如果在一个中断程序中启动一条指令，可以使用 POSx_CTRL 指令的输出来监控位控模块是何时完成运动的。位控向导按照用户所选的测量系统自动组态速度参数（Speed 和 C_Speed）和位置参数（Pos 或 C_Pos）的数值。对于脉冲，这些参数是双整数。对于工程单位，这些参数是用户所选的单位的实数值。例如：选择厘米（cm）为单位，会将位置参数存储为以厘米为单位的实数值，将速度参数存储为以厘米/秒（cm/s）为单位的实数值。

以下是特定的运动控制任务所必需的位控指令，其他位控指令是可选的。

（1）在用户程序中插入 POSx_CTRL，并以 SM0.0 为条件使之每个循环都执行。

（2）要指定运动到一个绝对位置，必须首先使用 POSx_RSEEK 或 POSx_LDPOS 指令建立零位置。

（3）要运动到某个特定位置，根据用户程序中的输入，使用 POSx_GOTO 指令。

（4）要运行用户在位控向导中所组态的运动包络，需要使用 POSx_RUN 指令。

位控向导共生成 11 个子程序，下面将分别介绍这 11 个子程序的用法。

1. POSx_CTRL 指令

POSx_CTRL 指令在 S7-200 每次转换为 RUN 模式时自动向位控模块发出命令，装载组态/

包络表，从而实现对位控模块的使能和初始化。这条指令在项目中只使用一次，并且要确保用户程序在每一个循环中调用该指令，使用 SM0.0 作为 EN 参数的输入。指令格式如图 11-54 所示。

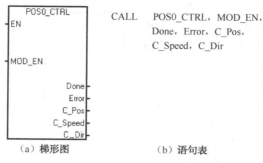

| （a）梯形图 | （b）语句表 |

图 11-54　POSx_CTRL 指令格式

（1）MOD_EN 参数必须为接通状态，以确保其他位控指令发送命令给位控模块。如果 MOD_EN 参数为断开状态。位控模块放弃所有正在进行当中的命令。

（2）POSx_CTRL 指令的输出参数提供位控模块当前的状态。当位控模块完成所有指令后，参数 Done 接通。

（3）参数 Error 包含指令的执行结果。

（4）参数 C_Pos 是模块的当前位置。基于测量的单位，该值可以是一个脉冲数（双整数）或者工程单位数（实数）。

（5）参数 C_Speed 提供模块的当前速度。如果用户组态模块的测量系统是脉冲，则 C_Speed 是一个每秒脉冲数的长整数。如果用户组态测量系统工程单位，则 C_Speed 是一个每秒若干个所选工程单位数的实数。

（6）参数 C_Dir 指示电动机的当前方向。

POSx_CTRL 指令的有效操作数参见表 11-21。

表 11-21　POSx_CTRL 指令有效操作数

输入/输出	数 据 类 型	操 作 数
MOD_EN	BOOL	I，Q，V，M，SM，S，T，C，L，功率流
Done，C_Dir	BOOL	I，Q，V，M，SM，S，T，C，L
Error	BYTE	IB，QB，VB，MB，SMB，SB，LB，AC，*VD，*AC，*LD
C_Pos，C_Speed	DINT，REAL	ID，QD，VD，MD，SMD，SD，LD，AC，*VD，*AC，*LD

位控模块只在上电时或接到装载组态的命令时读取组态/包络表。当使用位控向导修改组态时，POSx_CTRL 指令自动命令位控模块在 S7-200 CPU 转为 RUN 模式时装载组态/包络表。如果使用 EM253 控制面板修改组态，单击更新组态按钮命令位控模块装载新的组态/包络表。如果使用其他方式修改了组态，那么必须向位控模块发出一条重新装载组态的命令使它装载组态/包络表。否则，位控模块继续使用旧的组态/包络表。

2．POSx_MAN 指令

POSx_MAN 指令（手动模式）将位控模块置于手动模式。这种模式下，电动机可以以不同的速度运转或者沿正向或反向点动。当 POSx_MAN 指令使能时，只能运行 POSx_CTRL 和 POSx_DIS 指令。POSx_MAN 指令格式如图 11-55 所示。

（1）RUN、JOG_P 或 JOG_N 的输入，用户只能同时使能一个。使能 RUN（RUN/STOP）参数则命令位控模块按指定方向（参数 Dir）加速到指定速度（参数 Speed）。用户可以在电动机运行时改变速度值，但参数 Dir 必须保持恒定。禁止参数使能 RUN 则命令位控模块减速至电动机停止。使能参数 JOG_P（点动正转）或 JOG_N（点动反转）命令位控模块沿正向或反向点动。如果 JOG_P 或 JOG_N 有效的时间短于 0.5s，位控模块则输出脉冲运动到 JOG_INCREMENT 所指定的距离。如果 JOG_P 或 JOG_N 的有效时间等于或长于 0.5s，位控模块则开始加速到 JOG_SPEED 所指定的速度。

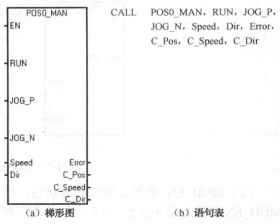

CALL　POS0_MAN, RUN, JOG_P,
　　　　JOG_N, Speed, Dir, Error,
　　　　C_Pos, C_Speed, C_Dir

（a）梯形图　　　　（b）语句表

图 11-55　POSx_MAN 指令格式

（2）参数 Speed 决定 RUN 使能时的速度。
如果位控模块的测量系统组态为脉冲，则该速度是一个每秒若干脉冲数的数值（双整数）。若位控模块的测量系统组态为工程单位，则该速度是一个每秒若干单位的实数值。电动机运行时可以修改该速度参数，但如果速度参数变化很小，位控模块不会响应这么小的参数变化，特别是对于组态的加速和减速时间较短且组态的最大速度和启动/停止速度相差较大的情况。

（3）参数 Dir 决定 RUN 使能时的运动方向。当 RUN 使能时，不能修改该方向参数。

（4）参数 Error 包含指令的执行结果。

（5）参数 C_Pos 包含了模块的当前位置。基于所选的测量单位，该值可以是一个脉冲数（双整数）或工程单位数（实数）。

（6）参数 C_Speed 包含模块的当前速度。基于所选的测量单位，该值可以是每秒脉冲数（双整数）或是每秒工程单位（实数）。

（7）参数 C_Dir 指示电动机的当前方向。

POSx_MAN 指令的有效操作数参见表 11-22。

表 11-22　POSx_MAN 指令有效操作数

输入/输出	数 据 类 型	操 作 数
RUN, JOG_P, JOG_N	BOOL	I, Q, V, M, SM, S, T, C, L, 功率流
Speed	DINT, REAL	ID, QD, VD, MD, SMD, SD, LD, AC, *VD, *AC, *LD, 常数
Dir, C_Dir	BOOL	I, Q, V, M, SM, S, T, C, L
Error	BYTE	IB, QB, VB, MB, SMB, SB, LB, AC, *VD, *AC, *LD
C_Pos, C_Speed	DINT, REAL	ID, QD, VD, MD, SMD, SD, LD, AC, *VD, *AC, *LD

3. POSx_GOTO 指令

指令 POSx_GOTO 命令位控模块走到指定位置。POSx_GOTO 指令格式如图 11-56 所示。

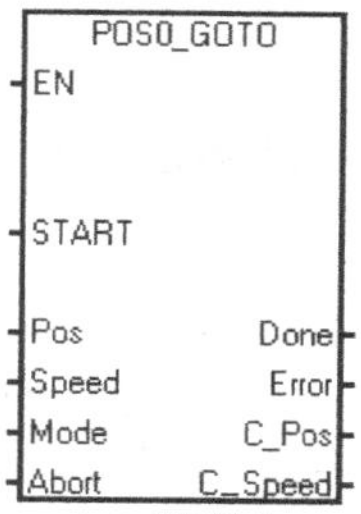

```
      POS0_GOTO
    ┤EN


    ┤START

    ┤Pos      Done├
    ┤Speed    Error├
    ┤Mode     C_Pos├
    ┤Abort    C_Speed├
```

CALL   POS0_GOTO，START，Pos，
       Speed，Mode，Abort，Done，
       Error，C_Pos，C_Speed

（a）梯形图　　　　　　　　（b）语句表

图 11-56　POSx_GOTO 指令格式

（1）接通 EN 位使能该指令。确保 EN 位始终保持接通直到 Done 位指示指令完成。

（2）接通参数 START 向位控模块发送一个 GOTO 命令。当参数 START 接通且位控模块不忙时，每一循环都会向位控模块发送一条 GOTO 命令。要确保只发送一条 GOTO 命令，使用边沿检测来触发 START 参数。

（3）参数 Pos 包含一个表示运动位置（对于绝对运动）或运动距离（对于相对运动）的值。基于所选的测量单位，该值可以是一个脉冲数（双整数）或工程单位数（实数）。

（4）参数 Speed 决定了运动的最大速度。基于所选测量单位，该值既可以是每秒脉冲数（DINT），也可以是每秒工程单位数（REAL）。

（5）Mode 参数选择运动类型：

0——绝对位置

1——相对位置

2——单速、连续正向旋转

3——单速、连续反向旋转

（6）当位控模块完成该指令时，参数 Done 接通。

（7）接通参数 Abort，命令位控模块停止当前的包络并减速直至电动机停下。

（8）参数 Error 包含指令的执行结果。

（9）参数 C_Pos 包含模块的当前位置。基于测量的单位，该值可以是一个脉冲数（双整数）或者工程单位数（实数）。

（10）参数 C_Speed 包含模块的当前速度。基于所选的测量单位，该值既可以是每秒脉冲数（DINT），也可以是每秒工程单位数（REAL）。

POSx_GOTO 指令的有效操作数参见表 11-23。

表 11-23　POSx_GOTO 指令有效操作数

输入/输出	数 据 类 型	操 作 数
START	BOOL	I，Q，V，M，SM，S，T，C，L，功率流
Pos，Speed	DINT，REAL	ID，QD，VD，MD，SMD，SD，LD，AC，*VD，*AC，*LD，常数
Mode	BYTE	IB，QB，VB，MB，SMB，SB，LB，AC，*VD，*AC，*LD，常数
Abort，Done	BOOL	I，Q，V，M，SM，S，T，C，L
Error	BYTE	IB，QB，VB，MB，SMB，SB，LB，AC，*VD，*AC，*LD
C_Pos，C_Speed	DINT，REAL	ID，QD，VD，MD，SMD，SD，LD，AC，*VD，*AC，*LD

4. POSx_RUN 指令

指令 POSx_RUN 命令位控模块执行存储在组态/包络表中的某个包络的运动操作。POSx_RUN 指令格式如图 11-57 所示。

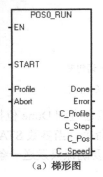

```
       POS0_RUN
    ─┤EN

    ─┤START

    ─┤Profile    Done├─
    ─┤Abort      Error├─
              C_Profile├─
                C_Step├─
                 C_Pos├─
               C_Speed├─
```

（a）梯形图

```
CALL  POS0_RUN，START，Profile，
      Abort，Done，Error，C_Profile，
      C_Step，C_Pos，C_Speed
```

（b）语句表

图 11-57 POSx_RUN 指令格式

（1）接通 EN 位使能该指令。确保 EN 位始终保持接通直到 Done 位指示指令完成。

（2）接通参数 START 发送一个 RUN 命令给位控模块。每一个循环周期，只要 START 参数接通且位控模块不忙，该指令发送一个 RUN 命令给位控模块，要保证该命令只发一次，使用边沿检测指令以脉冲触发 START 参数接通。

（3）Profile 参数包含该运动包络的号码或符号名。用户也可以选择高级运动命令（118～127）。

（4）接通参数 Abort，命令位控模块停止当前的包络并减速直至电动机停下。

（5）模块完成该指令时，参数 Done 接通。

（6）参数 Error 包含指令的执行结果。

（7）参数 C_Profile 包含位控模块当前正在执行的包络。

（8）参数 C_Step 包含当前正在执行的包络的步。

（9）参数 C_Pos 包含了模块的当前位置。基于测量的单位，该值可以是一个脉冲数（双整数）或者工程单位数（实数）。

（10）参数 C_Speed 包含模块的当前速度。基于所选测量单位，该值既可以是每秒脉冲数（双整数），也可以是每秒工程单位数（实数）。

POSx_RUN 指令的有效操作数参见表 11-24。

表 11-24 POSx_RUN 指令有效操作数

输入/输出	数据类型	操 作 数
START	BOOL	I，Q，V，M，SM，S，T，C，L，功率流
Profile	BYTE	IB，QB，VB，MB，SMB，SB，LB，AC，*VD，*AC，*LD，常数
Abort，Done	BOOL	I，Q，V，M，SM，S，T，C，L
Error，C_Profile，C_Step	BYTE	IB，QB，VB，MB，SMB，SB，LB，AC，*VD，*AC，*LD
C_Pos，C_Speed	DINT，REAL	ID，QD，VD，MD，SMD，SD，LD，AC，*VD，*AC，*LD

5. POSx_RSEEK 指令

POSx_RSEEK 指令（寻找参考点位置）触发一个参考点寻找操作，使用组态/包络表中的搜索方式，指令格式如图 11-58 所示。当位控模块锁定参考点并且运动停止后，位控模块装载参数 RP_OFFSET 的值作为当前位置，并在 CLR 输出点产生一个 50ms 的脉冲。RP_OFFSET 的默认值是 0。可使用位控向导、EM253 控制面板或 POSx_LDOFF（装载偏移量）指令来更改 RP_OFFSET 数值。

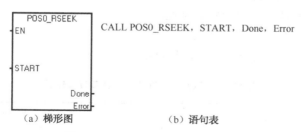

（a）梯形图　　　　　　　（b）语句表

图 11-58　POSx_RSEEK 指令格式

（1）接通 EN 位使能该指令。确保 EN 位始终保持接通直到 Done 位指示指令完成。

（2）接通参数 START 则向位控模块发送一条 POSx_RSEEK 命令。每一个循环周期，当参数 START 接通且模块不忙时，该指令向位控模块发送一条 POSx_RSEEK 指令，要确保该指令只发送一次，使用边沿检测以脉冲触发参数 START 接通。要保证该命令只发一次，使用边沿检测指令以脉冲触发 START 参数接通。

（3）模块完成该指令时，参数 Done 接通。

（4）参数 Error 包含指令的执行结果。

POSx_RSEEK 指令的有效操作数参见表 11-25。

表 11-25　POSx_RSEEK 指令有效操作数

输入/输出	数 据 类 型	操 作 数
START	BOOL	I，Q，V，M，SM，S，T，C，L，功率流
Done	BOOL	I，Q，V，M，SM，S，T，C，L
Error	BYTE	IB，QB，VB，MB，SMB，SB，LB，AC，*VD，*AC，*LD

6. POSx_LDOFF 指令

POSx_LDOFF 指令（装载参考点偏移量）建立一个新的零位置，它与参考点位置不在同一处，指令格式如图 11-59 所示。执行这条指令之前，必须首先决定参考点位置，还要把机器运动到起始位置。当该指令发送 POSx_LDOFF 命令时，位控模块计算起始位置（当前位置）与参考点之间的偏移量。位控模块把所计算的偏移量存储到 RP_OFFSET 参数中，并将当前位置为 0，从而将起始位置作为零点位置。如果电动机追踪不到其位置（如掉电或电动机被手动重新定位），可以使用 POSx_RSEEK 指令自动地重建零位置。

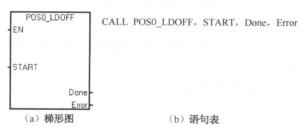

（a）梯形图　　　　　　　（b）语句表

图 11-59　POSx_LDOFF 指令格式

（1）接通 EN 位使能该指令。确保 EN 位始终保持接通直到 Done 位指示指令完成。

（2）接通参数 START 则向位控模块发送一条 POSx_LDOFF 命令。每一个循环周期，只要参数 START 接通且位控模块不忙，该指令向位控模块发送一条 POSx_LDOFF 命令。要保证该命令只发一次，使用边沿检测指令以脉冲触发 START 参数接通。

（3）模块完成该指令时，参数 Done 接通。

（4）参数 Error 包含指令的执行结果。

POSx_LDOFF 指令的有效操作数参见表 11-26。

表 11-26　POSx_LDOFF 指令有效操作数

输入/输出	数据类型	操作数
START	BOOL	I, Q, V, M, SM, S, T, C, L, 功率流
Done	BOOL	I, Q, V, M, SM, S, T, C, L
Error	BYTE	IB, QB, VB, MB, SMB, SB, LB, AC, *VD, *AC, *LD

7. POSx_LDPOS 指令

POSx_LDPOS 指令（装载位置）改变位控模块的当前位置值。用户也可以使用这条指令为绝对运动命令建立一个新的零位置，指令格式如图 11-60 所示。

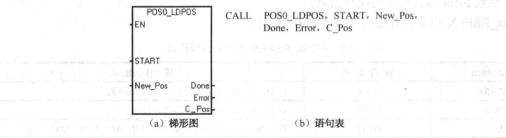

```
          POS0_LDPOS
        ─EN
        ─START
        ─New_Pos    Done─
                    Error─
                    C_Pos─
```

CALL　POS0_LDPOS, START, New_Pos, Done, Error, C_Pos

　（a）梯形图　　　　　　（b）语句表

图 11-60　POSx_LDPOS 指令格式

（1）接通 EN 位允许该指令。确保 EN 位始终保持接通直到 Done 位指示指令完成。

（2）接通参数 START 则向位控模块发送一条 POSx_LDPOS 命令。每一个循环周期，只要参数 START 接通且位控模块不忙，该指令向位控模块发送一条 POSx_LDPOS 命令。要保证该命令只发一次，使用边沿检测指令以脉冲触发 START 参数接通。

（3）参数 New_Pos 提供一个新值替换位控模块在绝对运动中报告并使用的当前位置值。基于测量单位，该值可以是一个脉冲数（双整数）或是工程单位数（实数）。

（4）模块完成该指令时，参数 Done 接通。

（5）参数 Error 包含指令的执行结果。

（6）参数 C_Pos 包含了模块的当前位置。基于测量的单位，该值可以是一个脉冲数（双整数）或者工程单位数（实数）。

POSx_LDPOS 指令的有效操作数参见表 11-27。

表 11-27　POSx_LDPOS 指令有效操作数

输入/输出	数据类型	操 作 数
START	BOOL	I, Q, V, M, SM, S, T, C, L, 功率流
New_Pos, C_Pos	DINT, REAL	ID, QD, VD, MD, SMD, SD, LD, AC, *VD, *AC, *LD
Done	BOOL	I, Q, V, M, SM, S, T, C, L
Error	BYTE	IB, QB, VB, MB, SMB, SB, LB, AC, *VD, *AC, *LD

8. POSx_SRATE 指令

POSx_SRATE 指令（设置速率）命令位控模块改变加速、减速和陡变时间，指令格式如图 11-61 所示。

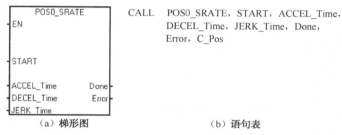

```
        POS0_SRATE
      EN

      START

      ACCEL_Time    Done
      DECEL_Time    Error
      JERK_Time
```

CALL　POS0_SRATE, START, ACCEL_Time,
DECEL_Time, JERK_Time, Done,
Error, C_Pos

（a）梯形图　　　　　　　（b）语句表

图 11-61　POSx_SRATE 指令格式

（1）接通 EN 位允许该指令。确保 EN 位始终保持接通直到 Done 位指示指令完成。

（2）接通参数 START 则将新的时间值复制到组态/包络表并向位控模块发送一条 POSx_SRATE 命令。每一个循环周期，当 START 参数接通并且模块不忙时，该指令发送一条 POSx_SRATE 命令到位控模块。要保证该命令只发一次，使用边沿检测指令以脉冲触发 START 参数接通。

（3）参数 ACCEL_Time、DECEL_Time 和 JERK_Time 决定新的加速时间、减速时间和陡变时间，单位为毫秒（ms）。

（4）模块完成该指令时，参数 Done 接通。

（5）参数 Error 包含指令的执行结果。

POSx_SRATE 指令的有效操作数参见表 11-28。

表 11-28　POSx_SRATE 指令有效操作数

输入/输出	数据类型	操 作 数
START	BOOL	I, Q, V, M, SM, S, T, C, L
ACCEL_Time, DECEL_Time, JERK_Time	DINT	ID, QD, VD, MD, SMD, SD, LD, AC, *VD, *AC, *LD, 常数
Done	BOOL	I, Q, V, M, SM, S, T, C, L
Error	BYTE	IB, QB, VB, MB, SMB, SB, LB, AC, *VD, *AC, *LD

9. POSx_DIS 指令

指令 POSx_DIS 可接通或断开位控模块的 DIS 输出。用户可以使用 DIS 输出来允许或禁止电动机控制器。如果用户要使用位控模块上的 DIS 输出，那么这条指令可以在每一个循环周期中调用，或者只在需要改变 DIS 输出时调用，指令格式如图 11-62 所示。

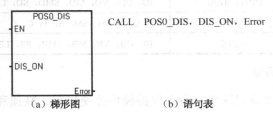

CALL   POS0_DIS，DIS_ON，Error

　(a) 梯形图　　　　　　　　　(b) 语句表

图 11-62　POSx_DIS 指令格式

（1）EN 位接通时允许该指令。

（2）参数 DIS_ON 控制位控模块的 DIS 输出。

（3）参数 Error 包含指令的执行结果。

POSx_DIS 指令的有效操作数参见表 11-29。

表 11-29　POSx_DIS 指令有效操作数

输入/输出	数 据 类 型	操 作 数
DIS_ON	BYTE	IB，QB，VB，MB，SMB，SB，LB，AC，*VD，*AC，*LD，常数
Error	BYTE	IB，QB，VB，MB，SMB，SB，LB，AC，*VD，*AC，*LD

10. POSx_CLR 指令

POSx_CLR 指令（触发 CLR 输出）命令位控模块在 CLR 输出上生成一个 50ms 的脉冲，指令格式如图 11-63 所示。

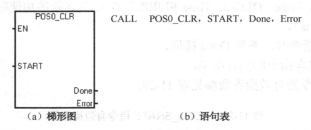

CALL   POS0_CLR，START，Done，Error

　(a) 梯形图　　　　　　　(b) 语句表

图 11-63　POSx_CLR 指令格式

（1）接通 EN 位使能该指令。确保 EN 位始终保持接通直到 Done 位指示指令完成。

（2）接通参数 START 则向位控模块发送一条 POSx_CLR 命令。每一个循环周期，当参数 START 接通并且模块不忙时，该指令向位控模块发送一条 POSx_CLR 命令。要保证该命令只发送一次，使用边沿检测指令以脉冲触发 START 参数接通。

（3）模块完成该指令时，参数 Done 接通。

（4）参数 Error 包含指令的执行结果。

POSx_CLR 指令的有效操作数参见表 11-30。

表 11-30　POSx_CLR 指令有效操作数

输入/输出	数据类型	操作数
START	BOOL	I，Q，V，M，SM，S，T，C，L，功率流
Done	BOOL	I，Q，V，M，SM，S，T，C，L
Error	BYTE	IB，QB，VB，MB，SMB，SB，LB，AC，*VD，*AC，*LD

11. POSx_CFG 指令

POSx_CFG 指令（重新装载组态）命令位控模块从组态/包络表指针所指定的地方读取组态块。位控模块将新的组态与现有的组态进行比较并执行所有需要的设置改变或重新计算，指令格式如图 11-64 所示。

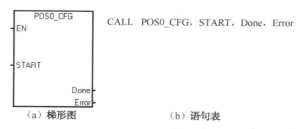

CALL POS0_CFG，START，Done，Error

(a) 梯形图　　　　　　　　(b) 语句表

图 11-64　POSx_CFG 指令格式

（1）接通 EN 位允许该指令。确保 EN 位始终保持接通直到 Done 位指示指令完成。

（2）接通参数 START 使位控模块发送一条 POSx_CFG 命令。每一个循环周期，当参数 START 接通且模块不忙时，该指令都会向位控模块发送一条 POSx_CFG 命令。要保证该命令只发一次，使用边沿检测指令以脉冲触发 START 参数接通。

（3）模块完成该指令时，参数 Done 接通。

（4）参数 Error 包含指令的执行结果。

11.5.5　位控模块程序实例

本节主要介绍利用位控模块实现位置控制的实例。

1. 长度切割应用实例 1

使用 POSx_CTRL 和 POSx_GOTO 指令完成一个切割长度的操作，程序如图 11-65 和图 11-66 所示。该程序不需要 RP 寻找模式或运动包络，长度可以是脉冲数或工程单位。输入长度（VD500）和目标速度（VD504），当 I0.0（Start）接通时，设备启动。当 I0.1（Stop）接通时，设备完成当前操作则停止。当 I0.2（E_Stop）接通时，设备终止任何运动并立即停止。

2. 长度切割应用实例 2

使用 POSx_CTRL、POSx_MAN、POSx_SEEK 和 POSx_RUN 指令完成一个切割长度的操作，程序如图 11-67 至图 11-73 所示。该程序需要 RP 寻找模式或运动包络。

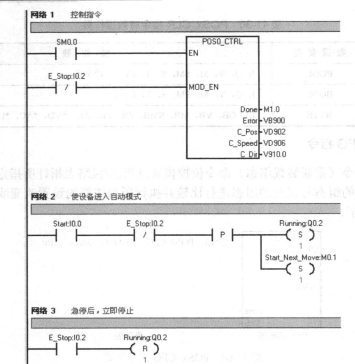

图 11-65　启动切割设备

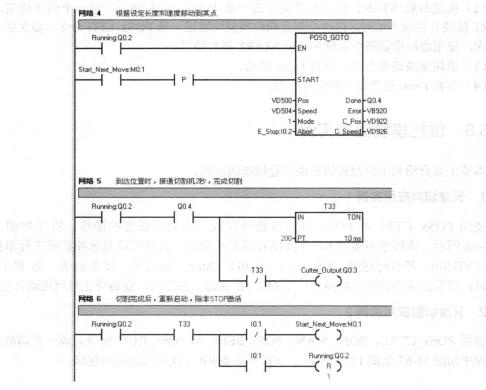

图 11-66　切割完成

网络 1 使能位控模块

```
        SM0.0                    POSO_CTRL
        ─┤ ├─                   EN

        I0.1
        ─┤ / ├─                 MOD_EN

                           Done ─ M1.0
                           Error ─ VB900
                           C_Pos ─ VD902
                        C_Speed ─ VD906
                          C_Dir ─ V910.0
```

网络 2 如果不在自动模式，则允许手动模式

```
     I1.0        M0.0                POSO_MAN
     ─┤ ├──────┤ / ├──           EN

     I1.1
     ─┤ ├─                       RUN

     I1.2
     ─┤ ├─                       JOG_P

     I1.4
     ─┤ ├─                       JOG_N

            100000.0 ─ Speed    Error ─ VB920
               I1.5 ─ Dir       C_Pos ─ VD902
                              C_Speed ─ VD906
                                C_Dir ─ V910.0
```

图 11-67　使能位控模块

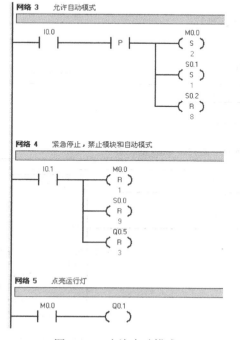

网络 3 允许自动模式

```
      I0.0                       M0.0
     ─┤ ├──────────┤ P ├──      ( S )
                                   2
                                 S0.1
                                ( S )
                                   1
                                 S0.2
                                ( R )
                                   8
```

网络 4 紧急停止，禁止模块和自动模式

```
      I0.1                       M0.0
     ─┤ ├──                     ( R )
                                   1
                                 S0.0
                                ( R )
                                   9
                                 Q0.5
                                ( R )
                                   3
```

网络 5 点亮运行灯

```
      M0.0                       Q0.1
     ─┤ ├──                     (   )
```

图 11-68　允许自动模式

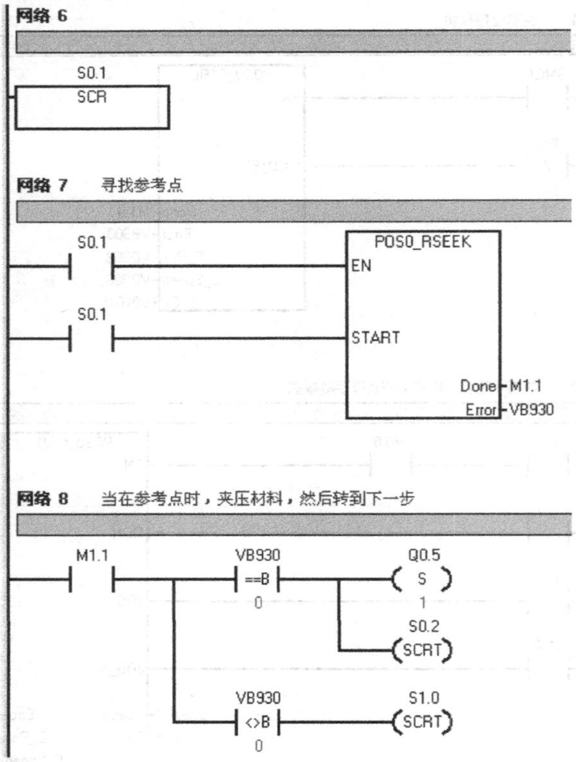

网络 6

S0.1
SCR

网络 7 寻找参考点

S0.1 ——| |—— POS0_RSEEK
EN

S0.1 ——| |—— START

Done—M1.1
Error—VB930

网络 8 当在参考点时，夹压材料，然后转到下一步

M1.1 ——| |—— VB930 ==B 0 —— Q0.5 (S) 1

S0.2 (SCRT)

VB930 <>B 0 —— S1.0 (SCRT)

图 11-69　寻找参考点

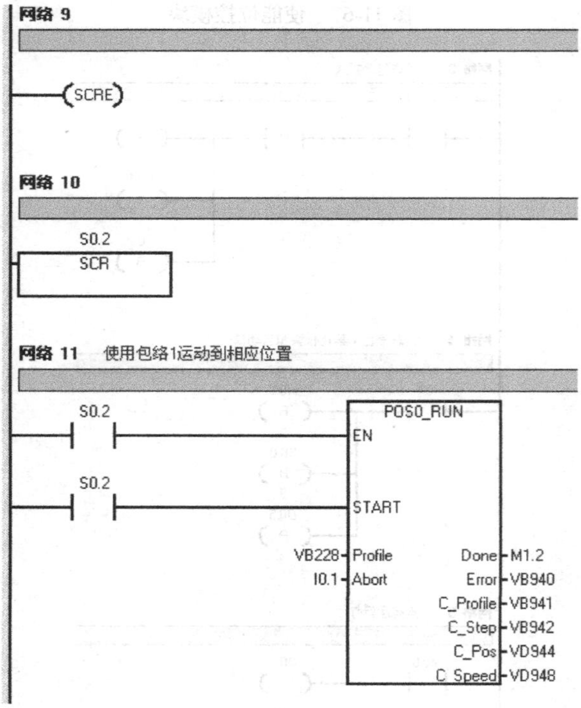

网络 9

(SCRE)

网络 10

S0.2
SCR

网络 11 使用包络1运动到相应位置

S0.2 ——| |—— POS0_RUN
EN

S0.2 ——| |—— START

VB228—Profile　　Done—M1.2
I0.1—Abort　　Error—VB940
C_Profile—VB941
C_Step—VB942
C_Pos—VD944
C_Speed—VD948

图 11-70　使用包络 1 运动到相应位置

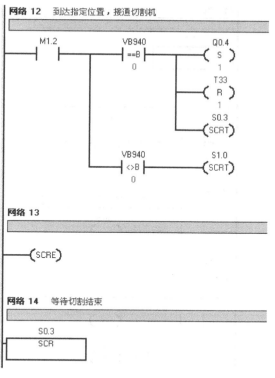

图 11-71　接通切割机

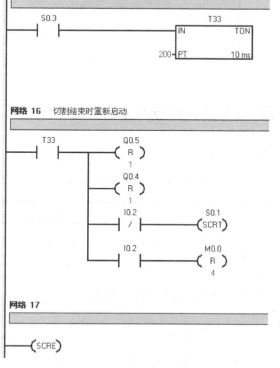

图 11-72　切割结束时重新启动

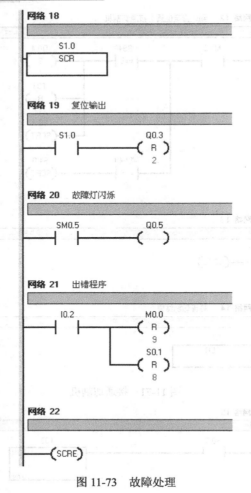

图 11-73 故障处理

11.5.6 位控指令及位控模块错误代码

位控指令的错误代码参见表 11-31。

表 11-31 位控指令错误代码

错 误 代 码	描 述
0	无错
1	用户放弃
2	组态错误； 使用 EM253 控制面板的诊断标签查看错误代码
3	非法命令
4	由于没有有效的组态而放弃； 使用 EM253 控制面板的诊断标签查看错误代码
5	由于没有用户电源而放弃

错误代码	描　述
6	由于没有定义的参考点而放弃
7	由于 STP 输入激活而放弃
8	由于 LMT−输入激活而放弃
9	由于 LMT+输入激活而放弃
10	由于运动执行的问题而放弃
11	没有为指定包络所组态的包络块
12	非法操作模式
13	该命令不支持的操作模式
14	包络块中非法的步号
15	非法的方向改变
16	非法的距离
17	RPS 触发在达到目标速度前出现
18	RPS 有效区域宽度不足
19	速度超出范围
20	没有足够的距离执行所希望的速度改变
21	非法位置
22	零位置未知
23～127	保留
128	位控模块无法执行该指令：位控模块正忙于处理另一个指令，或在该指令上没有启动脉冲
129	位控模块错误：模块 ID 错误或模块退出
130	位控模块未使能
131	位控模块不能使用由于模块故障或未使能
132	由位控向导组态的 Q 内存地址与位控模块在该位置处模块的内存地址不一致

位控模块的错误代码参见表 11-32。

表 11-32　位控模块错误代码

错误代码	描　述
0	无错
1	无用户电源
2	没有组态块
3	组态块指针错误
4	组态块的大小超过了可用的 V 存储器
5	非法的组态块格式
6	定义了太多的包络
7	非法的 STP_RSP 定义

错 误 代 码	描　述
8	非法 LIM-定义
9	非法 LIM+定义
10	非法的 FILTER_TIME 定义
11	非法的 MEAS_SYS 定义
12	非法的 RP_CFG 定义
13	非法的 PLS/REV 值
14	非法的 UNITS/REV 值
15	非法的 RP_ZP_CNT 值
16	非法的 JOG_INCREMENT 值
17	非法的 MAX_SPEED 值
18	非法的 SS_SPD 值
19	非法的 RP_FAST 值
20	非法的 RP_SLOW 值
21	非法的 JOG_SPEED 值
22	非法的 ACCEL_TIME 值
23	非法的 DECEL_TIME 值
24	非法的 JERK_TIME 值
25	非法的 BKLSH_COMP 值

11.6　程序实例

例 11-1：利用 PLS 指令驱动步进电动机。

某设备上有一套步进驱动系统，当按下启动按钮时，步进电动机带动机构前进；当松开按钮时，步进电动机立刻停止。

PLC 控制步进电动机程序如图 11-74 和图 11-75 所示。在网络 1 中，当按下启动按钮时，将 16#8D 赋值给 Q0.0 的 PTO 控制寄存器 SMB67。SMB67 = 16#8D 的含义是 PTO 启用、选择 PTO 模式、单段操作、时间基准为毫秒、PTO 脉冲更新和 PTO 周期更新。将 1 赋值给周期寄存器 SMW68，脉冲周期为 1ms。将 20 000 赋值给脉冲计数寄存器 SMD72，脉冲个数为 20 000 个。最后执行脉冲输出指令 PLS。在网络 2 中，当松开启动按钮时，将控制寄存器 SMB67 和脉冲计数寄存器 SMD72 清零，然后执行脉冲输出指令 PLS，停止步进电动机。

例 11-2：利用"位控向导"驱动步进电动机。

某设备上有一套步进驱动系统，当按下启动按钮时，步进电动机带动机构前进；当松开按钮时，步进电动机立刻停止。

首先利用 PTO 位置控制向导生成子程序，在定义运动包络时，需选择"单速连续运转"操作模式，目标速度为 20 000 脉冲/s，如图 11-76 所示。

PLC 控制步进电动机程序如图 11-77 所示。在网络 1 中，调用 PTO0_CTRL 子程序，用于使能和初始化步进电动机的 PTO 输出。在网络 2 中，调用 PTO0_MAN 子程序使 PTO 输出置为手动模式。当按下启动按钮时，PTO0_MAN 子程序使步进电动机加速至指定速度；当松开启动按钮时，步进电动机停止。

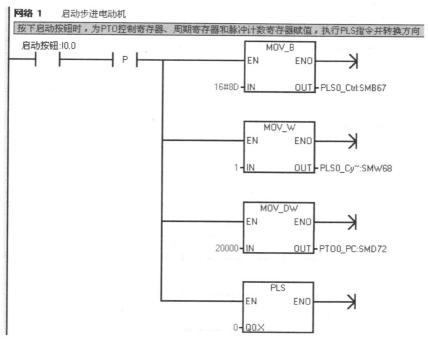

图 11-74 PLC 控制启动步进电动机

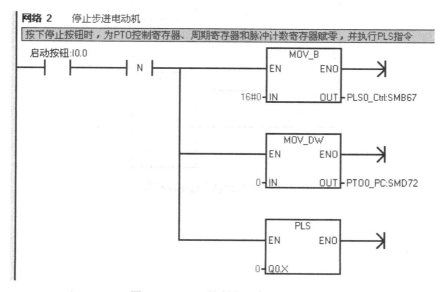

图 11-75 PLC 控制停止步进电动机

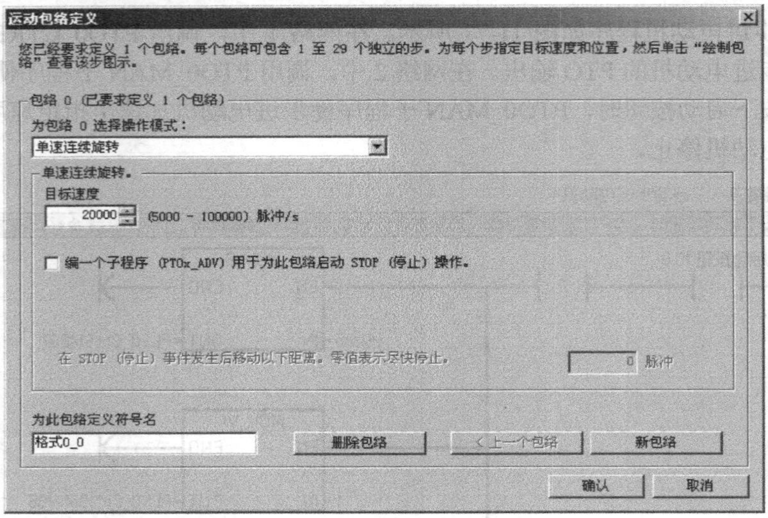

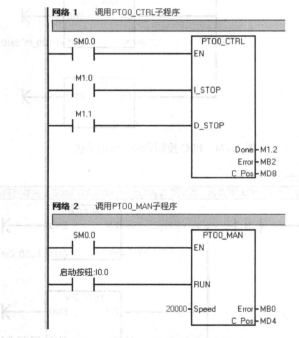

图 11-76　运动包络定义

图 11-77　PLC 控制步进电动机程序

第 12 章 通信指令及协议库

S7-200 拥有出色的通信能力，支持多种通信协议、兼容多种硬件，适应各种应用场合。了解并选择合适的通信方式，可以事半功倍，做到既节省硬件投资，也节约编程人力的投入，缩短工程周期。

12.1 S7-200 CPU 的通信方式

S7-200 CPU 支持 PPI（点对点接口）、MPI（多点接口）、Profibus（工业现场总线）、ProfiNet（工业以太网）以及自由口协议等多种通信方式。

12.1.1 PPI 通信方式

PPI（Point-to-Point）协议是专门为 S7-200 开发的通信协议。它通过 S7-200 CPU 内置的 PPI 接口（Port0 或 Port1），采用 RS-485 双绞线电缆时进行联网。

PPI 协议是一种主站-从站协议，主站和从站在一个令牌于环网中。当主站检测到网络上没有堵塞时，将接收令牌，只有拥有令牌的主站才可以向网络上的其他从站发出指令，建立 PPI 网络。也就是说，PPI 网络只在主站侧编写通信程序就可以了。主站得到令牌后可以向从站发出请求和指令，从站侧对立站请求进行响应，从站设备并不启动消息，而是一直等到主站设备发送请求或轮询时才做出响应。

PPI 协议是 S7-200 CPU 默认的协议方式，也是最基本的通信方式。它通过 S7-200 CPU 内置的 PPI 接口（端口 0 或端口 1），采用通用 RS-485 双绞线电缆进行联网，通信波特率可以是 9.6kbps，19.2kbps 或 187.5kpbs。主站可以是其他 CPU（如 S7-300/400）、SIMATIC 编程器、TD200 文本显示器等。网络中所有 S7-200 CPU 都默认为 PPI 从站。

使用 PPI 可以建立最多包括 32 个主站的多主站网络，主站靠一个 PPI 协议管理的共享链接来与从站通信，PPI 并不限制与任意一个从站通信的主站数量，但是在一个网络中，主站的个数不能超过 32 个。当网络上不止一个主站时，令牌传递前，首先检测下一个主站的站号，为了便于令牌的传递，不要将主站的站号设置得过高。当一个新的主站添加到网络中来的时间，一般将会经过至少 2 个完整的令牌传递后才会建立网络拓扑，接收令牌。对于 PPI 网络来说，暂时没有接收令牌的主站同样可以响应其他主站的请求。

12.1.2 MPI 通信方式

MPI（Multi-Point Interface）可以是主-主协议或主-从协议。如果网络中有 S7-300 CPU，则

建立主-主连接，因为 S7-300 CPU 都默认为网络主站；如果设备中有 S7-200 CPU，则建立主-从连接，因为 S7-200 都默认为网络从站。

S7-200 CPU 可以通过内置接口连接到 MPI 网络上，波特率为 192.kbps 或 187.5kbps。在 MPI 网络上最多可以有 32 个站，一个网段的最长通信距离为 50m（通信波特率为 187.5kbps 时），更长的通信距离可以通过 RS-485 中继器扩展。

12.1.3　Profibus 通信方式

Profibus 协议用于分布式 I/O 设备（远程 I/O）的高速通信。该协议的网络使用 RS-485 标准双绞线，适合多段、远距离通信，通信波特率最高可达 12Mbps。Profibus 网络常有一个主站和几个 I/O 从站，主站初始化网络并核对网络上的从站设备和配置中的匹配情况。如果网络中有第二个主站，则它只能访问第一个主站的从站。

在 S7-200 系列的 CPU 中，CPU222、CPU224、CPU226 都可以通过扩展 EM277 来支持 Profibus 总线协议。作为 S7-200 的扩展模块，EM277 像其他 I/O 扩展模块一样，通过出厂时就带有的 I/O 总线与 CPU 相连。因 M277 只能作为从站，所以两个 EM277 之间不能通信。但可以由一台 PC 作为主站，访问几个联网的 EM277。通过 EM277 模块进行的 PROFIBUS-DP 通信，是最可靠的通信方式。建议在与 S7-300/400 或其他系统通信时，尽量使用此种通信方式。

EM277 是智能模块，其通信速率为自适应。在 S7-200 CPU 中不用做任何关于 PROFIBUS-DP 的配置和编程工作，只需对数据进行处理。PROFIBUS-DP 的所有配置工作由主站完成，在主站中需配置从站地址及 I/O 配置。

在主站中完成与 EM277 通信的 I/O 配置共有三种类型一致性数据，即字节、字、缓冲区。所谓数据的一致性，就是在 PROFIBUS-DP 传输数据时，数据的各个部分不会割裂开来传输，是保证同时更新的。

（1）字节一致性保证字节作为整个单元传送。

（2）字一致性保证组成字的两个字节总是一起传送。

（3）缓冲区一致性保证数据的整个缓冲区作为一个独立单元一起传送。如果数据值是双字或浮点数以及当一组值都与一种计算或项目有关时，也需要采用缓冲区一致性。

EM277 作为一个特殊的 PROFIBUS-DP 从站模块，其相关参数（包括上述的数据一致性）是以 GSD（或 GSE）文件的形式保存的。在主站中配置 EM277，需要安装相关的 GSD 文件。EM277 的 GSD 文件可以在西门子的中文网站下载。EM277 模块同时支持 PROFIBUS-DP 和 MPI 两种协议。EM277 模块经常发挥路由功能，使 CPU 支持这两种协议。EM277 实际上是通信端口的扩展，这种扩展可以用于连接操作面板（HMI）等。

12.1.4　ProfiNet 通信方式

ProfiNet 是一种工业以太网通信方式。S7-200 系列 PLC 可以通过以太网模块 CP243-1 及 CP243-1 IT 接入工业以太网，不仅可以实现与 S7-200、S7-300 或 S7-400 系统进行通信，还可以与 PC 应用程序通过 OPC 进行通信。

一个 CP243-1 可同时与最多 8 个以太网 S7 控制器通信，即建立 8 个 S7 连接。除此之外，还可以同时支持一个 STEP7-Micro/WIN 的编程连接。一个客户端（Client）可以包含 1～32 个数据传输操作，一个读/写操作最多可以传输 212B。如果 CP243-1 作为服务器运行，每个读操作可以传送 222B。

12.1.5　自由口通信方式

自由口通信方式是 S7-200 CPU 很重要的功能。在自由口模式下，S7-200 CPU 可以与任何通信协议公开的其他设备和控制器进行通信，也就是说 S7-200 PLC 可以由用户自己定义通信协议。

S7-200 PLC 的通信口支持 RS-485 接口标准。采用正负两根信号线作为传输线路。工作模式采用串行半双工形式，在任意时刻只允许由一方发送数据，另一方接收数据。数据传输采用异步方式，传输的单位是字符，收发双方以预先约定的传输速率，在时钟的作用下，传送这个字符中的每一位。传输速率值可以设置为 1200，2400，4800，9600，19 200，38 400，57 600，115 200，单位为 kbps。字符帧格式为一个起始位、7 或 8 个数据位、一个奇/偶校验位或者无校验位、一个停止位。字符传输从最低位开始，空闲线高电平、起始位低电平、停止位高电平。字符传输时间取决于波特率。数据发送可以是连续的也可以是断续的。所谓连续的数据发送，是指在一个字符格式的停止位之后，立即发送下一个字符的起始位，之间没有空闲线时间。而断续的数据发送，是指当一个字符帧发送后，总线维持空闲的状态，新字符起始位可以在任意时刻开始发送，即上一个字符的停止位和下一个字符的起始位之间有空闲线状态。

12.2　PPI 网络通信指令

S7-200 CPU 之间的 PPI 网络通信只需要两条简单的指令，它们是 NETR（网络读）和 NETW（网络写）指令。在网络读/写通信中，只有主站需要调用 NETR/NETW 指令，从站只需编程处理数据缓冲区（取用或准备数据）。

12.2.1　网络读/写指令

网络读/写指令是使用 PPI 协议进行通信的指令，其指令格式参见表 12-1。

表 12-1　网络读/写指令格式

指 令 名 称	梯 形 图	语 句 表	指 令 说 明
网络读指令	NETR EN　ENO TBL PORT	NETR　TBL，PORT	初始化一个通信操作，根据表（TBL）的定义，通过指定端口从远程设备上采集数据
网络写指令	NETW EN　ENO TBL PORT	NETW　TBL，PORT	初始化一个通信操作，根据表（TBL）的定义，通过指定端口向远程设备写数据

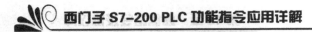

网络读/写指令有效操作数参见表 12-2。

表 12-2　网络读/写指令有效操作数

输　入	数据类型	操　作　数
TBL	BYTE	VB，MB，*VD，*LD，*AC
PORT	BYTE	常数

网络读指令可以从远程站点读取最多 16B 的信息，网络写指令可以向远程站点写最多 16B 的信息。在程序中，用户可以使用任意条网络读/写指令，但是在同一时间，最多只能有 8 条网络读/写指令被激活。例如，在所给的 S7-200 CPU 中，可以有 4 条网络读指令和 4 条网络写指令，或者 2 条网络读指令和 6 条网络写指令在同一时间被激活。

网络读/写指令的 TBL 参数为字节类型，TBL 参数的意义参见表 12-3。

表 12-3　网络读/写指令的 TBL 参数表

字节偏移量	字　节　参　数				
	7	6	5	4	3～0
0	D	A	E	0	错误代码
1	远程站地址				
2	指向远程站的数据区指针（I，Q，M 或 V）				
3					
4					
5					
6	接收/发送数据的字节数（1～16B）				
7	接收/发送数据区（数据字节 0）				
8	接收/发送数据区（数据字节 1）				
⋮	⋮				
22	接收/发送数据区（数据字节 15）				

注：表中首字节中各标志位的意义如下：

① "D" —— 完成（操作已完成）。0—未完成；1—完成。

② "A" —— 有效（操作已排队）。0—无效；1—有效。

③ "E" —— 错误。0—无错误；1—错误。

TBL 参数中错误代码的含义参见表 12-4。

表 12-4　TBL 参数中错误代码的含义

错误代码	描　　述
0	无错误
1	超时错误：远程站不响应

续表

错误代码	描　述
2	接收错误：响应中的奇偶校验出错、帧出错或校验和出错
3	离线错误：由重复站地址或失败硬件引起的冲突
4	队列上溢错误：已经激活了 8 个以上程序段读或程序段写指令
5	违反协议：尝试执行程序段读取或程序段写入指令而没有在 SMB30 或 SMB130 中启用 PPI 主站模式
6	非法参数：TBL 参数包含一个非法或无效值
7	无资源：远程站处于忙碌状态（上传或下载程序在处理中）
8	第 7 层错误：违反应用程序协议
9	消息错误：错误数据地址或错误数据长度
A～F	保留

网络读/写指令 NETR 和 NETW 的 PORT 参数为字节类型的常数，对于 CPU221，CPU222 和 CPU224 则只能取"0"；对于 CPU224XP 和 CPU226 可以取"0"或"1"。S7-200 CPU 使用特殊寄存器 SMB30（对 PORT 0）和 SMB130（对 PORT 1）定义通信口的通信方式，当 SMB30（对 PORT 0）或 SMB130（对 PORT 1）等于 2 时，启用相应端口的 PPI 通信模式。

如图 12-1 所示给出了一个实例来解释网络读/写指令的使用。本例中，考虑一条生产线正在灌装黄油桶并将其送到四台包装机中的一台上。打包机把 8 个黄油桶包装到一个纸板箱中。一个分流机控制着黄油桶流向各个打包机。4 个 CPU221 模块用于控制打包机，一个 CPU222 模块安装了 TD200 操作器接口，被用来控制分流机。

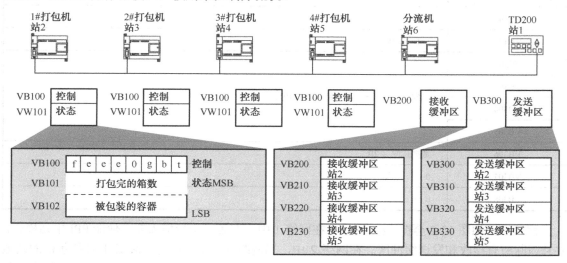

图 12-1　网络读/写指令程序实例

VB100 为控制字：t 为 1，代表没有要打包的黄油桶；b 为 1，代表必须在 30min 内添加纸盒；g 为 1，代表必须在 30min 内添加胶水；eee 代表错误代码；f 为 1，代表打包机检测到错误。VB101 为打包完的箱数；VB102 代表被包装的容器。

表 12-5 给出了接收缓冲区（VB200）中的数据，表 12-6 给出了发送缓冲区（VB300）中的数据。S7-200 使用网络读指令不断地读取每个打包机的控制和状态信息，每次某个打包机包装

完 100 箱，分流机会注意到，并用网络写指令发送一条消息清除状态字。

表 12-5　接收缓冲区

内 存 地 址	字 节 含 义				
	7	6	5	4	3~0
VB200	D	A	E	0	错误代码
VB201	远程站地址 =2				
VB202	指向远程站的数据区指针（&VB100）				
VB203					
VB204					
VB205					
VB206	数据长度 =3B				
VB207	控制位				
VB208	状态				
VB209	状态				

表 12-6　发送缓冲区

内 存 地 址	字 节 含 义				
	7	6	5	4	3~0
VB300	D	A	E	0	错误代码
VB301	远程站地址 =2				
VB302	指向远程站的数据区指针（&VB101）				
VB303					
VB304					
VB305					
VB306	数据长度 =2B				
VB307	0				
VB308	0				

程序示例如图 12-2 至图 12-4 所示。在网络 1 中，在第一个扫描周期，使能 PPI 主站模式，并且清除所有接收和发送缓冲区。在网络 2 中，当网络读指令完成时，装载 1 号打包机的站地址；装载一个指向远程站数据的指针；装载要发送的数据长度；复位 1 号打包机包装的容器数目。在网络 3 中，当网络读指令完成时，保存来自 1 号打包机的控制数据。在网络 4 中，如果不是第一个扫描周期，并且没有出错，则装载 1 号打包机的站地址；装载一个指向远程站中数据的指针；装载要接收的数据长度；读取 1 号打包机的控制和状态数据。

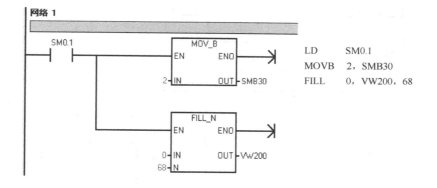

LD　　　SM0.1
MOVB　　2，SMB30
FILL　　0，VW200，68

图 12-2　初始化程序

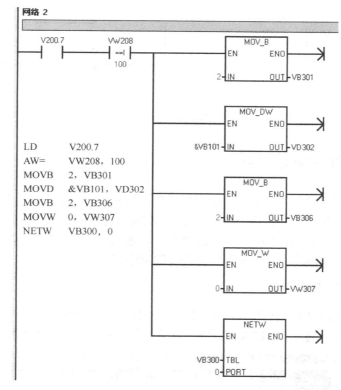

LD　　　V200.7
AW=　　VW208，100
MOVB　　2，VB301
MOVD　　&VB101，VD302
MOVB　　2，VB306
MOVW　　0，VW307
NETW　　VB300，0

图 12-3　网络写程序

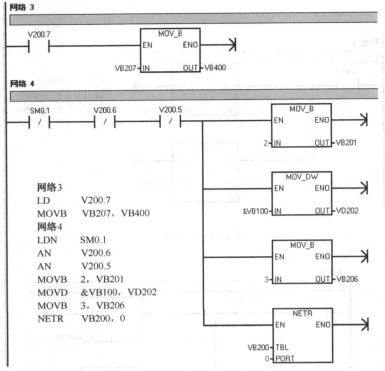

网络3
```
LD      V200.7
MOVB    VB207, VB400
```
网络4
```
LDN     SM0.1
AN      V200.6
AN      V200.5
MOVB    2, VB201
MOVD    &VB100, VD202
MOVB    3, VB206
NETR    VB200, 0
```

图 12-4　网络读程序

12.2.2　网络读/写指令向导

使用网络读/写指令进行 S7-200 CPU 间的通信比较麻烦，特别是通信表不容易填写，在使用上容易出错。为了方便用户使用，STEP7-Mirco/WIN 软件中提供了网络读/写指令向导。利用网络读写指令向导，可以很容易编写 S7-200 CPU 间的通信。现在，我们可以利用网络读/写指令向导，生成网络读/写子程序，完成对打包机任务的程序编写。

1. 激活网络读/写指令向导

打开 STEP7-Micro/WIN 软件，单击主菜单"工具"→"指令向导"，打开"指令向导"对话框，如图 12-5 所示。选中"NETR/NETW"选项，然后单击"下一步"按钮。

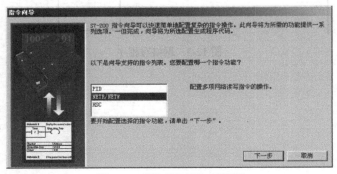

图 12-5　"指令向导"对话框

2. 指定需要的网络读/写操作数

如图 12-6 所示，设置需要进行多少项网络读/写操作。本例中只读取打包机的控制和状态信息，所以只需要 1 次网络读/写操作，因此设置为"1"，然后单击"下一步"按钮。

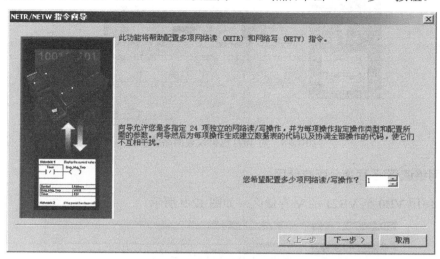

图 12-6 指定网络读/写操作次数

3. 指定端口号和子程序名称

本例中用端口 0 做 PPI 通信，选择 PLC 通信端口为 0，子程序名称可以不做修改，如图 12-7 所示，然后单击"下一步"按钮。

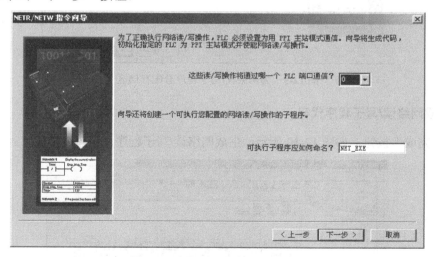

图 12-7 指定端口号和子程序名称

4. 配置网络读/写操作

对 1#打包机进行网络"读操作"，如图 12-8 所示。本例中要从 1#打包机中读取控制和状态信息，读取的字节数为 3B。1#打包机的远程 PLC 端口地址为 2，所以将远程 PLC 地址设置为 2。数据存储在本地的地址为 VB207，从远程 PLC 读取的数据地址为 VB100。

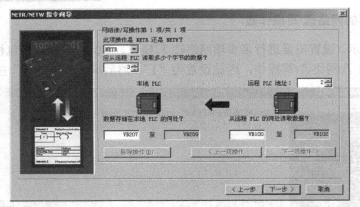

图 12-8　对 1#打包机设置网络读操作

5. 为网络读/写子程序分配存储区

本例中使用 VB0 至 VB21 的 V 存储区，如图 12-9 所示。

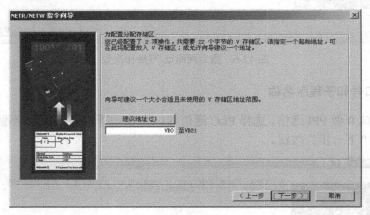

图 12-9　为网络读/写子程序分配存储区

6. 生成网络读/写子程序代码

单击"完成"按钮，如图 12-10 所示，生成网络读/写子程序。

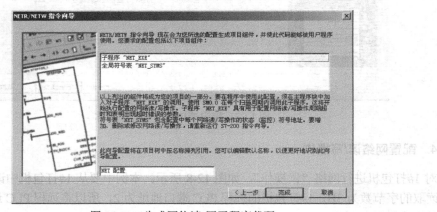

图 12-10　生成网络读/写子程序代码

通过网络读/写指令向导，生成子程序 NET_EXE。子程序 NET_EXE 根据在网络读/写指令向导中设置的参数执行通信功能，每次扫描均须调用该子程序，其参数设置参见表 12-7。

表 12-7　NET_EXE 子程序的参数表

子　程　序	输入/输出参数	数　据　类　型	输入/输出参数含义
NET_EXE EN Timeout　Cycle Error	EN	BOOL	使能，必须用 SM0.0 来使能
	Timeout	INT	超时延时： 0=不启动延时检测； 1～36 767=以秒为单位的超时延时时间。如果通信有问题的时间超出此延时时间，则报错误
	Cycle	BOOL	在每次所有网络操作完成时切换其状态
	Error	BOOL	错误参数： 0=无错误； 1=错误

　　PLC 调用子程序 NET_EXT 示例如图 12-11 所示。在网络 1 中，调用子程序 NET_EXE，读取 1#打包机的控制和状态信息。

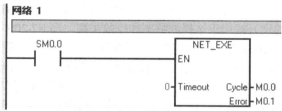

图 12-11　PLC 调用子程序 NET_EXE 示例

12.3　自由口通信指令

　　自由口通信指令包括发送指令、接收指令和端口地址指令。

12.3.1　发送和接收指令

　　发送和接收指令是使用自由口协议进行通信的指令，其指令格式参见表 12-8。

表 12-8　发送和接收指令格式

指令名称	梯　形　图	语　句　表	指　令　说　明
发送指令	XMT EN　ENO TBL PORT	XMT　TBL，PORT	用于在自由端口模式下依靠通信口发送数据

续表

指令名称	梯 形 图	语 句 表	指 令 说 明
接收指令	RCV EN　　ENO TBL PORT	RCV TBL, PORT	启动或者终止接收消息功能。必须为接收操作指定开始和结束条件。从指定的通信口接收到的消息被存储在数据缓冲区（TBL）中。数据缓冲区的第一个数据指明了接收到的字节数

发送和接收指令有效操作数参见表 12-9。

表 12-9　发送和接收指令有效操作数

输　　入	数据类型	操 作 数
TBL	BYTE	IB, QB, VB, MB, SMB, SB, *VD, *LD, *AC
PORT	BYTE	常数

通过编程，可以选择自由端口模式来控制 S7-200 的串行通信口。当选择了自由端口模式，用户程序通过使用接收中断、发送中断、发送指令和接收指令来控制通信口的操作。当处于自由端口模式时，通信协议完全由梯形图程序控制。SMB30（对于端口 0）和 SMB130（对于端口 1，如果使用的 S7-200 有两个端口的话）被用于选择波特率和校验类型。当 S7-200 处于 STOP 模式时，自由端口模式被禁止，重新建立正常的通信（例如：编程设备的访问）。在最简单的情况下，可以只用发送指令（XMT）向打印机或者显示器发送消息。其他例子包括与条码阅读器、称重计和焊机的连接。在每种情况下，都必须编写程序，来支持在自由端口模式下与 S7-200 通信设备所使用的协议。

只有当 S7-200 处于 RUN 模式时，才能进行自由端口通信。要使能自由端口模式，应该在 SMB30（端口 0）或者 SMB130（端口 1）的协议选择区中设置相应数字。处于自由端口通信模式时，不能与编程设备通信。可以使用特殊寄存器位 SM0.7 来控制自由端口模式。SM0.7 反映的是操作模式开关的当前位置。当 SM0.7 等于 0 时，开关处于 TERM 位置；当 SM0.7=1 时，操作模式开关位于 RUN 位置。如果只有模式开关处于 RUN 位置时，才允许自由端口模式，可以将开关改变到其他位置上，使用编程设备监控 S7-200 的运行。

SMB30 和 SMB130 分别配置通信口 0 和通信口 1，并且为自由端口操作提供波特率、校验和数据位数的选择。自由端口的控制字节如图 12-12 所示。每一个配置都产生一个停止位。

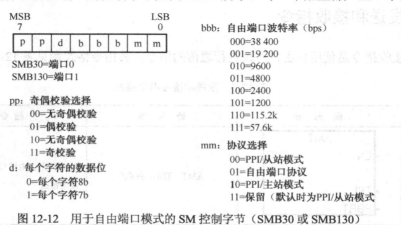

图 12-12　用于自由端口模式的 SM 控制字节（SMB30 或 SMB130）

发送指令能够发送一个或多个字节的缓冲区，最多为 255 个。如图 12-13 所示，给出了发送缓冲区的格式。如果有一个中断程序连接到发送结束事件上，在发送完缓冲区中的最后一个字符时，则会产生一个中断（对端口 0 为中断事件 9，对端口 1 为中断事件 26）。

图 12-13　发送缓冲区的格式

用户可以不使用中断来执行发送指令（例如：向打印机发送消息）。通过监视 SM4.5 或者 SM4.6 信号，判断发送是否完成。把字符数设置为 0 并执行 XMT 指令，可以产生一个 BREAK 状态。这样产生的 BREAK 状态，在线上会持续以当前波特率传输 16 位数据所需要的时间。发送 BREAK 的操作和发送其他任何消息的操作是一样的。当 BREAK 完成时，产生一个发送中断并且 SM4.5 或者 SM4.6 反应发送操作的当前状态。

接收指令能够接收一个或多个字节的缓冲区，最多为 255 个。如图 12-14 所示，给出了接收缓冲区的格式。如果有一个中断程序连接到接收消息完成事件上，在接收完缓冲区中的最后一个字符时，S7-200 会产生一个中断（对端口 0 为中断事件 23，对端口 1 为中断事件 24）。

图 12-14　接收缓冲区的格式

用户可以不使用中断，通过监视 SMB86（端口 0）或者 SMB186（端口 1）来接收消息，其含义如图 12-15 所示。当接收指令未被激活或者已经被中止时，这一字节不为 0；当接收正在进行时，这一字节为 0。

n 1=接收消息功能被终止：用户发送禁止命令。

r 1=接收消息功能被终止：输入参数错误或丢失启动或结束条件。

e 1=接收到结束字符。

t 1=接收消息功能被终止：定时器时间已用完。

c 1=接收消息功能被终止：实现最大字符计数。

p 1=接收消息功能被终止：奇偶校验错误。

图 12-15　接收信息的状态字节（SMB86 或 SMB186）

接收指令可以通过 SMB87（端口 0）或者 SMB187（端口 1）来选择消息的起始和结束条件，如图 12-16 所示。

MSB 7							LSB 0
en	sc	ec	il	c/m	tmr	bk	0

en 0=接收消息功能被禁止。
1=允许接收消息功能。
每次执行RCV指令时检查允许/禁止接收消息位。

sc 0=忽略SMB88或SMB188。
1=使用SMB88或SMB188的值检测起始消息。

sc 0=忽略SMB89或SMB189。
1=使用SMB89或SMB189的值检测结束消息。

il 0=忽略SMW90或SMW190。
1=使用SMW90或SMW190的值检测空闲状态。

c/m 0=定时器是字符间定时器。
1=定时器是消息定时器。

tmr 0=忽略SMW92或SMW192。
1=当SMW92或SMW192中的定时时间超出时终止接收。

bk 0=忽略断开条件。
1=用中断条件作为消息检测的开始。

图 12-16　接收信息的控制字节（SMB87 或 SMB187）

使用 SMB88 至 SMB94 对端口 0 进行设置，SMB188 至 SMB194 对端口 1 进行设置，发送和接收指令控制字参见表 12-10。

表 12-10　发送和接收指令控制字

端 口 0	端 口 1	描　　述
SMB88	SMB188	消息字符的开始
SMB89	SMB189	消息字符的结束
SMW90	SMW190	空闲线时间段按毫秒设定。空闲线时间用完后接收的第一个字符是新消息的开始
SMW92	SMW192	中间字符/消息定时器溢出值按毫秒设定。如果超过这个时间段，则终止接收消息
SMB94	SMB194	要接收的最大字符数（1~255B）。此范围必须设置为期望的最大缓冲区大小，即使不使用字符计数消息终端

接收指令使用接收消息控制字节（SMB87 或 SMB187）中的位来定义消息起始和结束条件。当接收指令执行时，在接收口上有来自其他器件的信号，接收消息功能有可能从一个字符的中间开始接收字符，从而导致校验错误和接收消息功能的中止。如果校验没有被使能，接收到的消息有可能包含错误字符。当起始条件被指定为一个特定的起始字符或任意字符时，这种情况有可能发生。接收指令支持几种消息起始条件。指定包含一个停顿或者一个空闲线检测的起始条件，通过在将字符放到消息缓冲区之前，用一个字符的起始来强制接收消息功能和消息的起始相同步，来避免以上问题。

1. 接收指令起始条件

（1）空闲线检测。空闲线条件定义为传输线路上的安静或空闲时间。在 SMW90 或者 SMW190 中指定其毫秒数。当接收指令在程序中执行时，接收消息功能对空闲线条件进行检测。如果在空闲线时间到之前接收到任何字符，接收消息功能会忽略那些字符并且按照 SMW90 或者 SMW190 中给定的时间值重新启动空闲线定时器，如图 12-17 所示。在空闲线时间到之后，接收消息功能将所有接收到的字符存入消息缓冲区。空闲线时间应该总是大于在指定波特率下传输一个字符（包括起始位、数据位、校验位和停止位）的时间。空闲线时间的典型值为在指定波特率下传输三个字符的时间。对于二进制协议、没有特定起始字符的协议或者指定了消息之间最小时间间隔的协议，可以使用空闲线检测作为起始条件。

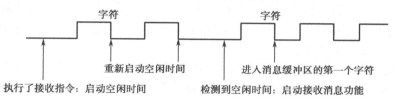

图 12-17 用空闲时间检测来启动接收指令

（2）启动字符检测。启动字符是用作消息第一个字符的任意字符。当接收到 SMB88 或者 SMB188 中指定的起始字符后，一条消息开始。接收消息功能将起始字符作为消息的第一个字符存入接收缓冲区。接收消息功能忽略所有在起始字符之前接收到的字符。起始字符和起始字符之后接收到的所有字符一起存入消息缓冲区。通常，对于所有消息都使用同一字符作为起始的 ASCII 码协议，可以使用起始字符检测。

（3）空闲线和起始字符。接收功能可启动一个组合了空闲线和起始字符的消息。当接收指令执行时，接收消息功能检测空闲线条件。在空闲线条件满足后，接收消息功能搜寻指定的起始字符。如果接收到的字符不是起始字符，接收消息功能重新检测空闲线条件。所有在空闲线条件满足和接收到起始字符之前接收到的字符被忽略掉。起始字符与字符串一起存入消息缓冲区。空闲线时间应该总是大于在指定波特率下传输一个字符（包括起始位、数据位、校验位和停止位）的时间。空闲线时间的典型值为在指定波特率下传输三个字符的时间。通常，对于指定消息之间最小时间间隔并且消息的首字符是特定设备的站号或其他消息的协议，可以使用这种类型的起始条件。这种方式尤其适用于在通信连接上有多个设备的情况。在这种情况下，只有当接收到的消息的起始字符为特定的站号或者设备时，接收指令才会触发一个中断。

（4）断开检测。当接收到的数据保持为零的时间大于完整的字符传输时间时，指示断开。一个完整字符传输时间定义为传输起始位、数据位、校验位和停止位的时间总和。如果接收指令被配置为用接收一个断点作为消息的起始，则任何在断点之后接收到的字符都会存入消息缓冲区。任何在断点之前接收到的字符都被忽略。通常，只有当通信协议需要时，才使用断点检测作为起始条件。

（5）断开和起始字符。接收指令可配置为在接收一个断开条件后开始接收字符，然后按顺序接收特定的起始字符。在断点条件满足之后，接收消息功能寻找特定的起始字符。如果收到了除起始字符以外的任意字符，接收消息功能重新启动寻找新的断点。所有在断点条件满足和接收到起始字符之前接收到的字符都会被忽略。起始字符与字符串一起存入消息缓冲区。

（6）任意字符。接收指令可配置为立即启动接收任意和所有字符，并将它们放入消息缓冲区。这是空闲线检测的一种特殊情况。在这种情况下，空闲线时间（SMW90 或者 SMW190）被设置为 0。这使得接收指令一经执行，就立即开始接收字符。

用任意字符开始一条消息允许使用消息定时器，来监控消息接收是否超时。这对于自由端口协议的主站是非常有用的，并且当在指定时间内，没有来自从站的任何响应的情况，也需要采取超时处理。由于空闲线时间被设置为 0，当接收指令执行时，消息定时器启动。如果没有其他终止条件满足，消息定时器超时会结束接收消息功能。

2. 接收指令结束消息的方式

结束消息的方式可以是以下一种或者几种的组合。

（1）结束字符检测。结束字符是用于指定消息结束的任意字符。在找到起始条件之后，接收指令检查每一个接收到的字符，并且判断它是否与结束字符匹配。如果接收到了结束字符，将其存入消息缓冲区，接收结束。通常，对于所有消息都使用同一字符作为结束的 ASCII 码协议，可以使用结束字符检测，可以使用结束字符检测与字符间定时器、消息定时器或者最大字符计数相结合来结束一条消息。

（2）字符间定时器。字符间时间是从一个字符的结束（停止位）到下一个字符的结束（停止位）的时间。如果两个字符之间的时间间隔（包括第二个字符）超过了 SMW92 或者 SMW192 中指定的毫秒数，接收消息功能结束。接收到每个字符后，字符间定时器重新启动，如图 12-18 所示。当协议没有特定的消息结束字符时，可以用字符间定时器来结束一条消息。由于定时器总是包含接收一个完整字符（包括起始位、数据位、校验位和停止位）的时间，因而该时间值应设置为大于在指定波特率下传输一个字符的时间。可以使用字符间定时器与结束字符检测或者最大字符计数相结合，来结束一条消息。

图 12-18　使用字符间定时器来结束接收指令

（3）消息定时器。消息定时器在启动消息后指定的时间终止消息。接收消息功能的启动条件一满足，消息定时器就启动。当经过的时间超出 SMW92 或者 SMW192 中指定的毫秒数时，消息定时器时间到，如图 12-19 所示。通常，当通信设备不能保障字符中间没有时间间隔或者使用调制解调器通信时，可以使用消息定时器。对于调制解调器方式，可以用消息定时器指定一个从消息开始算起，接收消息允许的最大时间。消息定时器的典型值大约是在当前波特率下，接收到消息所需最长时间值的 1.5 倍。可以使用消息定时器与结束字符检测或者最大字符计数相结合，来结束一条消息。

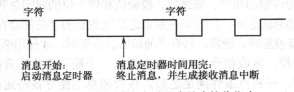

图 12-19　使用消息定时器来结束接收指令

（4）最大字符计数。接收指令必须已知要接收的最大字符数（SMB94 或 SMB194）。当达到或者超出这个值，接收消息功能结束。即使不会被用作结束条件，接收指令要求用户指定一个最大字符个数。这是因为接收指令需要知道接收消息的最大长度，这样才能保证消息缓冲区之后的用户数据不会被覆盖。对于消息的长度已知并且恒定的协议，可以使用最大字符计数来结束消息。最大字符计数总是与结束字符检测、字符间定时器或者消息定时器结合在一起使用。

（5）奇偶校验错误。当硬件发出信号指示在接收的字符上有奇偶校验错误时，接收指令自动终止。只有在 SMB30 或者 SMB130 中使能了校验位，才有可能出现校验错误。没有办法禁止此功能。

（6）用户终止。用户程序可以通过执行另一个在 SMB87 或 SMB187 中的启用位设置为零的接收指令来终止接收消息功能。这样可以立即终止接收消息功能。

为了完全适应对各种协议的支持，也可以使用字符中断控制的方式接收数据。接收每个字符时都会产生中断。在执行与接收字符事件相连的中断程序之前，接收到的字符存入 SMB2 中，校验状态（如果使能的话）存入 SM3.0。SMB2 是自由端口接收字符缓冲区。在自由端口模式下，每一个接收到的字符都会存放到这一位置，便于用户程序访问。SMB3 用于自由端口模式。它包含一个校验错误标志位。当接收字符的同时检测到校验错误时，该位被置位。该字节的其他位被保留。利用校验位丢弃消息或向该消息发送否定应答。在较高的波特率下（38.4～115.2kbps）使用字符中断时，中断之间的时间间隔会非常短。例如：在 38.4kbps 时为 260μs；在 57.6kbps 时为 173μs；在 115.2kbps 时为 86μs。确保中断程序足够短，不会丢失字符。

SMB2 和 SMB3 共享端口 0 和端口 1。当接收端口 0 上的字符导致执行附加在那个事件（中断事件 8）的中断程序时，SMB2 包含端口 0 上接收的字符，而 SMB3 包含该字符的奇偶校验状态。当接收端口 1 上的字符导致执行附加在那个事件（中断事件 25）的中断程序时，SMB2 包含端口 1 上接收的字符，而 SMB3 包含该字符的奇偶校验状态。

发送和接收程序分为主程序和中断程序，其主程序示例如图 12-20 所示。在主程序中，在第一次扫描时初始化自由口通信的状态字。初始化自由端口：选择波特率为 9600bps、选择 8b 数据位、选择无校验位。初始化 RCV 消息控制字节：启用 RCV、检测消息结束字符、检测空闲线消息条件。将消息结束字符设为十六进制 0A。将空闲线超时设置为 5ms。将最大字符设为 100。将中断 0 连接到接收完成事件。将中断 2 连接到发送完成事件。启用从 VB100 开始的缓冲区。启用用户中断。

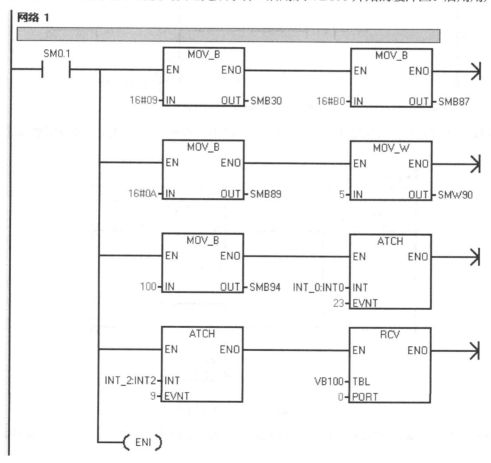

图 12-20 发送和接收主程序示例

分

中断 0 子程序如图 12-21 所示。当接收完成时，如果接收状态显示接收结束字符，则连接一个 10 ms 定时器，触发发送并返回；如果接收因其他原因完成，则启动新的接收。

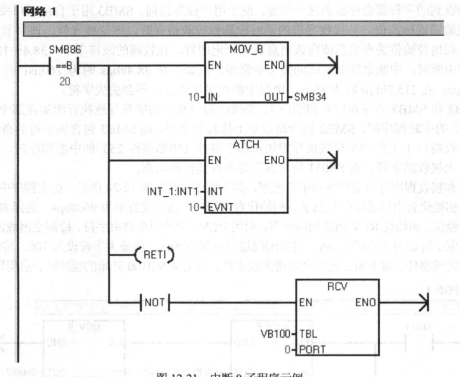

图 12-21　中断 0 子程序示例

中断 1 子程序如图 12-22 所示。在此中断程序中，断开定时器中断，并将消息发送给端口上的设备。

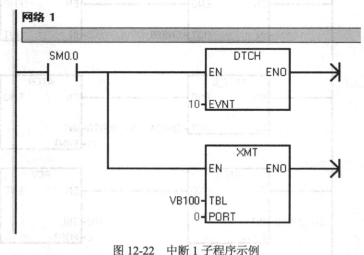

图 12-22　中断 1 子程序示例

中断 2 子程序如图 12-23 所示。在此中断程序中，当发送完成时，启用另一个接收。

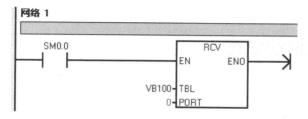

图 12-23　中断 2 子程序示例

12.3.2　端口地址指令

端口地址指令包括获取端口地址指令和设置端口地址指令，其指令格式参见表 12-11。

表 12-11　端口地址指令格式

指 令 名 称	梯 形 图	语 句 表	指 令 说 明
获取端口地址指令	GET_ADDR EN　ENO ADDR PORT	GPA　ADDR, PORT	读取 PORT 指定的 CPU 口的站地址，并将数值放入 ADDR 指定的地址中
设置端口地址指令	SET_ADDR EN　ENO ADDR PORT	SPA　ADDR, PORT	将端口（PORT）的站地址设置为 ADDR 指定的数值。新地址不能永久保存。重新上电后，端口地址将返回到原来的地址值（用系统块下载的地址）

端口指令有效操作数参见表 12-12。

表 12-12　端口指令有效操作数

输　入	数 据 类 型	操　作　数
ADDR	BYTE	IB, QB, VB, MB, SMB, SB, LB, AC, *VD, *LD, *AC, 常数（常数值仅用于设置端口地址指令）
PORT	BYTE	常数

端口地址指令程序示例如图 12-24 所示。在网络 1 中，在第一个扫描周期，将端口 0 的地址读取到 MB0 中，并将端口 0 的地址设置为 2。

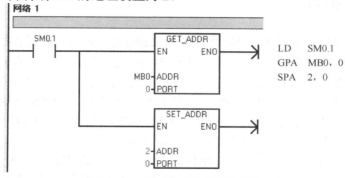

图 12-24　端口地址指令程序示例

12.4　USS 通信协议库

12.4.1　USS 协议简介

USS（Universal Serial Interface，通用串行通信接口）是西门子专为驱动装置开发的通信协议，可以支持变频器与 PLC 或 PC 的通信连接，是一种基于串行总线进行数据通信的协议。

USS 协议是主-从站结构协议，规定了在 USS 总线上可以有一个主站和最多 31 个从站。总线上的每个从站都有唯一的站地址，主站依靠站地址标志各个从站。USS 的工作机制是，通信总是由主站发起，USS 主站不断循环轮询各个从站，从站根据收到的指令，决定是否以及如何响应主站。从站永远不会主动发送数据。从站只有在接收到的主站报文没有错误，并且当从站在接收到主站报文中被寻址时，才会响应主站的信息。

USS 协议的波特率最高可达 115.2kbps，通信字符格式为 1 位起始位、1 位停止位、1 位偶校验位和 8 位数据位。USS 通信的刷新周期与 PLC 的扫描周期是不同步的，一般完成一次 USS 通信需要几个 PLC 扫描周期，通信时间和总线上的变频台数、波特率及扫描周期有关。不同波特率下的 USS 主站轮询时间参见表 12-13。

表 12-13　USS 主站轮询时间

波特率（bps）	主站轮询从站的时间间隔（无参数访问指令）
2400	130 ms x 从站数
4800	75 ms x 从站数
9600	50 ms x 从站数
19 200	35 ms x 从站数
38 400	30 ms x 从站数
57 600	25 ms x 从站数
115 200	25 ms x 从站数

12.4.2　USS 指令库

USS 指令库是西门子为方便用户使用 USS 协议进行通信而专门编写的库，使用该指令库，用户不需要详细了解 USS 协议格式，通过简单的调用即可实现 USS 协议通信。USS 指令库对端口 0 和端口 1 都有效，并设置通信口工作在自由口模式下。端口 1 库在 POU 名称后附加了一个 _P1（例如 USS_INIT_P1），用于指示 POU 使用 CPU 上的端口 1。USS 指令库使用了一些用户中断功能，编写其他程序时，不能在用户程序中禁止中断。当 S7-200 CPU 端口用于 USS 协议通信时，它无法用于其他用途，包括与 STEP 7-Micro/WIN 通信。

USS 指令库包括初始化指令 USS_INIT、控制指令 USS_CTRL、读无符号字参数指令 USS_RPM_W、读无符号双字参数指令 USS_RPM_D、读浮点数参数指令 USS_RPM_R、写无符号字参数指令 USS_WPM_W、写无符号双字参数指令 USS_WPM_D 和写浮点数参数指令 USS_WPM_R。

（1）初始化指令 USS_INIT 用于启用或禁止 PLC 和变频器之间的通信，在执行其他 USS 指令前，必须先成功执行一次 USS_INIT 指令。在每一次通信状态改变时只执行一次 USS_INIT 指令即可。USS_INIT 指令格式参见表 12-14。

表 12-14　USS_INIT 指令

梯 形 图	输入/输出参数	数据类型	输入/输出参数含义
USS_INIT EN Mode　Done Baud　Error Active	EN	BOOL	使用 SM0.1 保证第一个扫描周期执行一次
	Mode	BYTE	启动/停止 USS 协议：1=启动；0=停止
	Baud	DWORD	波特率。支持的通信波特率（bps）为 1200, 2400, 4800, 9600, 19 200, 38 400, 57 600 和 115 200
	Active	DWORD	决定网络上的哪些 USS 从站在通信中有效
	Done	BOOL	成功初始化后置 1
	Error	BYTE	指令的执行结果，在 Done 位为 1 时有效

USS_INIT 指令的 Active 参数用来表示网络上哪些 USS 从站要被主站访问，即在主站的轮询表中被激活。网络上作为 USS 从站的驱动装置，每个都有不同的 USS 协议地址，主站要访问的驱动装置，其地址必须在主站的轮询表中被激活。USS_INIT 指令只用一个 32b 长的双字来映射 USS 从站有效地址表。在这个 32b 的双字中，每一位的位号表示 USS 从站的地址号；要在网络中激活某地址号的驱动装置，则需要把相应位号的位置设为二进制数 “1”，不需要激活 USS 从站，相应的位设置为 “0”。最后对此双字取无符号整数就可以得出 Active 参数的取值，参见表 12-15。

表 12-15　USS_INIT 指令 Active 参数示例

位 号	MSB31	30	29	28	…	3	2	1	LSB0
对应从站地址	31	30	29	28	…	3	2	1	0
从站激活标志	0	0	0	0	…	0	1	0	0
Active 取值	16#00000004								

在表 12-15 中，使用站地址为 3 的变频器，则在位号为 3 的位单元格中填入二进制数 “1”。其他不需要激活的地址对应的位设置为 “0”。计算出的 Active 值为 16#00000004，也等于十进制数 4。

（2）控制指令 USS_CTRL 用于控制已经被 USS_INIT 激活的变频器，每台变频器只能使用一条控制指令。该指令将用户命令放在通信缓冲区内，如果已经在 USS_INIT 指令的激活参数中选择了驱动器，则将用户命令发送到相应驱动器中。USS_CTRL 指令格式参见表 12-16。

表 12-16　USS_CTRL 指令

梯 形 图	输入/输出参数	数据类型	输入/输出参数含义
	EN	BOOL	使用 SM0.0 保证每个扫描周期执行一次
	RUN	BOOL	驱动装置启动/停止控制。0=停止，1=启动。停止是按照驱动装置中设置的斜坡减速时间使电动机停止

续表

梯 形 图	输入/输出参数	数据类型	输入/输出参数含义

USS_CTRL
EN
 	
RUN
 	
OFF2
 	
OFF3
 	
F_ACK
 	
DIR
 	
Drive   Resp_R
Type   Error
Speed_SP Status
        Speed
        Run_EN
        D_Dir
        Inhibit
        Fault
	OFF2	BOOL	停车信号 2。此信号为"1"时，驱动装置将封锁主回路输出，电动机自由停车

	OFF3	BOOL	停车信号 3。此信号为"1"时，驱动装置将快速停车
	F_ACK	BOOL	故障确认
	DIR	BOOL	电动机运转方向控制
	Drive	BYTE	驱动装置在 USS 网络上的站地址
	Type	BYTE	指示驱动装置类型。0=MM3 系列，1=MM4 系列
	Speed_SP	REAL	速度设定值
	Resp_R	BOOL	从站应答确认信号
	Error	BYTE	错误代码： 0=无出错
	Status	WORD	驱动装置的状态字
	Speed	REAL	驱动装置返回的实际运转速度值
	Run_EN	BOOL	运行模式反馈
	D_Dir	BOOL	驱动装置的运转方向
	Inhibit	BOOL	驱动装置禁止状态指示： 0=未禁止 1=禁止状态
	Fault	BOOL	故障指示位： 0=无故障 1=有故障

（3）读取变频器参数指令包括读无符号字参数指令 USS_RPM_W、读无符号双字参数指令 USS_RPM_D 和读浮点数参数指令 USS_RPM_R 三种指令，这三种指令的参数功能完全相同，只是参数 Value 的数据类型不同，其指令格式参见表 12-17。

表 12-17 USS_RPM_W 指令

梯 形 图	输入/输出参数	数据类型	输入/输出参数含义
USS_RPM_W EN XMT_REQ Drive Done Param Error Index Value DB_Ptr	EN	BOOL	使能读指令
	XMT_REQ	BOOL	发送请求。必须使用边沿检测指令触发
	Drive	BYTE	驱动装置在 USS 网络上的站地址
	Param	WORD	参数号
	Index	WORD	参数下标
	DB_Ptr	DWORD	指向 16B 的数据缓冲区
	Done	BOOL	读功能完成后置 1
	Error	BYTE	错误代码。0=无出错
	Value	WORD	读出的数据值

（4）写变频器参数指令包括写无符号字参数指令 USS_WPM_W、写无符号双字参数指令 USS_WPM_D 和写浮点数参数指令 USS_WPM_R 三种指令，这三种指令的参数功能完全相同，只是参数 Value 的数据类型不同，其指令格式参见表 12-18。

表 12-18　USS_WPM_W 指令

梯 形 图	输入/输出参数	数 据 类 型	输入/输出参数含义
USS_WPM_W EN XMT_REQ EEPROM Drive　　Done Param　　Error Index Value DB_Ptr	EN	BOOL	使能读指令
	XMT_REQ	BOOL	发送请求。必须使用边沿检测指令触发
	EEPROM	BOOL	1=向驱动器 EEPROM 和 RAM 写入数值 0=仅向驱动器的 RAM 写入数值
	Drive	BYTE	驱动装置在 USS 网络上的站地址
	Param	WORD	参数号
	Index	WORD	参数下标
	Value	WORD	需要向驱去吧器写入的参数值
	DB_Ptr	DWORD	指向 16B 的数据缓冲区
	Done	BOOL	写功能完成后置 1
	Error	BYTE	错误代码。0=无出错

在 S7-200 程序中使用 USS 协议指令时，必须遵循下列步骤。

（1）在程序中插入 USS_INIT 指令并且该指令只在一个循环周期内执行一次，可以用 USS_INIT 指令启动或改变 USS 通信参数。当插入 USS_INIT 指令时，若干个隐藏的子程序和中断服务程序会自动地加入到的程序中。

（2）在程序中为每个激活的驱动只使用一个 USS_CTRL 指令，可以按需求尽可能多地使用 USS_RPM_x 和 USS_WPMx 指令，但是，在同一时刻，这些指令中只能有一条是激活的。

（3）在指令树中选中程序块图标，通过单击鼠标右键（显示菜单）为这些库指令分配 V 存储区。选择库存储区选项，显示"库存储区分配"对话框。

（4）组态驱动参数使之与程序中所用的波特率和站地址相匹配。

（5）连接 S7-200 和驱动之间的通信电缆。确保连接至驱动器的所有控制设备，通过一条短而粗的电缆连接到同一个地。

STEP7-Micro/WIN 指令库提供子程序、中断例行程序和指令支持 USS 协议。USS 指令使用 S7-200 中的以下资源：

（1）USS 协议是一种中断驱动的应用程序。在最糟糕的情况下，接收消息中断例行程序执行最多需要 2.5ms。在该时间内，执行了接收消息中断例行程序后，所有其他中断事件排队等待服务。如果应用不容许该类最糟糕情况的延迟，则可能需要考虑用于控制驱动器的其他解决方案。

（2）初始化 USS 协议使一个 S7-200 端口专用于 USS 通信，可使用 USS_INIT 指令来选择用于端口 0 的 USS 或 PPI，还可使用 USS_INIT_P1 分配 USS 通信的端口 1。当一个端口设置使用 USS 协议与驱动器通信时，无法使用其他用途的端口，包括与 STEP7-Micro/WIN 通信。在为使用 USS 协议的应用开发程序时，应使用一个双端口模型，CPU 226、CPU 224XP 或连接至计算机 PROFIBUS CP 卡的 EM 277 PROFIBUS_DP 模块。第二个通信端口允许 STEP7-Micro/WIN 在 USS 协议运行期间监视控制程序。

（3）USS 指令影响与所分配端口上自由端口通信相关的所有 SM 位置。

（4）USS 例行程序和中断例行程序存储在程序中。

（5）USS 指令使得用户程序对存储空间的需求最多可增加 3050B。根据所使用的特定的 USS 指令，这些指令所支持的路径使控制程序对存储空间的分摊增加至少 2150B，最多 3500B。

（6）USS 指令的变量需要 400B 的 V 存储区，该区域的起始地址由用户指定并保留给 USS 变量。

（7）有一些 USS 指令还要求 16B 的通信缓存区。作为一个指令的参数，要为该缓存区提供一个 V 存储区的起始地址。建议为每一例 USS 指令指定一个单独的缓存区。

（8）在执行计算时，USS 指令使用累加器 AC0 至 AC3。累加器也可用在程序中；但累加器中的数值将由 USS 指令更改。

（9）USS 指令不能用在中断程序中。

USS 协议程序示例如图 12-25 和图 12-26 所示。在网络 1 中，在第一个扫描周期，启用端口 0 的 USS 协议，波特率为 19 200 bps，驱动器地址"0"有效。在网络 2 中，控制 0 号驱动器的参数。在网络 3 中，从驱动器 0 读取读参数 5 索引 0 的值。在网络 4 中将一个字参数写入到驱动器 0 的参数 2000 索引 0。

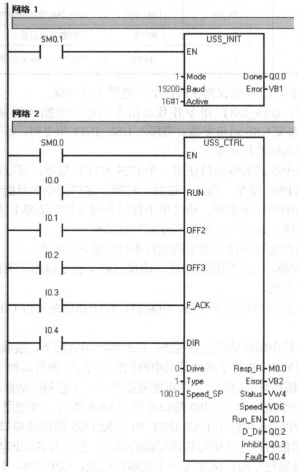

图 12-25 USS 初始化及控制程序示例

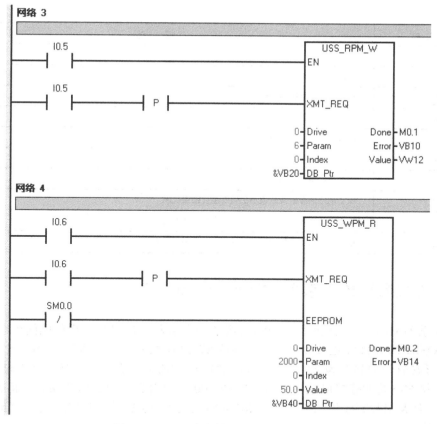

图 12-26 USS 读参数及写参数程序示例

USS 指令的错误代码参见表 12-19。

表 12-19 USS 指令错误代码

错 误 代 码	描　　　述
0	无错
1	驱动没响应
2	来自驱动的响应中检测到校验和错误
3	来自驱动的响应中检测到检验错误
4	由来自用户程序的干扰引起的错误
5	尝试非法命令
6	提供非法驱动地址
7	通信口未设为 USS 协议
8	通信口正忙于处理某条指令
9	驱动速度输入超限
10	驱动响应的长度不正确
11	驱动响应的第一个字符不正确
12	驱动响应的长度字符不被 USS 指令所支持

错 误 代 码	描　　述
13	错误的驱动响应
14	提供的 DB_Ptr 地址不正确
15	提供的参数号码不正确
16	所选协议无效
17	USS 活动；不允许更改
18	指定的波特率非法
19	无通信；驱动器不活动
20	驱动响应的参数或数值不正确或包含错误代码
21	请求一个字类型的数值却返回一个双字类型值
22	请求一个双字类型的数值却返回了一个字类型值

12.4.3　连接和设置 4 系列 MicroMaster 驱动

连接 4 系列 MicroMaster 驱动，将 485 电缆的两端插入为 USS 操作提供的两个卡式接线端。标准的 PROFIBUS 电缆和连接器可以用于连接 S7-200。如图 12-27 所示，RS-485 另外一端的两根接线必须插在 MM4 驱动的终端。在做 MM4 驱动的电缆连接时，取下驱动的前盖板露出接线终端。接线终端的连接以数字标志，在 S7-200 端使用 PROFIBUS 连接器，将 A 端连至驱动端的 15（对 MM420 而言）或 30（对 MM440 而言）。将 B 端连到接线端 14（MM420）或 29（MM440）。

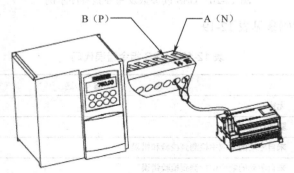

图 12-27　连接到 MM420 的接线终端

如果 S7-200 是网络中的端点，或者，如果是点到点的连接，则必须使用连接器的端子 A_1 和 B_1（而非 A_2 和 B_2），因为这样可以接通终端电阻。如果驱动器在网络中组态为端点站，那么终端和偏置电阻必须正确地连接至连接终端上。

在将驱动连至 S7-200 之前，必须确保驱动具有以下系统参数。使用驱动上的按键设置参数。

（1）将驱动器复位到出厂设置：　P0010=30；P0970=1。

如果跳过该步骤，则确保将下列参数设为这些数值：

USS PZD 长度，2012 索引 0=2。

USS PKW 长度，P2013 索引 0=127。

（2）启用所有参数的读/写访问（专家模式）：P0003=3。

（3）检查驱动器的电动机设置。

P0304=电动机额定电压（V）。

P0305=电动机额定电流（A）。

P0307=电动机额定功率（W）。

P0310=电动机额定频率（Hz）。

P0311=电动机额定速度（RPM）。

这些设置因使用的电动机而不同。要设置参数 P304，P305，P307，P310 和 P311，必须先将参数 P010 设置为 1（快速调试模式）。当完成参数设置时，将参数 P010 设置为 0。只能在快速调试模式中更改参数 P304，P305，P307，P310 和 P311。

（4）设置本地/远程控制模式：P0700 索引 0=5。

（5）根据 COM 链路上的 USS 设置选择频率设定值：P1000 索引 0=5。

（6）斜坡上升时间（可选）：P1120=0～650.00。这是一个以秒（s）为单位的时间，在这个时间内，电动机加速至最高频率。

（7）斜坡下降时间（可选）：P1121=0～650.00。这是一个以秒（s）为单位的时间，在这个时间内，电动机减速至完全停止。

（8）设置串行链路参考频率：P2000=1～650 Hz。

（9）设置 USS 规格化：P2009 索引 0=0。

（10）设置 RS-485 串行接口的波特率：P2010 索引 0= 6（9600bps）。

（11）输入从站地址：P2011 索引 0=0～31。每个驱动器（最多 31）都可通过总线操作。

（12）设置串行链路超时：P2014 索引 0=0～65 535ms（0=超时被禁止）。这是到来的两个数据报文之间最大的间隔时间。该特性可用来在通信失败时关断变频器。当收到一个有效的数据报文后，计时启动。如果在指定时间内未收到下一个数据报文，变频器关断并显示故障代码 F0070。该值设置为零则关断该控制。

（12）从 RAM 向 EEPROM 传送数据：P0971=（启动传送）将参数设置的改变存入 EEPROM。

12.5　Modbus 通信协议库

12.5.1　Modbus 协议简介

Modbus 是一种串行通信协议，是 Modicon 于 1979 年，为使用可编程逻辑控制器（PLC）而发布的。事实上，它已经成为工业领域通信协议标准，并且现在是工业电子设备之间相当常用的连接方式。

Modbus 传输协议定义了控制器可以识别和使用的信息结构，而无须考虑通信网络的拓扑结构。它定义了各种数据帧格式，描述了控制器访问另一设备的过程，怎样做出应答响应，以及可检查和报告的错误。

Modbus 具有两种串行传输模式：ASCII 和 RTU。它们定义了数据如何打包、解码的不同方式。支持 Modbus 协议的设备一般都支持 RTU 格式。

Modbus 是一种单主站的主/从通信模式。Modbus 网络上只能有一个主站存在，主站在 Modbus 网络上没有地址，从站的地址范围为 0～247。其中，0 为广播地址，实际从站的地址范围为 1～247。

Modbus 通信标准协议可以通过各种传输方式传播，如 RS-232C、RS-485、光纤、无线电等。在 S7-200 CPU 通信口上实现的是 RS-485 半双工通信，使用的是 S7-200 的自由口功能。

12.5.2　Modbus 协议使用

STEP7-Micro/WIN 指令库通过包括预组态的子程序和专门设计用于 Modbus 通信的中断例行程序，使与 Modbu 主站和从站设备的通信变得更简单。Modubs 协议指令可以将 S7-200 组态作为 Modbus RTU 从站设备工作，可与 Modbus 主站设备进行通信。Modbus 主站指令可将 S7-200 组态作为 Modbus RTU 主站设备工作，并与一个或多个 Modbus 从站设备通信，可以在 STEP7-Micro/WIN 指令树的库文件夹中安装这些 Modbus 指令。这些指令允许 S7-200 作为 Modbus 设备工作。当在程序中输入一个 Modbus 指令时，自动将一个或多个相关的子程序添加到项目中。Modbus 主站协议库有两个版本：一个版本使用 CPU 的端口 0，另一个版本使用 CPU 的端口 1。端口 1 库在 POU 名称后附加了一个 _P1（例如，MBUS_CTRL_P1），用于指示 POU 使用 CPU 上的端口 1。两个 Modbus 主站库在所有其他方面均完全相同。Modbus 从站库仅支持端口 0 通信。

Modbus 主站协议指令使用来自 S7-200 的以下资源。

（1）初始化 Modbus 主站协议使特定的 CPU 端口专用于 Modbus 主站协议通信。当 CPU 端口用于 Modbus 主站协议通信时，它无法用于其他用途，包括与 STEP7-Micro/WIN 通信。MBUS_CTRL 指令控制 Port0 的设定是 Modbus 主站协议还是 PPI 协议。MBUS_CTRL_P1 指令（来自端口 1 库）控制将端口 1 分配给 Modbus 主站协议或 PPI 协议。

（2）Modbus 主站协议指令影响与所使用的自由端口通信相关的所有 SM 位置。

（3）Modbus 主站协议指令使用 3 个子程序和 1 个中断例行程序。

（4）Modbus 主站协议指令要求约 1620B 的程序空间来存储两个 Modbus 主站指令和支持例行程序。

（5）Modbus 主站协议指令的变量要求 284B 的 V 存储区。该存储区的起始地址由用户指定，保留给 Modbus 变量。

（6）S7-200 CPU 必须是固化程序版本为 V2.0 或更高版本，才能支持 Modbus 主站协议库。

（7）Modbus 主站库的某些功能使用用户中断。不得由用户程序禁止用户中断。

Modbus 从站协议指令占用 S7-200 的以下资源：

（1）初始化 Modbus 从站协议占用 Port 0 作为 Modbus 从站协议通信。当 Port 0 用作 Modbus 从站协议通信时，它不能再用作任何其他目的，包括与 STEP7-Micro/WIN 通信。MBUS_INIT 指令控制 Port 0 的设定是 Modbus 从站协议还是 PPI 协议。

（2）Modbus 从站协议指令影响与端口 0 自由端口通信相关的所有 SM 位置。

（3）Modbus 从站协议指令使用 3 个子程序和 2 个中断服务程序。

（4）Modbus 从站协议指令的两个 Modbus 从站指令及其支持子程序需占用 1857B 的程序空间。

（5）Modbus 从站协议指令的变量要求 779B 的 V 存储区。该存储区的起始地址由用户指定，保留给 Modbus 变量。

Modbus 主站协议每次扫描只需少量时间即可执行 MBUS_CTRL 指令。当 MBUS_CTRL 正在初始化 Modbus 主站（第 1 次扫描）时，时间约为 1.11ms，在后续扫描中时间约为 0.41ms。当 MBUS_MSB 子程序执行请求时，延长扫描时间。大部分时间用于计算请求和响应的 ModbusCRC。CRC（循环冗余校验）确保通信信息的完整性。对请求和响应的每个字，扫描时间约延长 1.85ms。最大请求/响应（读或写 120 个字）将扫描时间延长约 222ms。当从从站接收响应时，主要由读请求延长扫描时间，当发送请求时，读请求对扫描时间的影响较小。当将数据发送至从站时，主要由写请求延长扫描时间，而在接收响应时，写请求影响程度较小。

Modbus 通信使用 CRC（循环冗余检验）以确保通信信息的完整性。Modbus 从站协议使用一个预计算值的表以减少信息处理所需的时间。CRC 表的初始化需要大约 240ms。该初始化在 MBUS_INIT 内部完成，而且通常是在进入 RUN 模式的第一个用户程序周期完成。如果 MBUS_INIT 子程序和任何其他用户初始化所需的时间超过 500ms 的循环时间监控，需要复位时间看门狗电路。当 MBUS_SLAVE 子程序进行请求服务时循环时间增加。由于大部分时间消耗在计算 Modbus CRC 上，所以对于每一字节的请求和响应，循环时间增加 420ms。最大的请求/响应（读或写 120 字）可增加循环时间大约 100ms。

在 S7-200 程序中使用 Modbus 主站指令请遵循以下步骤。

（1）在程序中插入 MBUS_CTRL 指令，在每次扫描时执行 MBUS_CTRL，可以使用 MBUS_CTRL 指令初始化或改变 Modbus 通信参数。当插入 MBUS_CTRL 指令时，几个隐藏的子程序和中断服务程序会自动地添加到程序中。

（2）使用库存储器命令为 Modbus 主站协议指令所需的 V 存储器分配一个起始地址。

（3）在程序中输入一个或多个 MBUS_MSG 指令，可以按要求将多个 MBUS_MSG 指令添加到程序中，但每次只有一个指令处于活动状态。

（4）连接 S7-200 CPU 上的端口 0 （或对端口 1 库，使用端口 1）和 Modbus 从站设备之间的通信电缆。

在 S7-200 程序中使用 Modbus 从站指令请遵循以下步骤。

（1）在程序中插入 MBUS_INIT 指令并且只在一个循环周期中执行该指令，MBUS_INIT 指令可用于对 Modbus 通信参数的初始化或修改。当插入 MBUS_INIT 指令时，几个隐藏的子程序和中断服务程序会自动地添加到程序中。

（2）使用库存储器命令为 Modbus 从站协议指令所要求的 V 存储器分配一个起始地址。

（3）在程序中只使用一个 MBUS_SLAVE 指令。该指令在每个循环周期中执行，为接收到的所有请求提供服务。

（4）使用通信电缆将 S7-200 的端口 0 和 Modbus 主站设备连接在一起。

累加器（AC0，AC1，AC2，AC3）由 Modbus 从站指令使用并显示在交叉参考列表中。在执行前，Modbus 从站指令在累加器中的数值被存储并在 Modbus 从站指令完成前恢复到累加器中，确保在执行 Modbus 从站指令时，所有在累加器中的用户数据都得到保护。

12.5.3　S7-200 Modbus RTU 主站指令库

Modbus RTU 主站指令库的功能是通过在用户程序中调用预先编好的程序功能块实现的，该库对 Port0 和 Port1 有效，并设置通信口工作在自由口模式下。Modbus RTU 主站指令库使用了一些用户中断功能，编写其他程序时，不能在用户程序中禁止中断。当 S7-200 CPU 端口用于 Modbus 主站协议通信时，它无法用于其他用途，包括与 STEP7-Micro/WIN 通信。

Modbus RTU 主站指令库包括主站初始化程序 MBUS_CTRL 和读写子程序 MBUS_MSG，需要一个 284B 的全局 V 存储区。

端口 0 的 MBUS_CTRL 指令（或端口 1 的 MBUS_CTRL_P1 指令）用来初始化、监控或禁用 Modbus 通信。MBUS_CTRL 指令必须无错误地执行，然后才能够使用 MBUS_MSG 指令。每次扫描（包括第一次扫描）都必须调用 MBUS_CTRL 指令，以便使它能够监控由 MBUS_MSG 指令启动的所有待处理的信息进程。除非每次扫描都调用 MBUS_CTRL 指令，否则 Modbus 主站协议将不能正常工作。MBUS_CTRL 的指令格式参见表 12-20。

表 12-20　MBUS_CTRL 指令

梯 形 图	输入/输出参数	数 据 类 型	输入/输出参数含义
MBUS_CTRL EN Mode Baud　　Done Parity　　Error Timeout	EN	BOOL	使用 SM0.0 保证每一扫描周期都被使能
	Mode	BOOL	模式： 为 1 时，使能 Modbus 协议功能 为 0 时，恢复为系统 PPI 协议
	Baud	DWORD	波特率。支持的通信波特率（bps）为 1200、2400、4800、9600、19 200、38 400、57 600 和 115 200
	Parity	BYTE	校验方式选择： 0=无校验 1=奇校验 2=偶校验
	TimeOut	INT	主站等待从站响应的时间，以毫秒（ms）为单位，典型的设置值为 1000ms，允许设置的范围为 1~32767
	Done	BOOL	初始化完成，此位会自动置 1
	Error	BYTE	指令的执行结果，在 Done 位为 1 时有效

端口 0 的 MBUS_MSG 指令（或对端口 1 使用 MBUS_MSG_P1）用于启动到 Modbus 从站的请求，并处理响应。发送请求、等待响应和处理响应通常要求多个扫描周期。一次只能有一个 MBUS_MSG 指令处于活动状态。如果启用了一个以上 MBUS_MSG 指令，则将处理第一个 MBUS_MSG 指令，所有后续 MBUS_MSG 指令将被中止，并输出错误代码 6。MBUS_MSG 的指令格式参见表 12-21。

表 12-21　MBUS_MSG 指令

梯　形　图	输入/输出参数	数据类型	输入/输出参数含义
MBUS_MSG EN First Slave　Done RW　　Error Addr Count DataPtr	EN	BOOL	使能，同一时刻只能有一个读/写功能使能
	First	BOOL	读/写请求位，必须使用脉冲触发
	Slave	BYTE	从站地址，可选择的范围：1~247
	RW	BYTE	指定读或写该消息： 0=读 1=写
	Addr	DWORD	读/写从站的数据地址
	Count	INT	通信的数据个数（位或字的个数）
	DataPrt	DWORD	数据指针。如果是读指令，读回的数据放到此数据区中。如果是写指令，要写出的数据放到此数据区中
	Done	BOOL	读/写功能完成位
	Error	BYTE	指令的执行结果，在 Done 位为 1 时有效

Modbus 地址通常由 5 位数字组成，包括起始的数据类型代号，以及后面的偏移地址。Modbus 主站指令库把标准的 Modbus 地址映射为 Modbus 功能号，读/写从站的数据。Modbus 主站指令库支持以下地址：

00001~09999：数字量输出（线圈）；

10001~19999：数字量输入（触点）；

30001~39999：输入数据寄存器（通常为模拟量输入）；

40001~49999：数据保持寄存器。

为了支持对 Modbus 地址的读/写，Modbus 主站指令库需要从站支持相应的功能，参见表 12-22。

表 12-22　Modbus 从站需支持功能

Modbus 地址	读/写	Modbus 从站需支持功能
00001~09999 数字量输出	读	功能 1：读取单个/多个线圈状态
	写	功能 5：写单输出点 功能 15：写多输出点
10001~19999 数字量输入	读	功能 2：读取单个/多个触点状态
	写	—
30001~39999 输入寄存器	读	功能 4：读取单个/多个输入寄存器
	写	—
40001~49999 保持寄存器	读	功能 3：读取单个/多个保持寄存器
	写	功能 6：写单寄存器单元 功能 16：写多寄存器单元

Modbus 保持寄存器地址与 S7-200V 存储区地址的映射关系如图 12-28 所示（输入参数 DataPtr 为&VB200）。

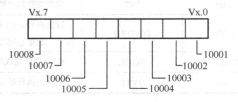

图 12-28　保持寄存器地址映射

位地址（0×××和 1××××）数据总是以字节为单位打包读/写操作。第一个字节中的最低有效位对应 Modbus 地址的起始地址，如图 12-29 所示。

图 12-29　数字量地址映射

Modbus RTU 主站指令程序示例如图 12-30 所示。在网络 1 中，通过在每次扫描时调用 MBUS_CTRL 初始化和监视 Modbus 主站。Modbus 主站设波特率为 9600bps，无奇偶校验。从站允许 1000ms 内进行响应。在网络 2 中，当第一个启用标记 I0.0 为 ON 时，调用 MBUS_MSG 指令。该指令将（RW＝1）4 个保持寄存器的值写入从站 2。从 CPU 的 VB100～VB107（4 个字 8B）获取写数据，然后写入到 Modbus 从站的地址 40001～40004。

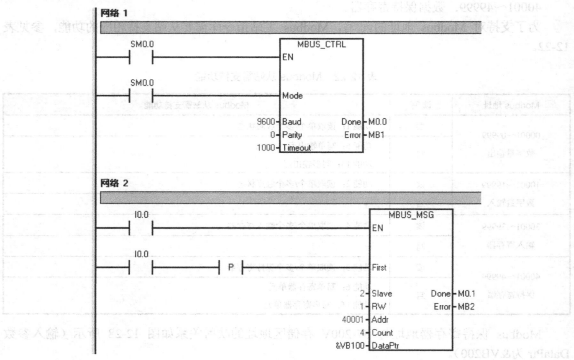

图 12-30　Modbus RTU 主站程序示例

12.5.4 S7-200 Modbus RTU 从站指令库

S7-200 CPU 上的通信口 Port0 可以支持 Modbus RTU 协议，成为 Modbus RTU 从站。此功能是通过 S7-200 的自由口通信模式实现的。Modbus RTU 从站功能是通过指令库中预先编好的程序功能块实现的。Modbus RTU 从站指令库只支持 CPU 上的通信端口 0（Port0）。当 S7-200 CPU 端口用于 Modbus 从站协议通信时，它无法用于其他用途，包括与 STEP7-Micro/WIN 通信。

Modbus RTU 从站指令库包括从站初始化程序 MBUS_INIT 和响应主站请求子程序 MBUS_SLAVE，需要一个 779B 的全局 V 存储区。

从站初始化程序 MBUS_INIT 指令用于初始化或禁止 Modbus 通信。MBUS_INIT 指令必须无错误的执行，然后才能够使用 MBUS_SLAVE 指令。在继续执行下一条指令前，MBUS_INIT 指令必须执行完并且 Done 位被立即置位。MBUS_INIT 子程序可以用 SM0.1 调用，在第一个循环周期内执行一次，其指令格式参见表 12-23。

表 12-23 MBUS_INIT 指令

梯 形 图	输入/输出参数	数 据 类 型	输入/输出参数含义
	EN	BOOL	使用 SM0.1 保证第一个扫描周期执行一次
	Mode	BYTE	启动/停止 Modbus：1=启动；0=停止
	Addr	BYTE	Modbus 从站地址，取值 1～247
MBUS_INIT EN Mode Done Addr Error Baud Parity Delay MaxIQ MaxAI MaxHold HoldStart	Baud	DWORD	波特率。支持的通信波特率（bps）为 1200，2400，4800，9600，19 200，38 400，57 600 和 115 200
	Parity	BYTE	校验方式选择 0=无校验 1=奇校验 2=偶校验
	Delay	INT	附加在字符间延时，默认值为 0
	MaxIQ	INT	参与通信的最大 I/O 点数，默认值为 128
	MaxAI	INT	参与通信的最大 AI 通道数，可为 16 或 32
	MaxHold	INT	参与通信的最大保持寄存器区（V 存储区）
	HoldStart	DWORD	保持寄存器区起始地址，以&VBx 指定
	Done	BOOL	成功初始化后置 1
	Error	BYTE	指令的执行结果，在 Done 位为 1 时有效

MBUS_SLAVE 指令用于服务来自 Modbus 主站的请求，必须在每个循环周期都执行，以便检查和响应 Modbus 请求。MBUS_SLAVE 的指令格式参见表 12-24。

表 12-24 MBUS_SLAVE 指令

梯 形 图	输入/输出参数	数 据 类 型	输入/输出参数含义
	EN	BOOL	使用 SM0.0 保证每一扫描周期都被使能

续表

梯 形 图	输入/输出参数	数据类型	输入/输出参数含义
MBUS_SLAVE EN Done Error	Done	BOOL	成功初始化后置 1
	Error	BYTE	指令的执行结果，在 Done 位为 1 时有效

Modbus 地址总是以 00001，30004 之类的形式出现。S7-200 内部的数据存储区与 Modbus 的 0，1，3，4 共 4 类地址的对应关系参见表 12-25。

表 12-25　Modbus 地址对应表

Modbus 地址	S7-200 数据区
00001～00128	Q0.0～Q15.7
10001～10128	I0.0～I15.7
3000～30032	AIW0～AIW62
40001～4XXXX	HodlStart～HodlStart + 2 * （XXXX -1）

Modbus RTU 从站指令库支持特定的 Modbus 功能。访问使用此指令库的主站必须遵循这个指令库的要求。Modbus RTU 从站指令库支持的功能码参见表 12-26。

表 12-26　Modbus RTU 从站功能码

功 能 码	主站使用相应功能码作用于此从站的效用
1	读取单个/多个线圈（离散量输出点）状态； 功能 1 返回任意个数字量输出点（Q）的 ON/OFF 状态
2	读取单个/多个触点（离散量输入点）状态； 功能 2 返回任意个数字量输入点（I）的 ON/OFF 状态
3	读取单个/多个保持寄存器； 功能 3 返回 V 存储区的内容； 在 Modbus 协议下保持寄存器都是"字"值，在一次请求中最多读取 120 个字的数据
4	读取单个/多个输入寄存器； 功能 4 返回 S7-200 的模拟量输入数据值
5	写单个线圈（离散量输出点）； 功能 5 用于将离散量输出点设置为指定的值。这个点不是被强制的，用户程序可以覆盖 Modbus 通信请求写入的值
6	写单个保持寄存器； 功能 6 写一个值到 S7-200 的 V 存储区的保持寄存器中
15	写多个线圈（离散量输出点）； 功能 15 把多个离散量输出点的值写到 S7-200 的输出映像寄存器（Q 区）。输出点的地址必须以字节边界起始（如 Q0.0 或 Q2.0)，并且输出点的数目必须是 8 的整数倍。这些点不是被强制的，用户程序可以覆盖 Modbus 通信请求写入的值
16	写多个保持寄存器； 功能 16 写多个值到 S7-200 的 V 存储区的保持寄存器中。在一次请求中可以最多写 120 个字的数据

Modbus RTU 从站指令程序示例如图 12-31 所示。在网络 1 中，在第一个循环扫描中初始化 Modbus 从站协议。设置从站地址为 1，设置波特率为 9600bps，偶检验，可以访问所有的 I、Q

和 AI，允许访问 1000 个保持寄存器（2000B），保持寄存器的起始地址为 VB0。在网络 2 中，
每循环周期内执行 Modbus 从站协议。

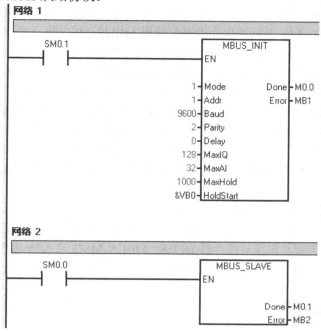

图 12-31　Modbus RTU 从站程序示例

12.5.5　Modbus 主站协议高级应用

本节包含供 Modbus 主站协议库的高级用户使用的信息。Modbus 主站协议库的大部分用户
不需要该信息，不得修改 Modbus 主站协议库的默认操作。

如果检测到下列其中一个错误，则 Modbus 主站指令将自动将请求重新发送至从站设备：

● 在响应超时时间（MBUS_CTRL 上的 Timeout 参数）指令内没有响应（错误代码 3）；
● 响应字符之间的时间超出允许的数值（错误代码 3）；
● 在来自从站的响应中出现奇偶校验错误（错误代码 1）；
● 在来自从站的响应中出现 CRC 错误（错误代码 8）；
● 返回的功能与请求不匹配（错误代码 7）。

Modbus 主站在置位 Done 和 Error 输出参数之前将请求重新发送两次。

在执行了 MBUS_CTRL 后，通过查找 Modbus 主站符号表中的符号 mModbusRetries，然后
更改该数值来更改重试次数。mModbusRetries 数值是 BYTE 类型，范围为 0～250 次重试。

如果响应中各字符之间的时间超出指定的时间限制，则 Modbus 主站将中止来自从站设备的
响应。默认时间设为 100ms，这允许 Modbus 主站协议通过有线或电话调制解调器与大部分从站
设备一起工作。如果检测到该错误，则 MBUS_CTRL 的 Error 参数将被设为错误代码 3。当字符
间需要较长时间时可能出现该类情况，原因可能是传输介质或因为从站设备本身需要更多的时
间。在执行了 MBUS_CTRL 后，可通过查找 Modbus 主站符号表中的符号 mModbusCharTimeout，
然后更改该数值来延长超时。mModbusCharTimeout 数值是 INT 型，范围为 1～30 000ms。

一些 Modbus 从站设备不支持 Modbus 功能写单个离散输出位（Modbus 功能 5）或写单个保持寄存器（Modbus 功能 6）。相反，这些设备仅写支持多个位（Modbus 功能 15）或写多个寄存器（Modbus 功能 16）。如果从站设备不支持单个位/字 Modbus 功能，则 MBUS_MSG 指令将返回错误代码 101。Modbus 主站协议允许强制使用 MBUS_MSG 指令使用多个位/字 Modbus 功能，而不使用单个位/字 Modbus 功能。在执行了 MBUS_CTRL 后，可通过查找 Modbus 主站符号表中的 mModbusForceMulti，然后更改该数值来强制使用多个位/字指令。mModbusForceMulti 数值是 BOOL 型数据类型，当写入单个位/寄存器时，应设置为 1，强制使用多个位/字功能。

累加器（AC0，AC1，AC2，AC3）由 Modbus 主站指令使用并显示在交叉参考列表中。由 Modbus 主站指令保存和恢复累加器中的数值。在执行 Modbus 主站指令期间，保留累加器中的所有用户数据。

Modbus 保持寄存器通常位于范围 40 001～49 999 之间。该范围足以满足大多数应用的要求，但有些 Modbus 从站设备将数据映射到地址大于 9999 的保持寄存器中。这些设备不满足常规的 Modbus 寻址方案。

Modbus 主站指令通过另一种寻址方法支持寻址大于 9999 的保持寄存器。MBUS_MSG 指令允许参数 Addr 的一个附加范围，用于支持保持寄存器的附加地址范围，用于保持寄存器的 400 001～465 536 范围。例如：若要访问保持寄存器 16 768，MBUS_MSG 的 Addr 参数必须设置为 416 768。扩展寻址允许访问 Modbus 协议支持的 65 536 个完全地址范围。该扩展寻址仅用于保持寄存器。

12.6　程序实例

例 12-1：S7-200 的 Modbus 通信。

某设备上有两台 S7-226 CPU，组成 Modbus 网络。有一台电动机接在其中一台 CPU 上，另一台 CPU 接了启动按钮和停止按钮。当在一台 CPU 上按下启动按钮时，接在另外一台 CPU 上的电动机启动，当按下停止按钮时，接在另外一台 CPU 上的电动机停止。

S7-200 PLC 间的 Modbus 通信可通过 Profibus 电缆直接连接到各 CPU 的端口 0 或端口 1，本例中用到两台 S7-226 CPU，每个 CPU 有两个端口。将两台 CPU 的端口 0 用 Profibus 电缆连接，组成一个使用 Modbus 协议的单主站网络，其网络结构图如图 12-32 所示。

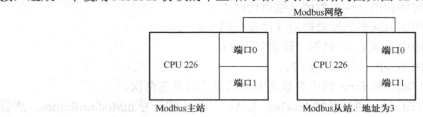

图 12-32　网络结构图

Modbus 主站程序如图 12-33 和 12-34 所示。在网络 1 中，当按下启动电动机按钮时，置位通信使能位和电动机状态位。在网络 2 中，当按下停止电动机按钮时，置位通信使能位，复位电动机状态位。在网络 3 中，用 SM0.0 调用主站初始化程序 MBUS_CTRL，在每个扫描周期都执行此程序。主站初始化程序 MBUS_CTRL 输入参数 Mode 为 1，使能 Modbus 通信协议，波特率为 9600bps，校验方式为无校验，主站等待从站的响应时间为 1000ms。在网络 4 中，根据通信使能位来调用 Modbus 读/写子程序 MBUS_MSG。Modbus 读/写子程序 MBUS_MSG 的输入参数 First 采用脉冲触发新的读/写请求，从站地址为 3，RW 为 1，定义为写消息。写从站的数据地址为 00001（在程序中，前导 0 被自动省略），操作从站的数字量输出 Q0.0。通信的数据个数为 1b，数据指针指向 VB0。在网络 5 中，当与 Modbus 从站通信完成时，复位通信使能标志位。

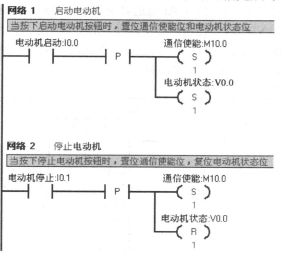

图 12-33　Modbus 主站程序

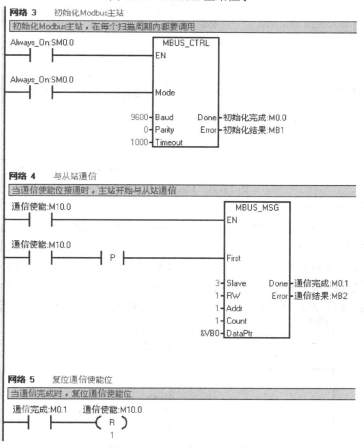

图 12-34　Modbus 主站程序

Modbus 从站程序如图 12-35 所示。在网络 1 中，用 SM0.1 调用从站初始化程序 MBUS_INIT，只在第一个扫描周期中调用。从站初始化程序 MBUS_INIT 输入参数 Mode 为 1，启动 Modbus 通信协议，从站地址为 3，波特率为 9600bps，校验方式为无校验，字符间延时为 0，参与通信的最大 I/O 点数为 128，参与通信的最大 AI 通道数为 32，参与通信的最大保持寄存器数为 100，保持寄存器的起始地址为 VB1000。在网络 2 中，用 SM0.0 调用子程序 MBUS_SLAVE 来响应主站请求，每个扫描周期都需要调用此子程序。MBUS_SLAVE 子程序收到 Modbus 主站的信息后，直接操作数字量输出 Q0.0，启动或停止电动机。

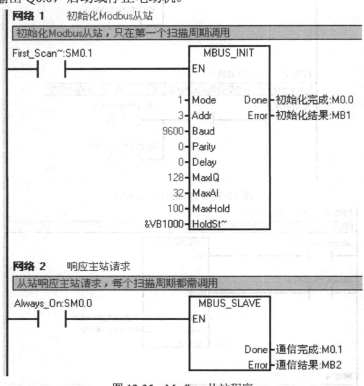

图 12-35 Modbus 从站程序

例 12-2： S7-200 的 USS 通信。

对一台 MM440 变频器进行 USS 无级调速，并可以调整电动机的运行方向。当按下加速按钮时，电动机速度每秒钟增加 1Hz；当按下减速按钮时，电动机速度每秒钟减小 1Hz。

USS 初始化程序示例如图 12-36 所示。在网络 1 中，用 SM0.1 调用 USS 初始化指令 USS_INIT，只在第一个扫描周期中调用。USS 初始化指令 USS_INIT 输入参数 Mode 为 1，启动 USS 通信协议，波特率为 9600bps，输入参数 Active 为 4（二进制数为 2#100），所以网络上激活的从站地址为 2。

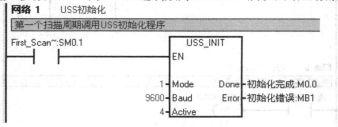

图 12-36 USS 初始化程序

USS 控制程序如图 12-37 所示。在网络 2 中，用 SM0.0 调用主站初始化程序 USS_CTRL，在每个扫描周期都执行此程序。当常开触点 I0.0 接通时，变频器启动电动机；当常开触点 I0.0 断开时，变频器根据斜坡减速时间停止电动机。当常闭触点 I0.2 接通时，变频器立刻停止电动机。当常开触点 I0.5 接通时，复位变频器故障。当常开触点 I0.1 接通时，变频器驱动电动机正转；当常开触点 I0.1 断开时，变频器驱动电动机反转。输入参数 Drive 为 2，说明变频器的 USS 从站地址为 2。输入参数 Type 为 1，说明变频器属于 MM4 系列。运行指示 Q0.0 填写在输出参数 Run_EN 的位置上，指示变频器的运行状态。故障指示 Q0.1 填写在输出参数 Fault 的位置上，指示变频器是否有故障。

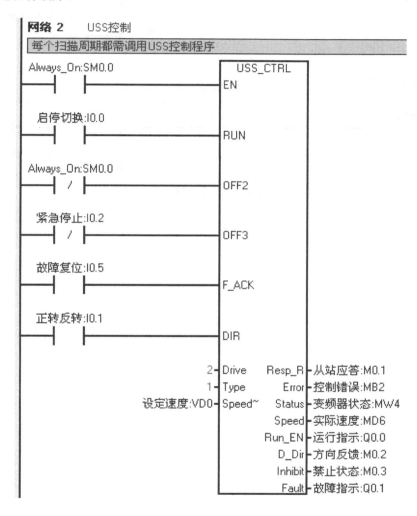

图 12-37 USS 控制程序

电动机加减速程序如图 12-38 所示。在网络 3 中，利用 SM0.5 产生 1s 的脉冲。在网络 4 中，当按下加速按钮时，设定速度 VD0 每秒钟增加 1Hz，最大增加至 50Hz。在网络 5 中，当按下减速按钮时，设定速度 VD0 每秒钟减小 1Hz，最小减小至 0Hz。

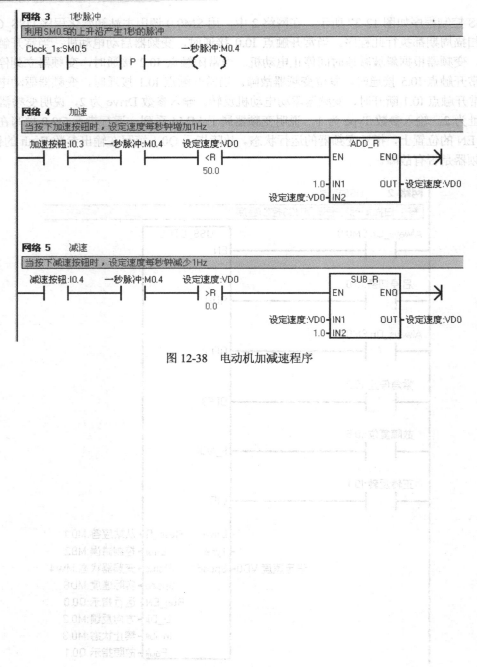

网络 3　1秒脉冲

利用SM0.5的上升沿产生1秒的脉冲

```
Clock_1s:SM0.5                        一秒脉冲:M0.4
  ┤ ├──────┤ P ├──────────────────────( )
```

网络 4　加速

当按下加速按钮时，设定速度每秒钟增加1Hz

```
加速按钮:I0.3   一秒脉冲:M0.4   设定速度:VD0          ┌─────ADD_R─────┐
  ┤ ├────────┤ ├──────────┤<R├──────────┤EN         ENO├──
                            50.0         │               │
                                    1.0─┤IN1        OUT├─设定速度:VD0
                              设定速度:VD0─┤IN2            │
                                         └───────────────┘
```

网络 5　减速

当按下减速按钮时，设定速度每秒钟减少1Hz

```
减速按钮:I0.4   一秒脉冲:M0.4   设定速度:VD0          ┌─────SUB_R─────┐
  ┤ ├────────┤ ├──────────┤>R├──────────┤EN         ENO├──
                            0.0          │               │
                              设定速度:VD0─┤IN1        OUT├─设定速度:VD0
                                    1.0─┤IN2            │
                                         └───────────────┘
```

图 12-38　电动机加减速程序

第 13 章　时钟及 PID 指令

本章介绍时钟指令及 PID 指令。S7-200 的硬件实时时钟可以提供年、月、日、时、分、秒的日期/时间数据。S7-200 能够进行 PID 控制。S7-200 CPU 最多可以支持 8 个 PID 控制回路（8 个 PID 指令功能块）。

13.1　时钟指令

时钟指令包括读/写时钟指令和扩展读/写时钟指令。

13.1.1　读/写时钟指令

读/写时钟指令包含读时钟指令和写时钟指令，其指令格式参见表 13-1。

表 13-1　读/写时钟指令格式

指令名称	梯形图	语句表	指令说明
读时钟指令	READ_RTC EN　　　ENO T	TODR　T	从硬件时钟中读当前时间和日期，并把它装载到一个 8B，起始地址为 T 的时间缓冲区中
写时钟指令	SET_RTC EN　　　ENO T	TODW　T	将当前时间和日期写入硬件时钟，当前时钟存储在以地址 T 开始的 8B 时间缓冲区中

读/写时钟指令有效操作数参见表 13-2。

表 13-2　读/写时钟指令有效操作数

输　入	数据类型	操　作　数
T	BYTE	IB, QB, VB, MB, SMB, SB, LB, *VD, *LD, *AC

必须按照 BCD 码的格式编码所有的日期和时间值（例如：用 16#97 表示 1997 年）。表 13-3 给出了时间缓冲区（T）的格式。时间日期（TOD）时钟在电源掉电或内存丢失后，初始化为下列日期和时间：

日期： 90 年 1 月 1 号
时间： 00:00:00
星期几：星期日

表 13-3　时间缓冲区格式

偏 移 量	地 址 含 义	偏 移 量	地 址 含 义
T	年：00～99	T+4	分钟：00～59
T+1	月：01～12	T+5	秒：00～59
T+2	日：01～31	T+6	0
T+3	小时：00～23	T+7	星期：0～7

注：对于偏移量 T+7，1 代表星期日，7 代表星期六，0 代表禁止星期表示法。

　　S7-200 CPU 不会检查和核实日期与星期是否合理。无效日期 2 月 30 日可能被接受，所以必须确保输入的数据是正确的。不要同时在主程序和中断程序中使用时钟指令，如果这样做，在执行 TOD 指令时会出现执行 TOD 指令的中断，则中断程序中的 TOD 指令不会被执行。SM4.3 指示了试图对时钟进行两个同时的访问（非致命错误 0007）。

　　在 S7-200 中日期时钟只使用最低有效的两个数字表示年，所以对于 2000 年，表达为 00。S7-200 PLC 不以任何方式使用年信息。但是，用到年份进行计算或比较的用户程序必须考虑两位的表示方法和世纪的变化。在 2096 年之前可以进行闰年的正确处理。

　　读写时钟程序示例如图 13-1 所示。在网络 1 中，在第一个扫描周期，读取系统时钟并装载到以 VB0 为起始地址的 8 个缓冲区中，并将以 VB10 为起始地址的 8 个缓冲区中的时间信息写入到系统时钟。

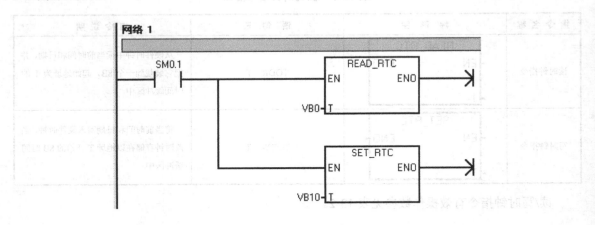

图 13-1　读写时钟程序示例

13.1.2　扩展读/写时钟指令

　　扩展读/写时钟指令包含扩展读时钟指令和扩展写时钟指令，其指令格式参见表 13-4。

表 13-4　扩展读/写时钟指令格式

指　令　名　称	梯　形　图	语　句　表	指　令　说　明
扩展读时钟指令	READ_RTCX EN　　ENO T	TODRX　T	从 PLC 中读取当前时间、日期和夏令时组态，并装载到由 T 指定的地址开始的 19B 缓冲区内
扩展写时钟指令	SET_RTCX EN　　ENO T	TODWX　T	写当前时间、日期和夏令时组态到 PLC 中，时钟信息存储在由 T 指定的地址开始的 19B 缓冲区内

扩展读/写时钟指令有效操作数参见表 13-5。

表 13-5　扩展读/写时钟指令有效操作数

输　　入	数据类型	操　作　数
T	BYTE	IB、QB、VB、MB、SMB、SB、LB、*VD、*LD、*AC

必须按照 BCD 码的格式编码所有的日期和时间值（例如：用 16#97 表示 1997 年）。表 13-6 给出了 19B 时间缓冲区（T）的格式。时间日期（TOD）时钟在电源掉电或内存丢失后，初始化为下列日期和时间：

日期：　90 年 1 月 1 号

时间：　00:00:00

星期几：星期日

表 13-6　19B 时间缓冲区（T）的格式

T 字 节	描　　述	字 节 数 据
0	年（0～99）	当前年份（BCD 码）
1	月（1～12）	当前月份（BCD 码）
2	日期（1～31）	当前日期（BCD 码）
3	小时（0～23）	当前小时（BCD 码）
4	分钟（0～59）	当前分钟（BCD 码）
5	秒（0～59）	当前秒（BCD 码）
6	0	保留，一直为 0
7	星期（1～7）	当前星期几，1=星期天
8	模式（00H～03H，08H，10H～13H，FFH	修改模式 00H = 禁止修改 01H = EU（与 UTC 的时差 = 0 小时） 02H = EU（与 UTC 的时差 = +1 小时） 03H = EU（与 UTC 的时差 = +2 小时） 04H – 07H = 保留 08H = EU（与 UTC 的时差 = −1 小时）

续表

丁 字 节	描 述	字 节 数 据
8	模式（00H～03H，08H，10H～13H，FFH）	09H－0FH = 保留 10H = US 11H = 澳大利亚 12H = 澳大利（塔斯马尼亚岛） 13H = 新西兰 14H－FEH = 保留 FFH = 用户指令（使用字节 9～18 中的值）
9	小时修正（0～23）	修正量，小时（BCD 码）
10	分钟修正（0～59）	修正量，分钟（BCD 码）
11	开始月份（1～12）	夏令时的开始月份（BCD 码）
12	开始日期（1～31）	夏令时的开始日期（BCD 码）
13	开始小时（0～23）	夏令时的开始小时（BCD 码）
14	开始分钟（0～59）	夏令时的开始分钟（BCD 码）
15	结束月份（1～12）	夏令时的结束小时（BCD 码）
16	结束日期（1～31）	夏令时的结束日期（BCD 码）
17	结束小时（0～23）	夏令时的结束小时（BCD 码）
18	结束分钟（0～59）	夏令时的结束分钟（BCD 码）

　　扩展读/写时钟程序示例如图 13-2 所示。在网络 1 中，在第一个扫描周期中，读取系统时钟并装载到以 VB0 为起始地址的 19B 缓冲区中，并将以 VB20 为起始地址的 19B 缓冲区中的时间信息写入到系统时钟。

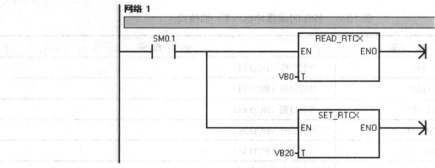

图 13-2　扩展读/写时钟程序示例

13.2　PID 指令

13.2.1　S7-200 PID 功能

　　PID 是闭环控制系统的比例-积分-微分控制算法。PID 控制器根据设定值（给定）与被控对象的实际值（反馈）的差值，按照 PID 算法计算出控制器的输出量，控制执行机构去影响被控对象的变化。PID 控制是负反馈闭环控制，能够抑制系统闭环内的各种因素所引起的扰动，使反馈跟随给定变化。S7-200 CPU 最多可以支持 8 个 PID 控制回路（8 个 PID 指令功能块）。为便于实现，S7-200 中的 PID 控制采用了迭代算法。在 S7-200 中，PID 功能是通过 PID 指令功能块实现的。通过定时（按照采样时间）执行 PID 功能块，按照 PID 运算规律，根据当时的给定、反馈、比例-积分-微分数据，计算出控制量。

13.2.2 S7–200 PID 算法

PID 控制器调节输出，保证偏差（e）为零，使系统达到稳定状态。偏差（e）是设定值（SP）和过程变量（PV）的差。PID 控制的原理基于下面的算式：输出 M（t）是比例项、积分项和微分项的函数，如图 13-3 所示。

$$M_{(t)} = K_C * e + K_C \int_0^t e \, dt + M_{initial} + K_C * de/dt$$

$$输出 = 比例项 + 积分项 + 微分项$$

式中　$M_{(t)}$——作为时间函数的回路输出；
　　　K_C——回路增益；
　　　e——回路误差（设定值和过程变量之间的差）；
　　　$M_{initial}$——回路输出的初始值。

图 13-3　PID 算法公式

为了能让数字计算机处理这个控制算式，连续算式必须离散化为周期采样偏差算式，才能用来计算输出值。数字计算机处理的算式如图 13-4 所示。

$$M_n = K_C * e_n + K_I * \sum_1^n e_x + M_{initial} + K_D * (e_n - e_{n-1})$$

$$输出 = 比例项 + 积分项 + 微分项$$

式中　M_n——在采样时刻n，PID回路输出的计算值；
　　　K_C——回路增益；
　　　e_n——采样时刻n的回路误差值；
　　　e_{n-1}——回路误差的前一个数值（在采样时刻n-1）；
　　　e_x——采样时刻x的回路误差值；
　　　K_I——积分项的比例常数；
　　　$M_{initial}$——回路输出的初始值；
　　　K_D——微分项的比例常数。

图 13-4　PID 数字算法公式

从这个公式可以看出，积分项是从第 1 个采样周期到当前采样周期所有误差项的函数。微分项是当前采样和前一次采样的函数，比例项仅是当前采样的函数。在数字计算机中，不保存所有的误差项，实际上也不必要。由于计算机从第一次采样开始，每有一个偏差采样值必须计算一次输出值，只需要保存偏差前值和积分项前值。作为数字计算机解决的重复性的结果，可以得到在任何采样时刻必须计算的一个方程简化算式。简化算式如图 13-5 所示。

$$M_n = K_C * e_n + K_I * e_n + MX + K_D * (e_n - e_{n-1})$$

$$输出 = 比例项 + 积分项 + 微分项$$

式中　M_n——在采样时间n时，回路输出的计算值；
K_C——回路增益；
e_n——采样时刻n的回路误差值；
e_{n-1}——回路误差的前一个数值（在采样时刻n-1）；
K_I——积分项的比例常数；
MX——积分项的前一个数值（在采样时刻n-1）；
K_D——微分项的比例常数。

图 13-5　PID 简化算式

CPU 实际使用以上简化算式的改进形式计算 PID 输出。这个改进型算式如图 13-6 所示。

$$M_n = MP_n + MI_n + MD_n$$

$$输出 = 比例项 + 积分项 + 微分项$$

式中　M_n——在采样时间n时的回路输出的计算值；
MP_n——在采样时间n时的回路输出比例项的数值；
MI_n——在采样时间n时的回路输出积分项的数值；
MD_n——在采样时间n时的回路输出微分项的数值。

图 13-6　PID 改进型算式

比例项 MP 是增益（K_C）和偏差（e）的乘积。其中，K_C 决定输出对偏差的灵敏度，偏差（e）是设定值（SP）与过程变量值（PV）之差。S7-200 中求解比例项的算式如图 13-7 所示。

$$MP_n = K_C * (SP_n - PV_n)$$

式中　MP_n——在采样时间n时的回路输出的比例项值；
K_C——回路增益；
SP_n——在采样时间n时的设定值的数值；
PV_n——在采样时间n时过程变量的数值。

图 13-7　比例项算式

积分项值 MI 与偏差和成正比。S7-200 中求解积分项的算式如图 13-8 所示。

$$MI_n = K_C * T_S / T_I * (SP_n - PV_n) + MX$$

式中　MI_n——在采样时间n时的回路输出积分项的数值；
K_C——回路增益；
T_S——回路采样时间；
T_I——回路的积分周期（也称为积分时间或复位）；
SP_n——在采样时间n时的设定点的数值；
PV_n——在采样时间n时的过程变量的数值；
MX——在采样时刻n-1时的积分项的数值（也称为积分和或偏差）。

图 13-8　积分项算式

积分和（MX）是所有积分项前值之和。在每次计算出 MI_n 之后，都要用 MI_n 去更新 MX。其中，MI_n 可以被调整或限定。MX 的初值通常在第一次计算输出以前被设置为 $M_{initial}$（初值）。积分项还包括其他几个常数：增益（K_C），采样时间间隔（T_S）和积分时间（T_I）。其中采样时间是重新计算输出的时间间隔，而积分时间控制积分项在整个输出结果中影响的大小。

微分项值 MD 与偏差的变化成正比。S7-200 中求解微分项的算式如图 13-9 所示。

$$MD_n = K_C * T_D / T_S * ((SP_n - PV_n) - ((SP_{n-1} - PV_{n-1})))$$

图 13-9　微分项算式

为避免由于设定值变化的微分作用而引起的输出中阶跃变化或跳变，对此方程式进行改进，假定设定值恒定不变（$SP_n = SP_{n-1}$）。这样，可以用过程变量的变化替代偏差的变化，计算算式可改进为如图 13-10 所示。

$$MP_n = K_C * T_D / T_S * (SP_n - PV_n - SP_n + PV_{n-1})$$

或

$$MD_n = K_C * T_D / T_S * (PV_{n-1} - PV_n)$$

式中　MP_n——在采样时间n时回路输出微分项的数值；

　　　K_C——回路增益；

　　　T_S——回路采样时间；

　　　T_D——回路的微分周期（也称为微分时间或速率）；

　　　SP_n——在采样时间n时设定点的数值；

　　　SP_{n-1}——在采样时间n-1时设定点的数值；

　　　PV_n——在采样时刻n时过程变量的数值；

　　　PV_{n-1}——在采样时间n-1时过程变量的数值。

图 13-10　PID 改进算式

为了下一次计算微分项值，必须保存过程变量，而不是偏差。在第一次采样时刻，初始化为 $PV_{n-1} = PV_n$。

在许多控制系统中，只需要一种或两种回路控制类型。例如，只需要比例回路或者比例积分回路。通过设置常量参数，可以选择需要的回路控制类型。如果不想要积分动作（PID 计算中没有"I"），可以把积分时间（复位）置为无穷大"INF"。即使没有积分作用，积分项还是不为零，因为有初值 MX。如果不想要微分回路，可以把微分时间置为零。如果不想要比例回路，但需要积分或积分微分回路，可以把增益设为 0.0。系统会在计算积分项和微分项时，把增益当作 1.0 看待。

13.2.3　PID 指令

PID 回路指令根据表格（TBL）中的输入和配置信息对引用 LOOP 执行 PID 回路计算，其指令格式参见表 13-7。

表 13-7　PID 回路指令

梯形图	输入参数	数据类型	参数含义
PID EN　ENO TBL LOOP	EN	BOOL	使能
	TBL	BYTE	回路表起始地址
	LOOP	BYTE	回路号，0~7 的常数

读/写时钟指令有效操作数参见表 13-8。

表 13-8　读/写时钟指令有效操作数

输　入	数据类型	操　作　数
TBL	BYTE	VB
LOOP	BYTE	常数（0~7）

　　PID 回路指令（包含比例、积分、微分回路）可以用来进行 PID 运算。但是，可以进行这种 PID 运算的前提条件是逻辑堆栈栈顶（TOS）值必须为 1。该指令有两个操作数：作为回路表起始地址的"表"地址和从 0～7 的常数回路编号。

　　在程序中最多可以用 8 条 PID 指令。如果两个或两个以上的 PID 指令用了同一个回路号，那么即使这些指令的回路表不同，这些 PID 运算之间也会相互干涉，产生不可预料的结果。回路表包含 9 个参数，用来控制和监视 PID 运算。这些参数分别是过程变量当前值（PV_n），过程变量前值（PV_{n-1}），设定值（SP_n），输出值（M_n），增益（K_C），采样时间（T_s），积分时间（T_I），微分时间（T_D）和积分项前值（MX）。

　　为了让 PID 运算以预想的采样频率工作，PID 指令必须用在定时发生的中断程序中，或者用在主程序中被定时器所控制以一定频率执行。采样时间必须通过回路表输入到 PID 运算中。PID 回路表共有 80B，其格式参见表 13-9。

表 13-9　PID 回路表格式

偏 移 量	域	格 式	类 型	描 述
0	过程变量	REAL	输入	必须在 0.0～1.0 之间
4	设定值	REAL	输入	必须在 0.0～1.0 之间
8	输出	REAL	输入/输出	必须在 0.0～1.0 之间
12	增益	REAL	输入	比例常数，可正可负
16	采样时间	REAL	输入	单位为秒（s），必须是正数
20	积分时间	REAL	输入	单位为分钟（min）
24	微分时间	REAL	输入	单位为分钟（min）
28	偏差	REAL	输入/输出	必须在 0.0～1.0 之间
32	过程变量前值	REAL	输入/输出	包含最后一次执行 PID 指令时存储的过程变量值
36	PID 回路表 ID	ASCII 码	常数	"PIDA"（PID 回路表，版本 A）
40	AT 控制	BYTE	输入	—
41	AT 状态	BYTE	输出	—
42	AT 结果	BYTE	输入/输出	—
43	AT 配置	BYTE	输入	—
44	偏移	REAL	输入	最大过程变量振幅的标准化值
48	滞后	REAL	输入	过程变量滞后的标准化值
52	初始输出阶跃幅度	REAL	输入	输出阶跃幅度变化的标准化大小
56	看门狗时间	REAL	输入	两次零相交之间允许的最大时间间隔
60	推荐增益	REAL	输出	自整定过程推荐的增益值
64	推荐积分时间	REAL	输出	自整定过程推荐的积分时间值
68	推荐微分时间	REAL	输出	自整定过程推荐的微分时间值
72	实际输出阶跃幅度	REAL	输出	自整定过程确定的归一化以后的输出阶跃幅度
76	实际滞后	REAL	输出	自整定过程确定的归一化以后的过程变量滞后值

AT 控制字节的含义如图 13-11 所示。

MSB 7							LSB 0
0	0	0	0	0	0	0	EN

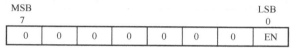

注：EN—设为1用于启动自整定；设为0用于中止自整定。

图 13-11 AT 控制字节的格式

AT 状态字节的含义如图 13-12 所示。每次自整定功能启动时，PLC 都清除警告位，置位自整定运行位。直到自整定完成，PLC 清除自整定运行位。

MSB 7							LSB 0
W0	W1	W2	0	AH	0	0	IP

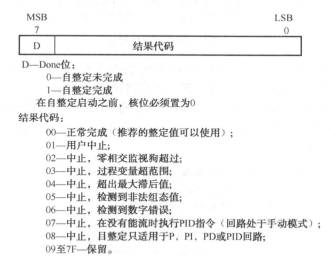

注：W0—警告：偏差设置没有超过滞后设值的4倍。
W1—警告：不协调的过程偏差可能导致输出阶跃值的不正确调节。

W2—警告：实际平均偏差没有超过滞后设置的4倍。
AH—动滞后计算进程：
0—没有执行；
1—正在执行。
IP—自整定进程：
0—没有执行；
1—正在执行。

图 13-12 AT 状态字节的格式

AT 结果字节的含义如图 13-13 所示。

MSB 7	LSB 0
D	结果代码

D—Done位：
0—自整定未完成
1—自整定完成
在自整定启动之前，核位必须置为0
结果代码：
00—正常完成（推荐的整定值可以使用）；
01—用户中止；
02—中止，零相交监视狗超过；
03—中止，过程变量超范围；
04—中止，超出最大滞后值；
05—中止，检测到非法组态值；
06—中止，检测到数字错误；
07—中止，在没有能流时执行PID指令（回路处于手动模式）；
08—中止，目整定只适用于P，PI，PD或PID回路；
09至7F—保留。

图 13-13 AT 结果字节的格式

AT 配置字节的含义如图 13-14 所示。

MSB 7							LSB 0
0	0	0	0	R1	R0	DS	HS

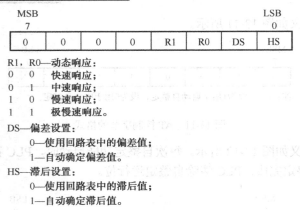

R1，R0—动态响应：
0　0　快速响应；
0　1　中速响应；
1　0　慢速响应；
1　1　极慢速响应。
DS—偏差设置：
0—使用回路表中的偏差值；
1—自动确定偏差值。
HS—滞后设置：
0—使用回路表中的滞后值；
1—自动确定滞后值。

图 13-14　AT 配置字节的格式

每个回路有两个输入量，设定值和过程变量。设定值通常是一个固定的值，比如设定的汽车速度。过程变量是与 PID 回路输出有关，可以衡量输出对控制系统作用的大小。在汽车速度控制系统的实例中，过程变量应该是测量轮胎转速的测速计为输入。设定值和过程变量都可能是现实世界的值，它们的大小、范围和工程单位都可能不一样。在 PID 指令对这些现实世界的值进行运算之前，必须把它们转换成标准的浮点型表达形式。转换的第一步是把 16b 整数值转成浮点型实数值。下一步是将现实世界的值的实数值表达形式转换成 0.0~1.0 之间的标准化值，如 13-15 所示。

R_{Norm}　=　((R_{Row}/跨度)+偏移量)

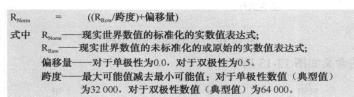

式中　R_{Norm}——现实世界数值的标准化的实数值表达式；
R_{Raw}——现实世界数值的未标准化的或原始的实数值表达式；
偏移量——对于单极性为0.0，对于双极性为0.5。
跨度——最大可能值减去最小可能值：对于单极性数值（典型值）为32 000，对于双极性数值（典型值）为64 000。

图 13-15　标准化算式

回路输出值一般是控制变量，比如，在汽车速度控制中，可以是油阀开度的设置。回路输出是 0.0～1.0 之间的一个标准化了的实数值。在回路输出可以用于驱动模拟输出之前，回路输出必须转换成一个 16b 的标定整数值。这一过程，是将 PV 和 SP 转换为标准值的逆过程。首先使用图 13-16 所示的公式，将回路输出转换成一个标定的实数值，然后再把表示回路输出的实数刻度值转换成 16b 整数。

R_{Scal}　=　(M_n−偏移量)　*　跨度

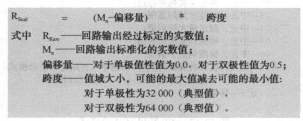

式中　R_{Raw}——回路输出经过标定的实数值；
M_n——回路输出标准化的实数值；
偏移量——对于单极值性值为0.0，对于双极性值为0.5；
跨度——值域大小，可能的最大值减去可能的最小值：
对于单极性为32 000（典型值），
对于双极性为64 000（典型值）。

图 13-16　转换算式

如果增益为正，那么该回路为正作用回路。如果增益为负，那么是反作用回路（对于增益值为 0.0 的 I 或 ID 控制，如果指定积分时间、微分时间为正，就是正作用回路；如果指定为负值，就是反作用回路）。

过程变量和设定值是 PID 运算的输入值。因此回路表中的这些变量只能被 PID 指令读而不能被改写。输出变量是由 PID 运算产生的，所以在每一次 PID 运算完成之后，需更新回路表中的输出值，输出值被限定在 0.0～1.0 之间。当输出由手动转变为 PID（自动）控制时，回路表中的输出值可以用来初始化输出值。

如果使用积分控制，积分项前值要根据 PID 运算结果更新。这个更新了的值用作下一次 PID 运算的输入，当计算输出值超过范围（大于 1.0 或小于 0.0），那么积分项前值必须根据图 13-17 所示的公式进行调整。

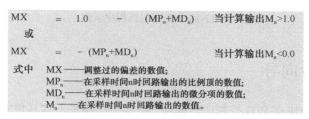

图 13-17 调整公式

这样调整积分前值，一旦输出回到范围后，可以提高系统的响应性能，而且积分项前值也要限制在 0.0～0.1 之间，然后在每次 PID 运算结束之后。把积分项前值写入回路表，以备在下次 PID 运算中使用。用户可以在执行 PID 指令以前修改回路表中积分项前值。在实际运用中，这样做的目的是找到由于积分项前值引起的问题。手工调整积分项前值时，必须小心谨慎，还应保证写入的值在 0.0～1.0 之间。回路表中的给定值与过程变量的差值（e）是用于 PID 运算中的差分运算，用户最好不要去修改此值。

S7-200 的 PID 回路没有内置模式控制。只有当 PID 回路接通时，才执行 PID 运算。在这种意义上说，PID 运算存在一种"自动"运行方式。当 PID 运算不被执行时，可以称之为"手动"模式。同计数器指令相似，PID 指令有一个使能位。当该使能位检测到一个信号的正跳变（从 0 到 1）。PID 指令执行一系列的动作，使 PID 指令从手动方式无扰动地切换到自动方式。为了达到无扰动切换，在转变到自动控制前，必须把手动方式下的输出值填入回路表中的 M_n 栏。PID 指令对回路表中的值进行下列动作，以保证当使能位正跳变出现时，从手动方式无扰动地切换到自动方式：

● 置设定值（SP_n）= 过程变量（PV_n）。
● 置过程变量前值（PV_{n-1}）= 过程变量现值（PV_n）。
● 置积分项前值（MX）= 输出值（M_n）。

PID 使能位的默认值是 1，在 CPU 启动或从 STOP 模式转到 RUN 模式时建立。CPU 进入 RUN 模式后首次使 PID 块有效，没有检测到使能位的正跳变，那么就没有无扰动切换的动作。

PID 指令是执行 PID 运算的简单而功能强大的指令。如果需要其他处理，如报警检查或回路变量的特殊计算等，则这些处理必须使用 S7-200 支持的基本指令来实现。

如果指令指定的回路表起始地址或 PID 回路号操作数超出范围，那么在编译期间，CPU 将产生编译错误（范围错误），从而编译失败。PID 指令不检查回路表中的一些输入值是否超界，用户必须保证过程变量和设定值（以及作为输入的和前一次过程变量）必须在 0.0～1.0 之间。如果 PID 计算的算术运算发生错误，那么特殊存储器标志位 SM1.1（溢出或非法值）会被置 1，并且中止 PID 指令的执行。

PID 读/写时钟程序示例如图 13-18 所示。在网络 1 中，调用 PID 指令，PID 回路表是以 VB0 为起始地址的 80B，回路号为 0。

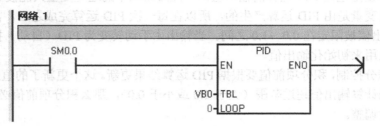

图 13-18 读/写时钟程序示例

13.2.4 PID 指令向导

使用 PID 回路指令进行 PID 控制比较麻烦，特别是回路表不容易填写，在使用上容易出错。为了方便用户使用，STEP7-Mirco/WIN 软件中提供了 PID 指令向导。利用 PID 指令向导，可以很容易编写 PID 控制程序。现在利用 PID 指令向导，生成 PID 子程序。

1. 激活 PID 指令向导

打开 STEP7-Micro/WIN 软件，单击主菜单"工具"→"指令向导"，打开"指令向导"对话框，如图 13-19 所示。选中"PID"选项，然后单击"下一步"按钮。

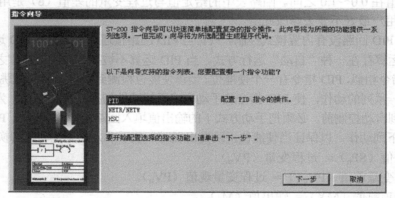

图 13-19 "指令向导"对话框

2. 选择 PID 回路

选择 PID 回路号如图 13-20 所示。本例中选择的回路号为"0"，然后单击"下一步"按钮。

3. 设置回路参数

设置回路参数如图 13-21 所示。给定值范围的低限和高限默认值为 0.0 和 1000.0，表示给定值的取值范围占过程反馈量程的百分比。给定值范围也可以用实际的工程单位数值表示，便于设定值的修改。比如，如果温度范围为 0.0～1000.0℃，所以给定值范围的低限为 0.0，高限为 1000.0。比例增益为 0.06，积分时间为 20 分钟，微分时间为 0 分钟，即不使用微分项，采样时间为 10.0 秒。

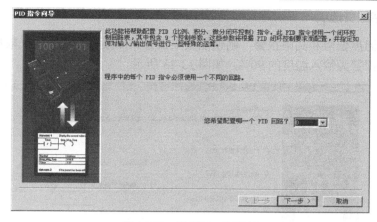

图 13-20 选择 PID 回路号

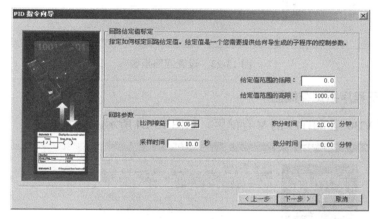

图 13-21 设置回路参数

4. 设置回路输入及输出选项

如果温度信号为 0~10V，则选择标定为"单极性"，过程变量范围低限为 0，范围高限为 32000。回路输出类型为"模拟量"，输出信号也为 0~10V，所以选择标定也为"单极性"，输出的过程变量范围低限为 0，范围高限为 32000，如图 13-22 所示。

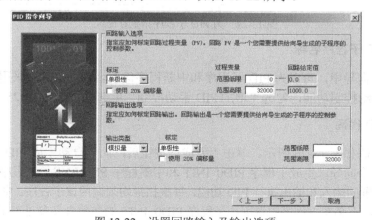

图 13-22 设置回路输入及输出选项

5. 设置回路报警选项

如果需要有温度低限和高限报警，则使能低限报警和高限报警选项，低限报警值为输入温度的 50%，高限报警为输入温度的 90%，如图 13-23 所示。

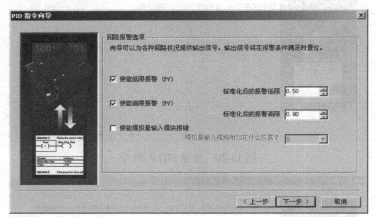

图 13-23　设置回路报警

6. 为 PID 子程序指定存储区

本例中使用 VB0 至 VB119 的 V 存储区，如图 13-24 所示。

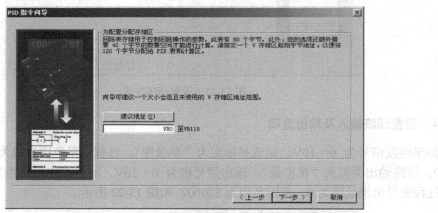

图 13-24　为 PID 子程序指定存储区

7. 指定 PID 子程序名称

在 PID 指令向导中，可以为 PID 子程序和中断程序修改名称，本例中采用默认名称。如果需要用到 PID 手动控制功能，勾选"增加 PID 手动控制"单选框，如图 13-25 所示。

8. 生成 PID 代码

生成 PID 代码如图 13-26 所示。单击"完成"按钮后，向导自动生成 PID 子程序。

通过 PID 指令向导，生成子程序 PID0_INIT 和中断程序 PID_EXE。子程序 PID0_INIT 根据在 PID 向导中设置的输入和输出执行 PID 功能，每次扫描均须调用该子程序。中断程序 PID_EXE 由系统自动调用，不必在主程序中调用。子程序 PID0_INIT 的参数含义参见表 13-10。

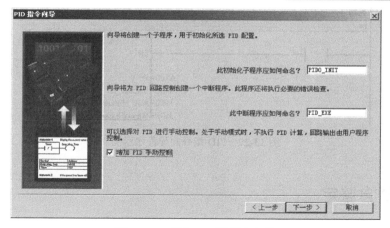

图 13-25 指定 PID 子程序名称

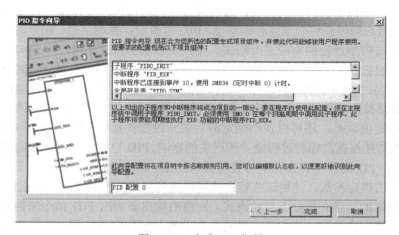

图 13-26 生成 PID 代码

表 13-10 PTO0_INIT 子程序的参数表

子 程 序	输入/输出参数	数据类型	输入/输出参数含义
PID0_INIT EN PV_I　　　　Output Setpoint_R　　HighAlarm Auto_Manual　　LowAlarm ManualOutput	EN	BOOL	使能，必须用 SM0.0 来使能
	PV_I	INT	过程值的模拟量输入地址
	Setpoint_R	REAL	设定值变量地址
	Auto_Manual	BOOL	手自动切换
	ManualOutput	REAL	手动状态下的输出
	Output	BOOL	控制量的输出地址
	HighAlarm	BOOL	高报警条件满足时，输出置位为 1
	LowAlarm	BOOL	低报警条件满足时，输出置位为 1

PID 指令向导程序示例如图 13-27 所示。在网络 1 中，调用 PID0_INIT 子程序。

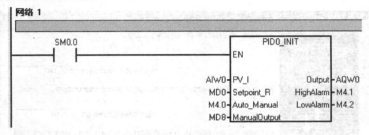

图 13-27　PID 指令向导程序示例

13.2.5　PID 自整定

　　S7-200 中使用的 PID 自整定算法是基于延时反馈算法。延时反馈的概念是指在一个稳定的控制过程中产生一个微小但持续的扰动。过程变量中扰动的周期和振幅，将最终决定控制过程的频率和增益，然后利用最终的增益和频率值，PID 自整定计算增益值、积分时间值和微分时间值。所计算的值与控制过程的响应速度相关。用户可以选择快速响应、中速响应、慢速响应或者极慢速响应。根据控制过程，一个快速响应会产生超调，它符合不完全衰减整定条件。一个中速响应会使控制过程濒临超调的边缘，它符合临界衰减整定条件。一个慢速响应不会导致超调，它符合强衰减整定条件。一个极慢速响应不会导致超调，它符合超强衰减整定条件。PID 自整定除了计算指定值以外，还可以自动确定滞后值和过程变量峰值偏移。这些参数用于减少当 PID 自整定设置持续振荡限幅时过程噪声所产生的影响。PID 自整定适用于双向调节、反向调节、P 调节、PI 调节、PD 调节和 PID 调节等各种调节回路。PID 自整定的目的在于为过程控制回路提供一套最优化的整定参数。使用这些整定值可以达到极佳的控制效果，真正优化控制过程。

　　要进行自整定的回路必须处于自动模式。回路的输出必须由 PID 指令来控制。如果回路处于手动模式，自整定会失败。在启动自整定之前的控制过程应该达到一种稳定状态。这种稳定状态是指过程变量已经达到设定值（或者对于 P 调节来说，过程变量与设定值之间的差值恒定）并且输出不会不规律地变化。理想状态下，当自整定启动时，回路的输出值应该在控制范围中心附近。自整定过程在回路的输出中加入一些小的阶跃变化，使得控制过程产生振荡。如果回路的输出值没有处于控制范围中心附近，自整定的这种阶跃变化会导致输出超限。如果这种情况发生，会使自整定发生错误，当然也会使推荐值并非最优化。

　　滞后参数给出一个相对于设定值的正负偏移量，过程变量在此偏移量范围内时，不会导致控制器改变输出值。这个值用于减小过程变量中噪声的影响，从而更精确地计算出过程自然振动频率。如果自动计算滞后值，PID 自整定会生成一个滞后运算队列。该队列包含一段时间内的过程变量采样值，然后根据采样结果计算出标准偏移。为了得到具有统计意义的采样数据，至少要有 100 个采样值。如果回路的采样周期为 200ms，100 个采样值就需要 20s 时间。回路采样周期更长会需要更多的时间。即使使用的回路采样周期小于 20ms，从而使得采样 100 次用不了 20s 时间，滞后运算队列仍然需要至少 20s 采样时间。当得到足够的采样值以后，就可以算出样本的标准偏移量。滞后值等于两倍的标准偏移量。计算后得到的滞后值被写入回路表中的实际滞后（AHYS）域中。在自滞后计算过程中，正常的 PID 运算会停止。因此，在启动自整定之前，控制过程应处于稳定状态。这样可以使滞后值的计算收到好的效果，同时也可以保证在自滞后运算过程中，控制过程不会失控。偏移参数是指希望得到的过程变量相对于设定值的峰-峰值幅度。如果选择自动计算该值，它将是滞后值的 4.5 倍。在自整定过程中，会适当地调节输出，使控制过程中的振动在这一范围内。

自整定序列在得到滞后值和偏移量之后开始执行。当初始输出阶跃实际应用到回路的输出时，整定过程就开始了。输出值的这一变化会导致过程变量值产生相应的变化。当输出的变化使过程变量远离设定值以至于超出滞后区范围时，自整定将检测到一个零相交事件。在每次零相交事件发生时，自整定将反方向改变输出。自整定继续采样过程变量值，等待下一次零相交事件。要完成整个序列，需要 12 次零相交事件。过程变量的峰-峰值和零相交事件的产生速度都与控制过程的动态特性直接相关。在自整定过程一开始，会适当地调节输出阶跃值，促使过程变量的峰-峰值更接近想要得到的偏移量。一旦有调节产生，新的输出阶跃值将被写入回路表的实际输出阶跃幅度（ASTEP）域中。如果两次零相交时间的时间间隔超过了零相交看门狗的间隔时间，自整定序列将被终止。零相交看门狗的间隔时间默认值为两小时（2h）。根据在自整定过程中采集到的关于控制过程频率和增益的相关信息，能够计算出最终的增益和频率值。根据这些值又可以进一步计算出推荐的增益值、积分时间值和微分时间值。回路类型决定了自整定计算出的整定值。例如一个 PI 调节回路，自整定会计算出增益值和积分时间值，但推荐的微分时间值为 0.0（无微分动作）。一旦自整定序列完成，回路的输出会恢复到初始值。在下一个周期，正常的 PID 运算将被执行。

在自整定执行过程中会产生三种警告。在回路表的 ASTAT 域中有三位用于表示这三种警告，并且一旦被置位，将会一直保持到下一次自整定序列启动：

（1）当偏移设定没有超过滞后设定的 4 倍时产生警告 0。该项检测在自滞后已经计算出实际滞后值之后执行。

（2）在自整定过程最开始的 2.5 个循环周期内，如果两次峰值误差超出 8 倍，产生警告 1。

（3）如果测量到的平均峰值误差没有超过滞后值的 4 倍，产生警告 2。

除此之外，还有几种出错情况。表 13-11 中列出了可能导致每种错误的情况和描述。

表 13-11 PID 自整定过程中的错误情况

结果代码（在 ARES 中）	描　　述
01 用户取消	在自整定执行过程中，EN 被复位
02 因相交看门狗超时而取消	超过零相交看门狗时间间隔半个周期
03 因过程变量超范围而取	过程变量超范围： ● 在自滞后序列期间； ● 在 4 次零相交之内出现两次超范围； ● 在 4 次零相交之后
04 因滞后超过最大值而取消	用户定义的或者自动计算的滞后值超过最大值
05 因非法的配置值而取消	在以下范围内检测错误： ● 初始回路输出值小于 0.0 或者大于 1.0； ● 用户定义的偏移值小于等于滞后值或者大于最大值； ● 初始输出阶跃小于等于 0.0 或者大于最大值； ● 零相交看门狗时间小于最小值； ● 回路表中的采样时间值为负
06 因数字错误而取消	非法浮点数或者除以 0
07 因 PID 指令未使能（回路处于手动模式）而取消	当自整定正在执行或者被请求执行时，PID 指令未使能
08 自整定只适用于 P 调节、PI 调节、PD 调节、PID 调节	回路类型不是 P 调节、PI 调节、PD 调节或者 PID 调节中的任何一种

STEP7-Micro/WIN 软件中包含了一个 PID 整定控制面板，它能够以图形的方式来监视 PID 回路。另外，控制面板还可用于启动自整定序列，取消自整定序列，还可以将推荐整定值或者设定的整定值应用到实际控制中去。要使用控制面板，必须在线连接一个 S7-200 PLC，并且该 PLC 中已经存在至少一个 PID 回路。为了显示控制面板对 PID 回路的操作，PLC 必须处于运行状态。图 13-28 给出了 PID 控制面板的界面。

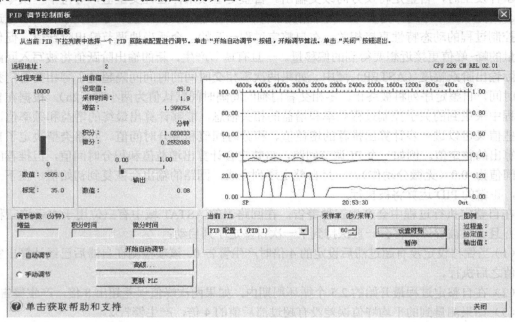

图 13-28　PID 自整定控制界面

控制界面在屏幕左上角的位置上显示所连接的 PLC 站地址，如 2；在屏幕的右上角显示 PLC 的类型和版本号，如 CPU 226 CN REL 02.01。在 PLC 站地址的下方是表示过程变量值的棒图，棒图下面是过程变量的标定值和非标定值。过程变量的右侧是当前值区域。在当前值区域里，显示了设定值、采样时间、增益、积分时间和微分时间。输出值用一横向的棒图来表示，其数值显示在棒图的下方。当前值区域的右侧是图形显示区。图形显示区中用不同的颜色显示了过程变量、设定值和输出值相对于时间的函数。过程变量和设定值共同使用左侧的纵轴，输出值使用右侧的纵轴。屏幕的左下方是整定参数区。在这一区域中显示增益、积分时间和微分时间。单选按钮表示出这些参数是当前值、推荐值还是手动值。可以通过单击单选按钮进行选择。要想改变整定参数，选择手动值。可以通过单击"更新 PLC"按钮来将增益、积分时间和微分时间值传入被监视的 PID 回路中，也可以用"开始自动调节"按钮来启动自整定序列。一旦自整定序列启动，"开始自动调节"按钮会变为"停止自动调节"按钮。在图形显示区下方是当前 PID 回路选择区，可以在下拉菜单中选择希望在控制面板中监视的 PID 回路。在采样速率区域中，可以在 1～480 s 之间选择图形显示的采样时间间隔。可以编辑采样速率，用"设置时标"按钮使设定生效。图形显示区的时间坐标会随设置自动改变到最佳显示状态。可以单击"暂停"按钮来冻结界面，暂停后，"暂停"按钮会变成"恢复"按钮，这时可以用"恢复"按钮来重新启动数据采样。在图形区域内右击鼠标选择"清除"命令，可以清除图形。

13.3 程序实例

例 13-1: 定时闹铃。

用 PLC 控制一个电铃,每天早上 7:30 电铃响 30s,按下复位按钮时,电铃停止。

PLC 控制定时电铃程序如图 13-29 所示。在网络 1 中,读取系统时间,存储在以 VB0 为起始地址的 8B 中。在网络 2 中,当时间等于 7 点 30 分时,置位时间到标志。在网络 3 中,时间到标志为 1 时,启动 30s 定时器,并响电铃。在网络 4 中,当按下复位或计时到时,复位时间到标志。

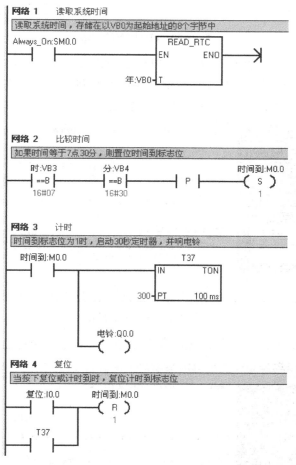

图 13-29 定时电铃程序

例 13-2: 流速控制。

通过阀门的开度来控制水的流速,并要求可以手动控制阀门开度。水的流速通过流量计来检测,流量计的量程为 0~10m³/h,对应输出的电流信号为 4~20mA。阀门开度靠 PLC 的模拟量输出来控制,范围为 0%~100%,对应的电流信号为 4~20mA。

通过 STEP7-Mirco/Win 软件提供的 PID 指令向导,可以很快地完成此程序的编写。PID 回路的给定值的低限为流量计的低量程,给定值的高限为流量计的高量程,如图 13-30 所示。

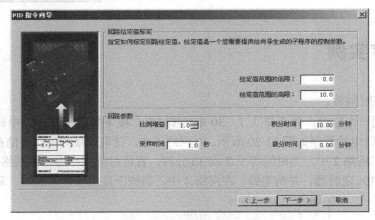

图 13-30　PID 回路给定值

给定值的电流信号为 4～20mA，对应在 PLC 中的数值为 6400～32 000；PID 回路输出的电流信号也为 4～20mA，对应在 PLC 中的数值为 6400～32 000，如图 13-31 所示。

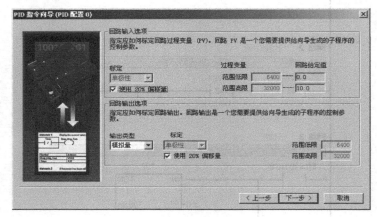

图 13-31　PID 回路输出

因为要手动控制阀门开度，所以勾选"增加 PID 手动控制"单选框，如图 13-32 所示。

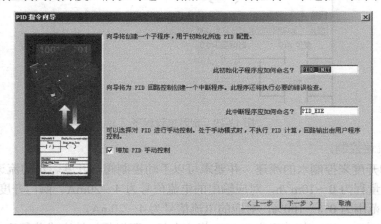

图 13-32　增加 PID 手动控制

PLC 控制流程程序如图 13-33 所示。在网络 1 中，在第一个扫描周期，将手动值清零。在网络 2 中，调用 PID 向导生成的 PID 子程序。

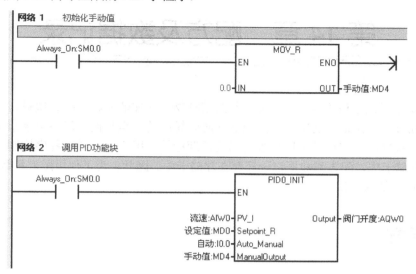

图 13-33　PLC 控制流速程序

第 14 章　配方及数据记录

本章主要介绍配方和数据记录。配方是为某种物质（如药品、食品、饮料）的配料提供方法和配比的处方。数据记录通常是指按照日期时间排序的一组数据，每条记录都是某些过程事件的一套过程数据。这些记录可以包含时间及日期标签。用户可以通过程序控制永久保存过程数据记录到存储卡中，配方和数据记录都存在存储卡中。因此，为了使用配方和数据记录功能，必须要在 PLC 中插入一块存储卡。

14.1　配方

14.1.1　概述

STEP7-Micro/WIN 软件和 S7-200 PLC 已经支持配方功能。STEP7-Micro/Win 软件中提供了配方向导程序来帮助组织配方和定义配方。所有配方存在存储卡中。因此，为了使用配方功能，必须要在 PLC 中插入一块 64KB 或者 256KB 的存储卡。但是，当用户程序处理一条配方时，该条配方被读入 PLC 的存储区。例如：如果生产饼干的话，会有很多种饼干的配方，巧克力夹心饼干、甜饼干和麦片饼干等。但在同一时间只能生产一种饼干，因而必须选择合适的配方读入 PLC 的存储区。如图 14-1 所示，阐述了一个使用配方来生产多种饼干的处理过程。每一种饼干的配方存在存储卡中。操作员使用 TD200C 文本显示器来选择所要生产饼干的种类，并将用户程序配方读入 PLC 的存储区中。

14.1.2　配方向导

为了帮助理解配方向导，首先来解释以下定义和术语。

（1）配方结构是由配方向导生成的一套组件。这些组件包括指令子程序、数据块标签和符号表。

（2）方集是指一个配方的集合，它们拥有相同的参数集合。但是依赖于配方，参数的数值各不相同。

（3）一条配方是一组参数值，它提供了生产一种产品和控制一个过程所需要的信息。

例如：生产多纳圈和饼干的配方就分别属于不同的配方集。而饼干配方集中又包含多种不同的配方。表 14-1 中列出了例子中的域和值。

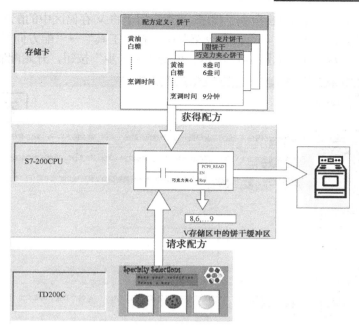

图 14-1 饼干配方应用举例

表 14-1 饼干配方应用举例

域 名	数据类型	咸饼干（配方0）	甜饼干（配方1）	注 释
黄油	Byte	8	8	克
白糖	Byte	6	12	克
红糖	Byte	0	2	克
鸡蛋	Byte	2	1	个
香草	Byte	5	5	克
面粉	Byte	18	20	克
盐	Real	2.0	0.5	克
烹调时间	Real	9.0	10.0	分钟

使用配方向导来创建配方和配方集。配方是存在存储卡中的。使用配方向导可以直接输入配方和配方集。如需修改配方，可以再次运行配方向导，或者在用户程序中调用 RCPx_WRITE 指令子程序。用配方向导来创建配方结构包含以下步骤：

（1）为每个配方集建立一个符号表。每张表中都包含着与配方域名相同的符号名。这些符号定义了访问当前载入 PLC 存储区的配方值的 V 存储区地址。每张表还包含一个用于标志每个配方的符号常数。

（2）为每个配方集建立一个数据块标签。这个标签定义了符号表中所描述的 V 存储区的地址的起始值。

（3）生成一个 RCPx_READ 指令子程序。该指令用于将指定的配方从存储卡中读取到 V 存储区中。

（4）生成一个 RCPx_WRITE 指令子程序。该指令用于将 V 存储区中的配方值写入存储卡中。

要用配方向导创建一个配方，可在命令菜单中选择"工具"→"配方向导"。这时屏幕上将出现"配方向导"初始界面，如图 14-2 所示。单击"下一步"按钮，开始配制配方。

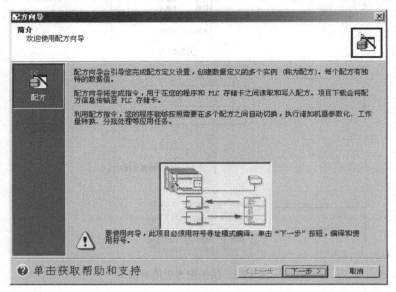

图 14-2 "配方向导"初始界面

要创建一个配方集，必须要进行"配方定义"如图 14-3 所示。

（1）为配方集指定域名。如同预先定义的那样，每一个名字都将成为项目中的一个符号名。

（2）在下拉列表中选择数据类型。

（3）为每个名字输入默认值和注释。在该配方集中的所有新配方将使用这些默认值作为初始值。

（4）单击"下一步"按钮，编辑配方集中的每条配方。

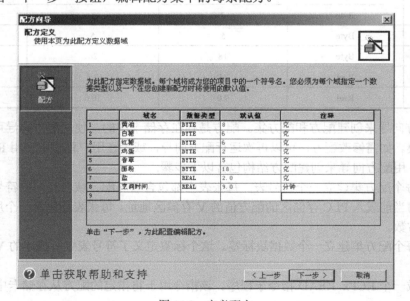

图 14-3 定义配方

"创建和编辑配方"界面允许创建单条配方并为这些配方分配数值。每一个可编辑的列都表示一个独立的配方。可以单击"增加配方"按钮来创建配方。每个配方会将创建配方集时所指定的默认值作为初始值，如图 14-4 所示，然后单击"下一步"按钮。

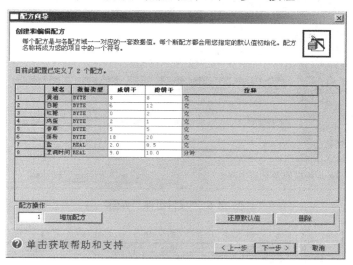

图 14-4 创建和编辑配方

"分配存储区"界面用于指定 V 存储区的起始地址，从这一起始地址开始存储（从存储卡中读取的）配方，也可以自己选择 V 存储区地址，还可以使用配方向导建议的地址，配方向导会推荐使用正确长度的、尚未使用的 V 存储区，如图 14-5 所示，然后单击"下一步"按钮。

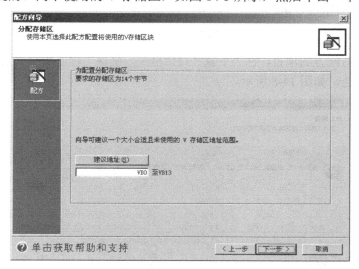

图 14-5 "分配存储区"界面

"项目组件"界面列出了将要被添加到项目中的不同组件，如图 14-6 所示。单击"完成"按钮来完成配方向导并添加这些组件。每个配方结构拥有唯一的名字。这些名字会显示在项目树中。

配方向导自动为每一个配方集创建一个符号表。每张表定义一些常用数值来表示每条配方。可以在 RCPx_READ 和 RCPx_WRITE 指令中使用这些符号来表示想要的配方，如图 14-7 所示。每张表中也为配方中的每个域创建符号名，可以使用这些符号来访问 V 存储区中的配方值。

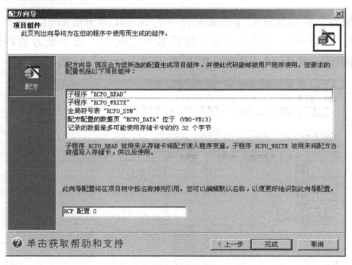

图 14-6 "项目组件"界面

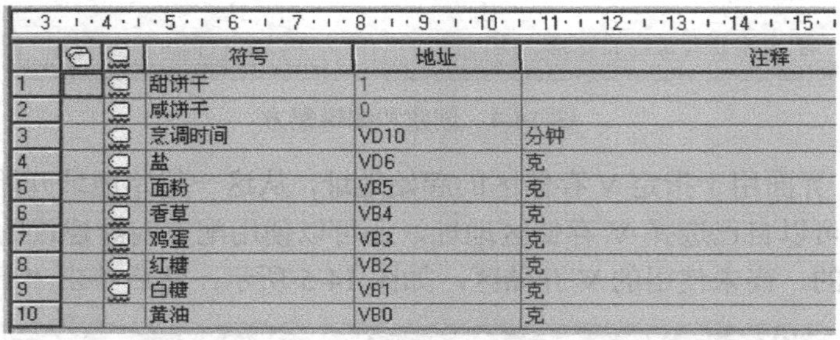

			符号	地址	注释
1			甜饼干	1	
2			咸饼干	0	
3			烹调时间	VD10	分钟
4			盐	VD6	克
5			面粉	VB5	克
6			香草	VB4	克
7			鸡蛋	VB3	克
8			红糖	VB2	克
9			白糖	VB1	克
10			黄油	VB0	克

图 14-7 配方符号表

要下载一个带有配方的项目，在"下载"对话框中，确保"程序块"、"数据块"、"系统块"和"配方"均被勾选，如图 14-8 所示。

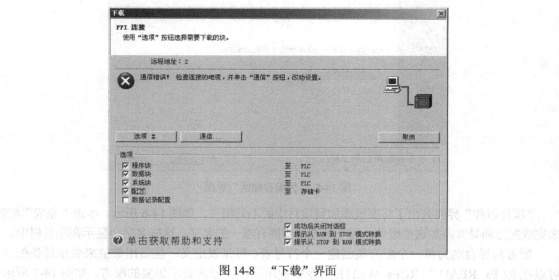

图 14-8 "下载"界面

通过配方指令向导，生成子程序 RCP0_READ 和 RCP0_WRITE。子程序 RCP0_READ 用于将配方从存储卡中读取到 V 存储区中。子程序 RCP0_READ 的参数含义参见表 14-2。

表 14-2 RCP0_READ 子程序的参数表

子 程 序	输入/输出参数	数据类型	输入/输出参数含义
RCP0_READ EN Rcp　　Error	EN	BOOL	输入高电平时，允许执行程序
	Rcp	WORD	决定了从存储卡中读取哪条配方
	Error	BYTE	返回指令的执行结果： 0=无错； 132=存储卡访问失败

子程序 RCP0_WRITE 用于将 V 存储区中的配方内容替代存储卡中的配方。子程序 RCP0_WRITE 的参数含义参见表 14-3。

表 14-3 RCP0_WRITE 子程序的参数表

子 程 序	输入/输出参数	数据类型	输入/输出参数含义
RCP0_WRITE EN Rcp　　Error	EN	BOOL	输入高电平时，允许执行程序
	Rcp	WORD	决定了替代存储卡中的哪条配方
	Error	BYTE	返回指令的执行结果： 0=无错； 132=存储卡访问失败

配方指令有效操作数参见表 14-4。

表 14-4 配方指令有效操作数

输 入	数据类型	操 作 数
Rcp	WORD	VW, IW, QW, MW, SW, SMW, LW, AC, *VD, *AC, *LD, 常数
Error	BYTE	VB, IB, QB, MB, SB, SMB, LB, AC, *VD, *AC, *LD

EEPROM 存储卡的写操作是有次数限制的。典型值为 100 万次。一旦超出限制，EEPROM 将失效。因而请务必确认不要在每个程序周期中都执行 RCPx_WRITE 指令。否则在很短的时间内，存储卡就会被损坏。

饼干配方程序示例如图 14-9 所示。在网络 1 中，在 M0.0 的上升沿，调用配方读指令，将甜饼干的配方从存储卡中读取到 V 存储区。在网络 2 中，在 M0.1 的上升沿，调用配方写指令，将咸饼干的配方从 V 存储区中写入存储卡中。

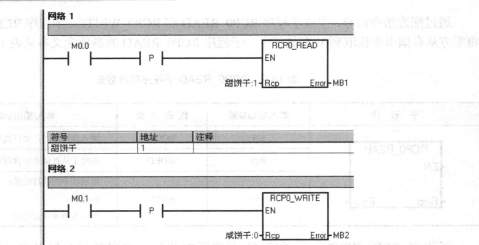

图 14-9　饼干配方程序示例

符号
符号	地址	注释
甜饼干	1	

14.2　数据记录（归档）

14.2.1　概述

STEP7-Micro/WIN 软件和 S7-200 PLC 支持数据记录功能。使用这一功能，可以在程序控制下永久地保存过程数据记录，这些记录可以包含时间日期标签，最多可以组态 4 个独立的数据记录。可以用新的数据记录向导来定义数据记录的记录格式。所有数据记录都存在存储卡中。因此，为了使用数据记录功能，必须要在 PLC 中插入一块 64KB 或者 256KB 的存储卡。必须使用 S7-200 资源管理器将数据归档中的内容上传到计算机中。如图 14-10 所示，显示了数据记录应用的一个实例。

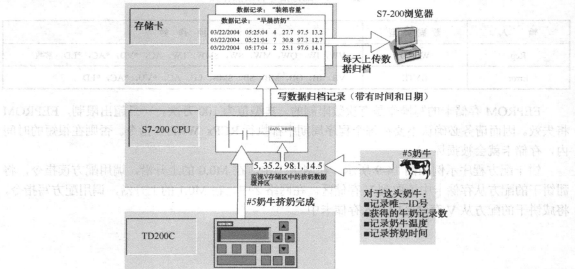

图 14-10　数据归档实例

14.2.2　数据记录向导

数据归档是指通常按照日期时间排序的一组记录。每条记录代表着一些过程事件，过程事件中记录了一套过程数据。由数据归档向导来定义数据的组织结构。一条数据归档记录是指写入数据归档中的单独的、数据行。

1. 数据归档向导应用场合

使用数据归档向导最多可以配置 4 个数据归档。数据归档向导用于：

（1）定义数据归档记录的格式。

（2）选择数据归档的可选项，例如：时间标签、日期标签和有上传时清除数据归档等。

（3）指定数据归档中储存记录的最大数目。

（4）创建用于在数据归档中储存记录的项目代码。

2. 创建数据归档

用数据归档向导创建数据归档包含以下具体步骤。

- 为每个数据归档创建一个符号表。每张表中都包含着与数据归档域名相同的符号名。这些符号定义了储存当前数据归档所需的 V 存储区的地址。每张表还包含一个用于标志每个数据归档的符号常数。
- 为每条数据归档记录建立一个数据块标签，从而为每一个数据归档域分配了 V 存储器地址。用户程序使用这些 V 存储区地址来采集当前归档数据。
- 生成一个 DATx_WRITE 子程序。这条指令将指定的数据归档记录从 V 存储区复制到存储卡中。每执行一次 DATx_WRITE 指令，将会在存储卡的数据归档中添加一条新的数据记录。

（1）要用数据归档向导创建一个数据归档，可在命令菜单中选择"工具"→"数据记录向导"。这时屏幕上将出现"数据记录向导"初始界面，如图 14-11 所示。单击"下一步"按钮，开始创建数据记录。

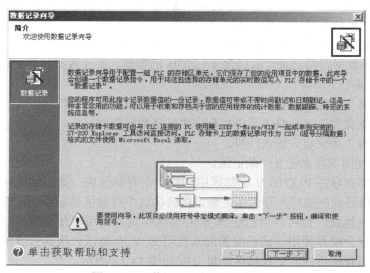

图 14-11　"数据记录向导"初始界面

（2）可以为数据归档配置不同的"数据记录选项"，如图 14-12 所示。

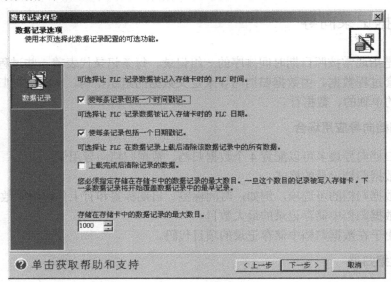

图 14-12 "数据记录选项"界面

- 可以选择让 PLC 在每条数据归档记录中包含时间标签。如果选中"使每条记录包括一个时间戳记"项，当用户程序写入一条数据归档记录时，CPU 将自动在记录中加入时间标签。
- 可以选择让 PLC 在每条数据归档记录中包含日期标签。如果选中"使每条记录包括一个日期戳记"项，当用户程序写入一条数据归档记录时，CPU 将自动在记录中加入日期标签。
- 可以选择让 PLC 在数据记录上载后清除该数据记录中的所有数据。如果选中"上载完成后清除记录的数据"项，每次上传之后，数据归档将被清除。
- 数据归档是一个环形队列（当归档满时，一条新的记录将代替最旧的那条记录）。必须指定"存储在存储卡中的数据记录的最大数目"。一个数据记录中允许的最大记录数是 65 535，记录数的默认值是 1000。

（3）用户需要为数据归档定义数据域，每个域都成为项目中的一个符号。必须为每个域指定数据类型。一条数据归档记录可以包含 4～203B 的数据。要在数据归档中定义数据域，执行以下步骤，如图 14-13 所示。

- 单击"域名"单元格来输入域名，名称变为用户程序引用的符号。
- 单击"数据类型"单元格，从下拉列表中选择数据类型。
- 单击"注释"单元格来输入注释。
- 根据需要使用多行来定义一条记录。

（4）数据归档向导在 PLC 的 V 存储区中创建一个存储区块。该存储区块是一个存储区地址，一条数据归档记录在被写入存储卡之前，存储在这个存储区地址中。可以为要放置配置的 V 存储区指定起始地址，也可以自己选择 V 存储区地址，还可以使用数据归档向导建议的地址。数据归档向导会推荐使用正确长度的尚未使用的 V 存储区。块的长度根据在数据归档向导中的不同选择而有所不同。V 存储区地址分配如图 14-14 所示。

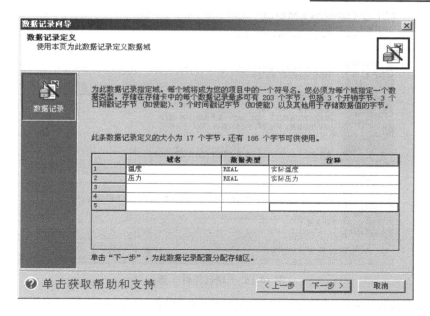

图 14-13　定义数据域

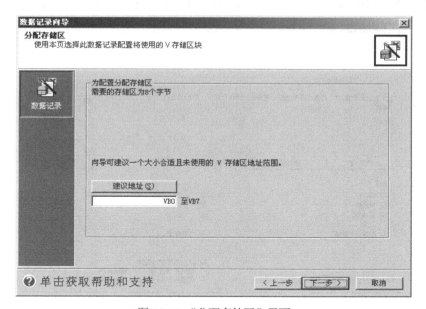

图 14-14　"分配存储区"界面

（5）"项目组件"界面列出了将要被添加到项目中的不同组件，如图 14-15 所示。单击"完成"按钮来完成数据归档向导，并将这些组件添加到项目中。每个数据归档结构拥有唯一的名字。这些名字会显示在项目树中。数据归档集名（DATx）被附加在名字尾部。

（6）为每一个数据归档创建一个符号表。每张表定义一些常数来表示每个数据归档。可以在 DATx_WRITE 指令中使用这些符号。每张表中也为数据归档中的每个域创建符号名。可以使用这些符号来访问 V 存储区中的数据归档数值。

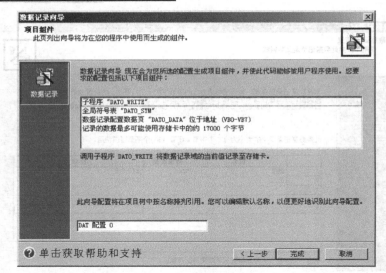

图 14-15 "项目组件"界面

（7）在使用数据归档之前，必须将带有数据归档的项目下载到 S7-200 的 CPU 中。如果一个项目中带有数据归档，那么在下载窗口中，"数据记录配置"选项将被选中，如图 14-16 所示。当下载一个带有数据归档的项目时，当前存在存储卡中的所有数据归档记录将丢失。

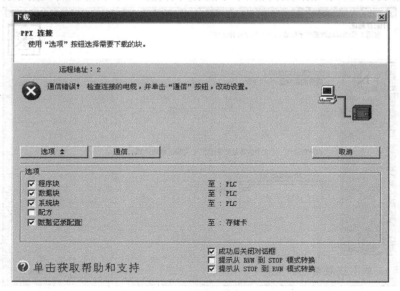

图 14-16 带数据记录的项目下载

S7-200 资源管理器用于从存储卡中读取数据归档，并将数据归档存储在 CSV 文件中。每次读取数据归档，都创建一个新的文件。这个文件存在数据归档目录中。文件名格式如下：PLC 地址、数据记录名称、日期和时间。可以选择当数据归档被成功读取时，是否自动启动与 CSV 扩展名相关联的应用程序。数据归档文件，可以单击鼠标右键在关联菜单中作出选择。数据归档目录将在安装过程中被指定。

3. 读取数据归档文件

要读取数据归档，执行以下步骤：

（1）打开 Windows 资源管理器，将看到 My S7-200 Network 文件夹。

（2）打开 My S7-200 Network 文件夹。

（3）打开正确的 S7-200 PLC 文件夹。

（4）选择存储卡文件夹。

（5）找到正确的数据归档文件。这些文件的名字为 DAT Configuration x （DATx）。

（6）单击鼠标右键调出上下文关联菜单，选择"上传"选项。

通过数据记录向导，生成子程序 DAT0_WRITE，用于将归档数据中的一条记录写入到存储卡中，其参数含义参见表 14-5。

表 14-5　RCP0_READ 子程序的参数表

子　程　序	输出参数	数据类型	参数含义
DAT0_WRITE EN Error	EN	BOOL	输入高电平时，允许执行程序
	Error	BYTE	返回指令的执行结果： 0=无错 132=存储卡访问失败

数据归档子程序有效操作数参见表 14-6。

表 14-6　数据归档子程序有效操作数

输　　入	数据类型	操　作　数
Error	BYTE	VB，IB，QB，MB，SB，SMB，LB，AC，*VD，*AC，*LD

EEPROM 存储卡的写操作是有次数限制的。典型值为 100 万次。一旦超出限制，EEPROM 将失效。因而请务必确认不要在每个程序周期中都执行 DATx_WRITE 指令。否则在很短的时间内，存储卡就会被损坏。

数据归档程序示例如图 14-17 所示。在网络 1 中，在 M0.0 的上升沿，调用数据归档指令，将数据记录从 V 存储区中写入存储卡中。

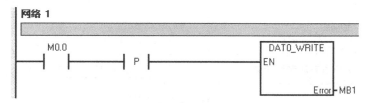

图 14-17　数据归档程序示例

14.3　程序实例

例 14-1：液体混合系统。

　　某厂生产的两种产品，是由三种液体 A，B，C 混合而成。不同的产品，液体的比重也不同。现在将三种液体的比重做成配方，存入到 PLC 中，方便生产人员调用。

　　利用配方向导生成配方。如图 14-18 所示，输入三种液体的名称和默认质量。

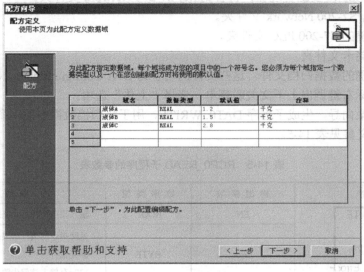

图 14-18　输入液体名称及质量

　　如图 14-19 所示，再增加一种配方，并输入三种液体的质量。

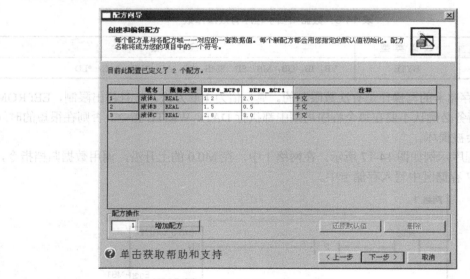

图 14-19　增加新配方

　　PLC 控制液体混合程序如图 14-20 和 14-21 所示。在网络 1 中，当 I0.0 在上升沿时，从存储卡中读取配方 0，并存储在 V 存储区。在网络 2 中，当 I0.1 在上升沿时，从存储卡中读取配方 1，并存储在 V 存储区。在网络 3 中，当系统启动时，当液体 A 实际值小于或等于配方中的值时，打开液体 A 阀门；否则关闭阀门。在网络 4 中，当系统启动时，当液体 B 实际值小于或等于配方中的值时，打开液体 B 阀门；否则关闭阀门。在网络 5 中，当系统启动时，当液体 C

实际值小于或等于配方中的值时，打开液体 C 阀门；否则关闭阀门。

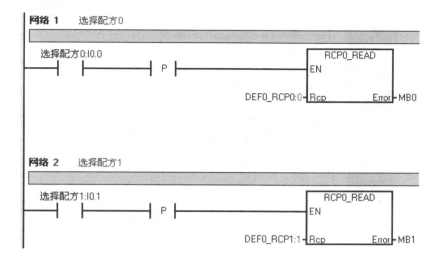

图 14-20　选择配方

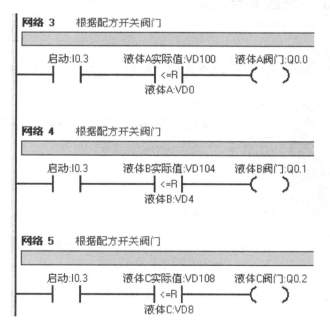

图 14-21　根据配方生产

例 14-2： 班产量记录。

某厂生产三种产品 A，B，C，现需要记录每班生产产品的数量。

利用数据记录向导生成数据记录配置。如图 14-22 所示，选择让 PLC 在每条数据归档记录中包含时间标签和日期标签。指定数据归档中储存记录的最大数目为 30 000。

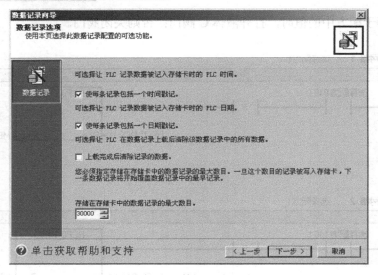

图 14-22 数据记录配置

如图 14-23 所示，输入产品名称。

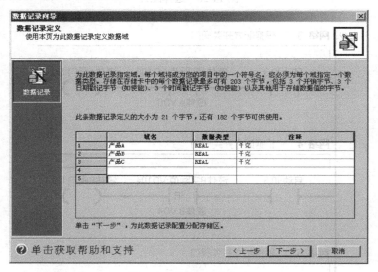

图 14-23 输入产品名称

PLC 控制班产量记录程序如图 14-24 所示。在网络 1 中，当按下 I0.0 时，将本班的产量记录在存储卡上。

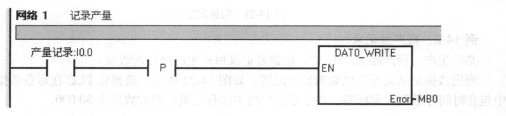

图 14-24 PLC 控制班产量记录程序

附录 A CPU 错误代码

A.1 致命错误代码和消息

严重错误将导致 S7-200 停止执行程序。依据错误的严重性，一个致命错误会导致 S7-200 无法执行某个或所有功能。处理致命错误的目标是使 S7-200 进入安全状态，S7-200 由此可以对存在的错误条件进行相关询问并做出响应。

当检测到致命错误时，S7-200 将执行以下任务：

■ 进入 STOP 模式；

■ 点亮 SF/DIAG（红色）LED 指示灯和停止 LED 指示灯；

■ 断开输出。

这种状态将会持续到错误清除之后。在主菜单中使用菜单命令 "PLC" → "信息" 可查看错误代码。表 A-1 列出了从 S7-200 上可读到的致命错误代码及其相关描述。

表 A-1 S7-200 的致命错误代码

错 误 代 码	描　　　述
0000	无致命错误
0001	用户程序校验和错误
0002	编译后的梯形图程序校验和错误
0003	扫描看门狗超时错误
0004	永久存储器失效
0005	永久存储器上用户程序校验和错误
0006	永久存储器上组态参数（SDB0）校验和错误
0007	永久存储器上强制数据校验和错误
0008	永久存储器上默认输出表值校验和错误
0009	永久存储器上用户数据 DB1 校验和错
000A	存储器卡失灵
000B	存储器卡上用户程序校验和错误
000C	存储卡组态参数（SDB0）校验和错误
000D	存储器卡强制数据校验和错误
000E	存储器卡默认输出表值校验和错误
000F	存储器卡用户数据 DB1 校验和错误

错误代码	描　　述
0010	内部软件错误
0011	比较触点间接寻址错误
0012	比较触点浮点值错误
0013	程序不能被该 S7-200 理解
0014	比较触点范围错误

A.2　运行程序错误

在程序的正常运行中，可能会产生非致命错误（如寻址错误）。在这种情况下，CPU 产生一个非致命运行程序错误代码。表 A-2 列出了这些非致命错误代码及其相关描述。

表 A-2　S7-200 运行程序错误代码

错误代码	描　　述
0000	无致命错误；无错误
0001	在执行 HDEF 框之前，HSC 框启用
0002	输入中断分配冲突，已分配给 HSC
0003	到 HSC 的输入分配冲突，已分配给输入中断或其他 HSC
0004	试图执行在中断子程序中不允许的指令
0005	第一个 HSC/PLS 未执行完之前，又企图执行同编号的第二个 HSC/PLS（中断程序中的 HSC 同主程序中的 HSC/PLS 冲突。）
0006	间接寻址错误
0007	TODW（写实时时钟）或 TODR（读实时时钟）数据错误
0008	用户子程序嵌套层数超过规定
0009	在程序执行 XMT 或 RCV 时，端口 0 又执行另一条 XMT/RCV 指令
000A	在同一 HSC 执行时，又企图用 HDEF 指令再定义该 HSC
000B	在端口 1 上同时执行数条 XMT/RCV 指令
000C	时钟存储卡不存在
000D	试图重新定义正在使用的脉冲输出
000E	PTO 包络段数设置为"0"
000F	比较触点指令中的非法数字值
0010	在当前 PTO 操作模式中，命令未允许
0011	非法 PTO 命令代码
0012	非法 PTO 包络表
0013	非法 PID 回路参数表
0091	范围错误（带地址信息）：检查操作数范围

续表

错 误 代 码	描　　述
0092	指令的计数域出错（带计数信息）：确认最大计数大小
0094	范围错误（带地址信息）：写无效存储器
009A	用户中断程序试图转换成自由端口模式
009B	非法指针（字符串操作中起始位置值指定为 0）
009F	无存储卡或存储卡无响应

A.3　编译规则错误

当下载一个程序时，CPU 将编译该程序。如果 CPU 发现程序违反编译规则（如非法指令），那么 CPU 就会停止下载程序，并生成一个非致命编译规则错误代码。表 A-3 列出了违反编译规则所生成的这些错误代码及其相关描述。

表 A-3　S7-200 编译规则错误代码

错 误 代 码	描　　述
0080	程序太大，无法编译：减少程序大小
0081	堆栈溢出：将程序段分成多个程序段
0082	非法指令：检查指令助记符
0083	主程序中缺失 MEND 或存在不允许的指令：添加 MEND 指令或删除错误指令
0084	保留
0085	缺失 FOR：添加 FOR 指令或删除 NEXT 指令
0086	缺失 NEXT：添加 NEXT 指令或删除 FOR 指令
0087	缺失标签（LBL、INT、SBR）：添加相应的标签
0088	子程序中缺失 RET 或存在不允许的指令：将 RET 添加到子程序末尾或删除错误指令
0089	中断例行程序中缺失 RETI 或存在不允许的指令：将 RETI 添加到中断例行程序末尾或删除错误指令
008A	保留
008B	从/向一个 SCR 段的非法跳转
008C	重复标签（LBL、INT、SBR）：重命名其中一个标签
008D	非法标签（LBL、INT、SBR）：确保不超出所允许的标签数目
0090	非法参数：确认指令允许的参数
0091	范围错误（带地址信息）：检查操作数范围
0092	指令的计数域出错（带计数信息）：确认最大计数大小
0093	FOR/NEXT 嵌套层数超出范围
0095	无 LSCR 指令（装载 SCR）
0096	无 SCRE 指令（SCR 结束）或 SCRE 前面有不允许的指令
0097	用户程序包含非数字编码的和数字编码的 EV/ED 指令

续表

错 误 代 码	描 述
0098	在运行模式进行非法编辑（试图编辑非数字编码的 EV/ED 指令）
0099	隐含程序段太多（HIDE 指令）
009B	非法指针（字符串操作中起始位置值指定为"0"）
009C	超出最大指令长度
009D	SDB0 中检测到非法参数
009E	PCALL 字符串太多
009F～00FF	保留

附录 B 特殊存储器（SM）标志位

B.1 SMB0：状态位

SMB0 有 8 位状态位，在每个扫描周期的末尾，由 S7-200 更新这些位，参见表 B-1。

表 B-1 特殊存储器字节 SMB0（SM0.0～SM0.7）

SM 位	描述（只读）
SM0.0	该位始终为 1
SM0.1	该位在首次扫描时为 1，一个用途是调用初始化子例行程序
SM0.2	若保持数据丢失，则该位在一个扫描周期中为 1。该位可用作错误存储器位，或用来调用特殊启动顺序功能
SM0.3	开机后进入 RUN 模式，该位将启动一个扫描周期，该位可用在启动操作之前给设备提供一个预热时间
SM0.4	该位提供了一个时钟脉冲，30s 为 "1"，30s 为 "0"，占空比周期为 1min。它提供了一个简单易用的延时或 1min 的时钟脉冲
SM0.5	该位提供了一个时钟脉冲，0.5s 为 "1"，0.5s 为 "0"，占空比周期为 1s。它提供了一个简单易用的延时或 1s 的时钟脉冲
SM0.6	该位为扫描时钟，本次扫描时置 1，下次扫描时置 0。可用作扫描计数器的输入
SM0.7	该位指示 CPU 模式开关的位置（"0" 为 TERM 位置，"1" 为 RUN 位置）。当开关在 RUN 位置时，用该位可使自由端口通信方式有效，当切换至 TERM 位置时，同编程设备的正常通信也会有效

B.2 SMB1：状态位

SMB1 包含了各种潜在的错误提示。这些位可由指令在执行时进行置位或复位参见表 B-2。

表 B-2 特殊存储器字节 SMB1（SM1.0～SM1.7）

SM 位	描述（只读）
SM1.0	当执行某些指令，其结果为 "0" 时，将该位置 1
SM1.1	当执行某些指令，其结果溢出或查出非法数值时，将该位置 1
SM1.2	当执行数学运算，其结果为负数时，将该位置 1
SM1.3	试图除以零时，将该位置 1
SM1.4	当执行 ATT（添加到表格）指令时，试图超出表范围时，将该位置

SM 位	描述（只读）
SM1.5	当执行 LIFO 或 FIFO 指令，试图从空表中读数时，将该位置 1
SM1.6	当试图把一个非 BCD 数转换为二进制数时，将该位置 1
SM1.7	当 ASCII 码不能转换为有效的十六进制数时，将该位置 1

B.3　SMB2：自由端口接收字符

　　SMB2 是自由端口接收字符缓冲区，参见表 B-3。在自由端口通信方式下，接收到的每个字符都放在这里，便于程序存取。SMB2 在端口 0 和端口 1 之间共享。当端口 0 上发生的字符接收操作导致执行附加在那个事件（中断事件 8）的中断例行程序时，SMB2 包含端口 0 上接收的字符。当端口 1 接收到字符并使得与该事件（中断事件 25）相连的中断程序执行时，SMB2 包含端口 1 上接收到的字符。

表 B-3　特殊存储器字节 SMB2

SM 位	描述（只读）
SMB2	此字节包含在自由端口通信期间从端口 0 或端口 1 接收的每个字符

B.4　SMB3：自由端口奇偶校验错误

　　SMB3 用于自由端口方式，当接收到的字符发现有校验错误时，将 SM3.0 置 1。当检测到校验错误时，SM3.0 接通，根据该位来废弃错误消息，参见表 B-4。SMB3 在端口 0 和端口 1 之间共享。当端口 0 上发生的字符接收操作导致执行附加在那个事件（中断事件 8）的中断例行程序时，SMB3 包含该字符的奇偶校验状态。当端口 1 接收到字符并使得与该事件（中断事件 25）相连的中断程序执行时，SMB3 包含该字符的奇偶校验状态。

表 B-4　特殊存储器字节 SMB3（SM3.0～SM3.7）

SM 位	描述（只读）
SM3.0	端口 0 或端口 1 的奇偶校验错误： 0＝无错 1＝检测到错误
SM3.1～SM3.7	保留

B.5　SMB4：队列溢出

　　SMB4 包含中断队列溢出位，中断是否允许标志位及发送空闲位，参见表 B-5。队列溢出表明要么是中断发生的频率高于 CPU，要么是中断已经被全局中断禁止指令所禁止。只有在中断程序里，才使用状态位 SM4.0，SM4.1 和 SM4.2。当队列为空时，将这些状态位复位（置 0）并返回主程序。

表 B-5 特殊存储器字节 SMB4（SM4.0～SM4.7）

SM 位	描述（只读）
SM4.0	当通信中断队列溢出时，将该位置 1
SM4.1	当输入中断队列溢出时，将该位置 1
SM4.2	当定时中断队列溢出时，将该位置 1
SM4.3	在运行时刻，发现编程问题时，将该位置 1
SM4.4	该位指示全局中断允许位，当允许中断时，将该位置 1
SM4.5	当（端口 0）发送空闲时，将该位置 1
SM4.6	当（端口 1）发送空闲时，将该位置 1
SM4.7	当发生强置时，将该位置 1

B.6 SMB5：I/O 状态

SMB5 包含 I/O 接口发现的错误状态位。这些位提供了所发现的 I/O 接口错误概况，参见表 B-6。

表 B-6 特殊存储器字节 SMB5（SM5.0～SM5.7）

SM 位	描述（只读）
SM5.0	当有 I/O 接口错误时，将该位置 1
SM5.1	当 I/O 总线上连接了过多的数字量 I/O 接口时，将该位置 1
SM5.2	当 I/O 总线上连接了过多的模拟量 I/O 接口时，将该位置 1
SM5.3	当 I/O 总线上连接了过多的智能 I/O 接口模块时，将该位置 1
SM5.4～SM5.7	保留

B.7 SMB6：CPU ID 寄存器

SMB6 是 S7-200 CPU 的标识寄存器。SM6.4～SM6.7 识别 CPU 的类型，SM6.0～SM6.3 保留，以备将来使用，参见表 B-7。

表 B-7 特殊存储器字节 SMB6（SM6.0～SM6.7）

SM 位	描述（只读）
SM6.0～SM6.3	保留
SM6.4～SM6.7	0000 = CPU222 0010 = CPU224 / CPU224XP 0110 = CPU221 1001 = CPU226

B.8　SMB7：保留

SMB7 为将来使用而保留。

B.9　SMB8 至 SMB21：I/O 接口模块标识和错误寄存器

SMB8 至 SMB21 按字节对组织，用于扩展模块 0～6，参见表 B-8。每对的偶数字节是模块标识寄存器，这些字节识别模块类型、I/O 接口类型以及输入和输出的数目。每对的奇数字节是模块错误寄存器，这些字节提供在 I/O 接口检测出的该模块的任何错误的指示。字节格式如图 B-1 所示。

表 B-8　特殊存储器字节 SMB8 至 SMB21

SM 位	描述（只读）
SMB8	模块 0 标识寄存器
SMB9	模块 0 错误寄存器
SMB10	模块 1 标识寄存器
SMB11	模块 1 错误寄存器
SMB12	模块 2 标识寄存器
SMB13	模块 2 错误寄存器
SMB14	模块 3 标识寄存器
SMB15	模块 3 错误寄存器
SMB16	模块 4 标识寄存器
SMB17	模块 4 错误寄存器
SMB18	模块 5 标识寄存器
SMB19	模块 5 错误寄存器
SMB20	模块 6 标识寄存器
SMB21	模块 6 错误寄存器

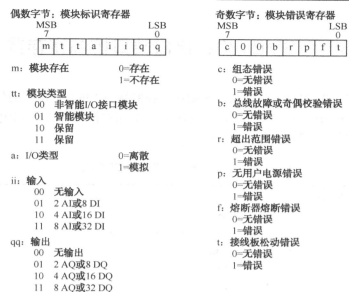

偶数字节：模块标识寄存器

MSB　　　　　　　　LSB
7　　　　　　　　　0
| m | t | t | a | i | i | q | q |

m：模块存在　　　　　0=存在
　　　　　　　　　　1=不存在

tt：模块类型
　　00　非智能I/O接口模块
　　01　智能模块
　　10　保留
　　11　保留

a：I/O类型　　　　　0=离散
　　　　　　　　　　1=模拟

ii：输入
　　00　无输入
　　01　2 AI或8 DI
　　10　4 AI或16 DI
　　11　8 AI或32 DI

qq：输出
　　00　无输出
　　01　2 AQ或8 DQ
　　10　4 AQ或16 DQ
　　11　8 AQ或32 DQ

奇数字节：模块错误寄存器

MSB　　　　　　　　LSB
7　　　　　　　　　0
| c | 0 | 0 | b | r | p | f | t |

c：组态错误
　　0=无错误
　　1=错误

b：总线故障或奇偶校验错误
　　0=无错误
　　1=错误

r：超出范围错误
　　0=无错误
　　1=错误

p：无用户电源错误
　　0=无错误
　　1=错误

f：熔断器熔断错误
　　0=无错误
　　1=错误

t：接线板松动错误
　　0=无错误
　　1=错误

图 B-1　SMB8 至 SMB21 字节格式

B.10　SMW22 至 SMW26：扫描时间

SMW22、SMW24 和 SMW26 提供扫描时间信息：最短扫描时间、最长扫描时间和上次扫描时间，单位为 ms，参见表 B-9。

表 B-9　特殊存储器字 SMW22 至 SMW26

SM 位	描述（只读）
SMW22	上次扫描时间
SMW24	进入 RUN 模式后，所记录的最短扫描时间
SMW26	进入 RUN 模式后，所记录的最长扫描时间

B.11　SMB28 和 SMB29：模拟调整

SMB28 保持代表模拟调整 0 位置的数值，SMB29 保持代表模拟调整 1 的位置数值，参见表 B-10。

表 B-10　特殊存储器字节 SMB28 和 SMB29

SM 位	描述（只读）
SMB28	该字节存储通过模拟调整 0 输入的数值。在 STOP/RUN 模式中，每执行一次扫描就更新一次该数值
SMB29	该字节存储通过模拟调整 1 输入的数值。在 STOP/RUN 模式中，每执行一次扫描就更新一次该数值

B.12　SMB30 和 SMB130：自由端口控制寄存器

SMB30 控制端口 0 的自由端口通信；SMB130 控制端口 1 的自由端口通信。可以对 SMB30 和 SMB130 进行读和写操作。这些字节设置自由端口通信的操作方式，并提供自由端口或者系统所支持的协议之间的选择，参见表 B-11。

表 B-11　特殊存储器字节 SMB30 和 SMB131

端　口　0	端　口　1	描　述
SM30.0 和 SM30.1	SM130.0 和 SM130.1	协议选择 00 = 点对点接口协议（PPI/从站模式） 01 = 自由端口协议 10 = PPI/主站模式 11 = 保留
SM30.2 到 SM30.4	SM130.2 到 SM130.4	自由端口波特率 000 = 38 400 b/s, 100 = 2400 b/s 001 = 19 200 b/s, 101 = 1200 b/s 010 = 9600 b/s, 110 = 115 200 b/s 011 = 4800 b/s, 111 = 57 600 b/s
SM30.5	SM130.5	0 = 每个字符 8 位 1 = 每个字符 7 位
SM30.6 和 SM30.7	SM130.6 和 SM130.7	00 = 无奇偶校验 10 = 无奇偶校验 01 = 偶校验 11 = 奇检验

B.13　SMB31 和 SMW32：永久存储器（EEPROM）写控制

在用户程序的控制下，可以把 V 存储器中的数据存入永久存储器，也称非易失存储器。先把被存数据的地址存入 SMW32 中，然后把存入命令存入 SMB31 中。一旦发出存储命令，则直到 CPU 完成存储操作 SM31.7 被置 0 之前，不可以改变 V 存储器的值。在每次扫描周期末尾，CPU 检查是否有向永久存储器区中存数据的命令。如果有，则将该数据存入永久存储器中。SMB31 定义了存入永久存储器的数据大小且提供了初始化存储操作的命令，SMW32 提供了被存数据在 V 存储器中的起始地址，参见表 B-12。

表 B-12　特殊存储器字节 SMB31 至 SMW32

SM 位	描　述
SM31.0 和 SM31.1	数据大小 00 = 字节，10 = 字 01 = 字节，11 = 双字
SM31.7	保存至永久存储器： 0 = 无执行保存操作的请求 1 = 用户程序请求保存数据 每次存储操作完成后，S7-200 复位该位
SMW32	SMW32 中是所存数据的 V 存储器地址，该值是相对于 V0 的偏移量。当执行存储命令时，把该数据存到永久存储器中相应的位置

B.14　SMB34 和 SMB35：用于定时中断的时间间隔寄存器

　　SMB34 和 SMB35 分别定义了定时中断 0 和定时中断 1 的时间间隔，可以在 1～255ms 之间以 1ms 为增量进行设定，参见表 B-13。如果相应的定时中断事件被连接到一个中断服务程序，S7-200 就会获取该时间间隔值。若要改变该时间间隔，必须把定时中断事件再分配给同一或另一中断程序，也可以通过中断分离来终止定时中断事件。

表 B-13　特殊存储器字节 SMB34 和 SMW35

SM 位	描　述
SMB34	定义定时中断 0 的时间间隔（从 1～255 ms，以 1 ms 为增量）
SMB35	定义定时中断 1 的时间间隔（从 1～255 ms，以 1 ms 为增量）

B.15　SMB36 至 SMB65：HSC0，HSC1 和 HSC2 寄存器

　　SMB36 至 SM65 用于监视和控制高速计数 HSC0，HSC1 和 HSC2 的操作，参见表 B-14。

表 B-14　特殊存储器字节 SMB36 至 SMB65

SM 位	描　述
SM36.0 至 SM36.4	保留
SM36.5	HSC0 当前计数方向状态位：1 = 增计数
SM36.6	HSC0 当前值等于预设值状态位：1 = 相等
SM36.7	HSC0 当前值大于预设值状态位：1 = 大于
SM37.0	复位的有效电平控制位： 0 = 复位为高电平有效 1 = 复位为低电平有效
SM37.1	保留

续表

SM 位	描 述
SM37.2	正交计数器的计数速率选择： 0=4×计数速率 1=1×计数速率
SM37.3	HSC0 方向控制位：1=增计数
SM37.4	HSC0 更新方向：1=更新方向
SM37.5	HSC0 更新预设值：1=将新预设值写入 HSC0 预设值
SM37.6	HSC0 更新当前值：1=将新当前值写入 HSC0 当前值
SM37.7	HSC0 启用位：1=启用
SMD38	HSC0 新的初始值
SMD42	HSC0 新的预置值
SM46.0～SM46.4	保留
SM46.5	HSC1 当前计数方向状态位：1=增计数
SM46.6	HSC1 当前值等于预设值状态位：1=等于
SM46.7	HSC1 当前值大于预设值状态位：1=大于
SM47.0	HSC1 复位的有效电平控制位： 0=高电平有效 1=低电平有效
SM47.1	HSC1 启动的有效电平控制位： 0=高电平有效 1=低电平有效
SM47.2	HSC1 正交计数器速率选择： 0=4×速率 1=1×速率
SM47.3	HSC1 方向控制位：1=增计数
SM47.4	HSC1 更新方向：1=更新方向
SM47.5	HSC1 更新预设值：1=将新预设值写入 HSC1 预设值
SM47.6	HSC1 更新当前值：1=将新当前值写入 HSC1 当前值
SM47.7	HSC1 启用位：1=启用
SMD48	HSC1 新的初始值
SMD52	HSC1 新的预置值
SM56.0～SM56.4	保留
SM56.5	HSC2 当前计数方向状态位：1=增计数
SM56.6	HSC2 当前值等于预设值状态位：1=等于
SM56.7	HSC2 当前值大于预设值状态位：1=大于
SM57.0	HSC2 复位的有效电平控制位： 0=高电平有效 1=低电平有效

续表

SM 位	描 述
SM57.1	HSC2 启动的有效电平控制位： 0=高电平有效 1=低电平有效
SM57.2	HSC2 正交计数器速率选择： 0=4×速率 1=1×速率
SM57.3	HSC2 方向控制位：1=增计数
SM57.4	HSC2 更新方向：1=更新方向
SM57.5	HSC2 更新预设值：1=将新设置值写入 HSC2 预设值
SM57.6	HSC2 更新当前值：1=将新当前值写入 HSC2 当前值
SM57.7	HSC2 启用位：1=启用
SMD58	HSC2 新的初始值
SMD62	HSC2 新的预置值

B.16　SMB66 至 SMB85：PTO/PWM 寄存器

SMB66 至 SMB85 用于监视和控制脉冲串输出（PTO）和脉宽调制（PWM）功能，参见表 B-15。

表 B-15　特殊存储器字节 SMB66 至 SMB85

SM 位	描 述
SM66.0～SM66.3	保留
SM66.4	PTO0 包络被中止： 0=无错 1=因增量计算错误而被中止
SM66.5	PTO0 包络被中止： 0=不通过用户命令中止 1=通过用户命令中止
SM66.6	PTO0/PWM 管线溢出（在使用外部包络时由系统清除，否则必须由用户复位）： 0=无溢出 1=管线溢出
SM66.7	PTO0 空闲位： 0=PTO 正在执行 1=PTO 空闲
SM67.0	PTO0/PWM0 更新周期值：1=写入新周期
SM67.1	PWM0 更新脉宽值：1=写入新脉宽
SM67.2	PTO0 更新脉冲计数值：1=写入新脉冲计数

SM 位	描　述
SM67.3	PTO0/PWM0 时间基准： 0=1μs/刻度 1=1ms/刻度
SM67.4	同步更新 PWM0： 0=异步更新 1=同步更新
SM67.5	PTO0 操作： 0=单段操作（周期和脉冲计数存储在 SM 存储器中） 1=多段操作（包络表存储在 V 存储器中）
SM67.6	PTO0/PWM0 模式选择： 0=PTO 1=PWM
SM67.7	PTO0/PWM0 启用位： 1=启用
SMW68	PTO0/PWM0 周期（2～65535 个时间基准）
SMW70	PWM0 脉冲宽度值（0～65535 个时间基准）
SMD72	PTO0 脉冲计数值（1～2^{32}−1）
SM76.0～SM76.3	保留
SM76.4	PTO1 包络被中止： 0=无错 1=因增量计算错误而被中止
SM76.5	PTO1 包络被中止： 0=不通过用户命令中止 1=通过用户命令中止
SM76.6	PTO1/PWM 管线溢出（在使用外部包络时由系统清除，否则必须由用户复位）： 0=无溢出 1=管线溢出
SM76.7	PTO1 空闲位： 0=PTO 正在执行 1=PTO 空闲
SM77.0	PTO1/PWM1 更新周期值： 1=写入新周期
SM77.1	PWM1 更新脉宽值： 1=写入新脉宽
SM77.2	PTO1 更新脉冲计数值： 1=写入新脉冲计数
SM77.3	PTO1/PWM1 时间基准： 0=1μs/刻度 1=1ms/刻度

SM 位	描　　述
SM77.4	同步更新 PWM1： 0=异步更新 1=同步更新
SM77.5	PTO1 操作： 0=单段操作（周期和脉冲计数存储在 SM 存储器中） 1=多段操作（包络表存储在 V 存储器中）
SM77.6	PTO1/PWM1 模式选择： 0=PTO 1=PWM
SM77.7	PTO1/PWM1 启用位：1=启用
SMW78	PTO1/PWM1 周期值（2～65535 个时间基准）
SMW80	PWM1 脉冲宽度值（0～65535 个时间基准）
SMD82	PTO1 脉冲计数值（1～$2^{32}-1$）

B.17　SMB86 至 SMB94，SMB186 至 SMB194：接收消息控制

　　SMB86 至 SMB94 和 SMB186 至 SMB194 用于控制和读出接收消息指令的状态，参见表 B-16。

表 B-16　特殊存储器字节 SMB86 至 SMB94，SMB186 至 SMB194

端口 0	端口 1	描　　述
SMB86	SMB186	接收消息状态字节 MSB LSB 7 0 [n | r | e | 0 | 0 | t | c | p] n：1=接收消息通过用户禁用命令终止 r：1=接收消息被终止，输入参数出错或缺失启动或结束条件 e：1=结束字符已接收 t：1=接收消息被终止，定时器时间用完 c：1=接收消息被终止，达到最大字符计数 p：1=接收消息终止，校验错误
SMB87	SMB187	接收消息控制字节 MSB LSB 7 0 [en | sc | ec | l | c/m | tmr | bk | 0] en：0=接收消息功能被禁用 　　1=允许接收消息功能。每次执行 RCV 指令时检查允许/禁止接收消息位

续表

端口 0	端口 1	描述
SMB87	SMB187	sc: 0=忽略 SMB88 或 SMB188 1=使用 SMB88 或 SMB188 的值检测起始消息 ec: 0=忽略 SMB89 或 SMB189 1=使用 SMB89 或 SMB189 的值检测结束消息 il: 0=忽略 SMW90 或 SMW190 1=使用 SMW90 或 SMW190 的值检测空闲状态 c/m: 0=定时器是字符间隔定时器 1=定时器是消息定时器 tmr: 0=忽略 SMW92 或 SMW192 1=当 SMW92 或 SMW192 中的定时时间超出时终止接收 bk: 0=忽略中断条件 1=用中断条件作为消息检测的开始
SMB88	SMB188	消息字符的开始
SMB89	SMB189	消息字符的结束
SMW90	SMW190	空闲线时间段单位按毫秒设定，空闲线时间用完后接收的第一个字符是新消息的开始
SMW92	SMW192	中间字符/消息定时器溢出值单位按毫秒设定，如果超过这个时间段，则终止接收消息
SMB94	SMB194	要接收的最大字符数（1~255B）。此范围必须设置为期望的最大缓冲区大小，即使不使用字符计数消息终端

B.18　SMW98：扩展 I/O 总线错误

SMW98 给出有关扩展 I/O 总线的错误数的信息，参见 B-17。

表 B-17　特殊存储器字节 SMW98

SM 位	描　述
SMW98	当扩展总线出现校验错误时，该处每次增加 1。当系统得电时或用户程序写入零，可以进行清零

B.19　SMB131 至 SMB165：HSC3，HSC4 和 HSC5 寄存器

SMB131 至 SMB165 用于监视和控制高速计数器 HSC3，HSC4 和 HSC5 的操作，参见表 B-18。

表 B-18　特殊存储器字节 SMB131 至 SMB165

SM 位	描　述
SMB131~SMB135	保留
SM136.0~SM136.4	保留
SM136.5	HSC3 当前计数方向状态位：1=增计数

续表

SM 位	描 述
SM136.6	HSC3 当前值等于预设值状态位：1=等于
SM136.7	HSC3 当前值大于预设值状态位：1=大于
SM137.0～SM137.2	保留
SM137.3	HSC3 方向控制位：1=增计数
SM137.4	HSC3 更新方向：1=更新方向
SM137.5	HSC3 更新预设值：1=将新预设值写入 HSC3 预设值
SM137.6	HSC3 更新当前值：1=将新当前值写入 HSC3 当前值
SM137.7	HSC3 启用位：1=启用
SMD138	HSC3 新初始值
SMD142	HSC3 新预置值
SM146.0 -- SM146.4	保留
SM146.5	HSC4 当前计数方向状态位：1=增计数
SM146.6	HSC4 当前值等于预设值状态位：1=等于
SM146.7	HSC4 当前值大于预设值状态位：1=大于
SM147.0	复位的有效电平控制位： 0=复位为高电平有效 1=复位为低电平有效
SM147.1	保留
SM147.2	正交计数器的计数速率选择： 0=4×计数速率 1=1×计数速率
SM147.3	HSC4 方向控制位：1=增计数
SM147.4	HSC4 更新方向：1=更新方向
SM147.5	HSC4 更新预设值：1=将新预设值写入 HSC4 预设值
SM147.6	HSC4 更新当前值：1=将新当前值写入 HSC4 当前值
SM147.7	HSC4 启用位：1=启用
SMD148	HSC4 新初始值
SMD152	HSC4 预置值
SM156.0 -- SM156.4	保留
SM156.5	HSC5 当前计数方向状态位：1=增计数
SM156.6	HSC5 当前值等于预设值状态位：1=等于
SM156.7	HSC5 当前值大于预设值状态位：1=大于
SM157.0 -- SM157.2	保留
SM157.3	HSC5 方向控制位：1=增计数
SM157.4	HSC5 更新方向：1=更新方向
SM157.5	HSC5 更新预设值：1=将新预设值写入 HSC5 预设值
SM157.6	HSC5 更新当前值：1=将新当前值写入 HSC5 当前值

SM 位	描　　述
SM157.7	HSC5 启用位：1=启用
SMD158	HSC5 新初始值
SMD162	HSC5 预置值

B.20　SMB166 至 SMB185：PTO0，PTO1 包络定义表

SMB166 至 SMB194 用来显示包络步的数量和包络表的地址和 V 存储器区中表的地址，参见表 B-19。

表 B-19　特殊存储器字节 SMB166 至 SMB185

SM 位	描　　述
SMB166	PTO0 的包络步当前计数值
SMB167	保留
SMW168	PTO0 的包络表 V 存储器地址（从 V0 开始的偏移量）
SMB170	线性 PTO0 状态字节
SMB171	线性 PTO0 结果字节
SMD172	指定线性 PTO0 发生器工作在手动模式时产生的频率。频率是一个以 Hz 为单位的双整型值。SMB172 是 MSB，而 SMB175 是 LSB
SMB176	PTO1 的包络步当前计数值
SMB177	保留
SMW178	PTO1 的包络表 V 存储器地址（从 V0 开始的偏移量）
SMB180	线性 PTO1 状态字节
SMB181	线性 PTO1 结果字节
SMD182	指定线性 PTO1 发生器工作在手动模式时产生的频率。频率是一个以 Hz 为单位的双整型值。SMB182 是 MSB，而 SMB178 是 LSB

B.21　SMB200 至 SMB549：智能模块状态

SMB200 至 SMB549 预留存储智能扩展模块的信息，如 EM277 PROFIBUS-DP 模块，参见表 B-20。

表 B-20　特殊存储器字节 SMB200 至 SMB549

模块插槽	模块名称	S/W 修订号	错误代码	模块信息
插槽 0 中的智能模块	SMB200～SMB215	SMB 216～SMB 219	SMW220	SMB222～SMB249

续表

模 块 插 槽	模 块 名 称	S/W 修订号	错 误 代 码	模 块 信 息
插槽 1 中的智能模块	SMB250～SMB265	SMB 266～SMB 269	SMW270	SMB272～SMB299
插槽 2 中的智能模块	SMB300～SMB315	SMB 316～SMB 319	SMW320	SMB322～SMB349
插槽 3 中的智能模块	SMB350～SMB365	SMB 366～SMB 369	SMW370	SMB372～SMB399
插槽 4 中的智能模块	SMB400～SMB415	SMB 416～SMB 419	SMW420	SMB422～SMB449
插槽 5 中的智能模块	SMB450～SMB465	SMB 466～SMB 469	SMW470	SMB472～SMB499
插槽 6 中的智能模块	SMB500～SMB515	SMB 516～SMB 519	SMW520	SMB522～SMB549

附录 C 电源计算

S7-200 本机单元有一个内部电源，它可以为本机单元、扩展模块以及 24VDC 用户供电。利用下面提供的信息作为指导，计算 S7-200 CPU 能够为组态提供多大的功率（或电流）。

C.1 电源需求

每一个 S7-200 CPU 模块都可以提供 5VDC 和 24VDC 电源。

（1）每一个 CPU 模块都有一个 24VDC 传感器电源，它为本机输入点和扩展模块继电器线圈提供 24VDC。如果电源需求超出了 CPU 模块 24VDC 电源的定额，可以增加一个外部 24VDC 电源来供给扩展模块的 24VDC。必须手动连接 24VDC 电源到输入点或继电器线圈。

（2）当有扩展模块连接时，CPU 模块也为其提供 5VDC 电源。如果扩展模块的 5VDC 电源需求超出了 CPU 模块的电源定额，必须卸下扩展模块，直到需求在电源预定值之内才行。

将 S7-200 DC 传感器电源与外部 24VDC 电源采用并联连接时，将会导致两个电源的竞争而影响它们各自的输出。这种冲突的结果会使一个或两个电源缩短使用寿命或立即故障，随后对 PLC 系统进行不可预知的操作。不可预知的操作可以导致人员死亡或重伤，并且/或者损坏设备。S7-200 DC 传感器电源和外部电源应该分别给不同的点提供电源，可以把它们的公共端连接起来。

C.2 计算举例

不同型号 CPU 的供电能力参见表 C-1。

表 C-1 CPU 供电能力

CPU 型号	+5VDC 电流（mA）	+24VDC 电流（mA）
CPU221	0	180
CPU222	340	180
CPU224/224 XP	660	280
CPU226/226 XM	1000	400

数字量扩展模块所消耗的电流参见表 C-2。

表 C-2 数字量扩展模块电流消耗

型　　号	+5VDC 电流（mA）	+24VDC 电流
EM 221 DI 8 x 24VDC	30	4 mA/输入
EM 221 DI 8 x 120/230VAC	30	无
EM 221 DI 16 x 24VDC	70	4 mA/输入
EM 222 DO4 x 24VDC-5A	50	无
EM 222 DO 4 x Relays-10A	40	20mA/输出
EM 222 DO8 x 24VDC	30	无
EM 222 DO 8 x Relays	40	9mA/输出
EM 222 DO 8 x 120/230VAC	110	无
EM 223 24VDC 4 In/4 Out	40	4 mA/输入
EM 223 24VDC 4 In/4 Relays	40	4 mA/输入 9mA/输出
EM 223 24VDC 8 In/8 Out	80	4 mA/输入
EM 223 24VDC 8 In/8 Relays	80	4 mA/输入 9 mA/输出
EM 223 24VDC 16 In/16 Out	160	4 mA/输入
EM 223 24VDC 16 In/16 Relays	150	4 mA/输入 9 mA/输出
EM 223 24VDC 32 In/32 Out	240	4 mA/输入
EM 223 24VDC 32In/32 Relays	205	4 mA/输入 9 mA/输出

模拟量扩展模块所消耗的电流参见表 C-3。

表 C-3 模拟量扩展模块电流消耗

型　　号	+5VDC 电流（mA）	+24VDC 电流（mA）
EM 231 4 Inputs	20	60
EM 231 8 Inputs	20	60
EM 232 2 Outputs	20	70
EM 232 4 Outputs	20	60
EM 235 4 Inputs / 1 Output	30	60

热电阻（TC）和热电偶（RTD）扩展模块所消耗的电流参见表 C-4。

表 C-4 热电阻和热电偶扩展模块电流消耗

型　　号	+5VDC 电流（mA）	+24VDC 电流（mA）
EM 231 TC, 4 Inputs	87	60
EM 231 TC, 8 Inputs	87	60mA

型　　号	+5VDC 电流（mA）	+24VDC 电流（mA）
EM231 RTD, 2 Inputs	87	60
EM231 RTD, 4 Inputs	87	60

智能扩展模块所消耗的电流参见表 C-5。

表 C-5　智能扩展模块电流消耗

型　　号	+5VDC 电流（mA）	+24VDC 电流
EM277	150	视实际情况而定
EM241	80	70 mA
EM253	190	视实际情况而定
CP243-1	55	60 mA
CP243-1 IT	55	60 mA
CP243-2	220	100 mA

下面是一个 S7-200 电源需求量计算的例子，它包括以下模块：

（1）CPU224 AC/DC/继电器；

（2）3 个 8DC 输入/8 继电器输出的 EM223；

（3）1 个 8DC 输入的 EM221。

该配置共有 46 个输入和 34 个输出。在本例中，CPU 模块为扩展模块提供了足够的 5VDC 电源，但是它没有给所有的输入和输出线圈提供足够的 24 VDC 电源。I/O 需要 400 mA，而 S7-200 CPU 只提供 280 mA。此装置需要至少 120 mA 的 24 VDC 附加的电源以操作所有包含的 24 VDC 输入和输出。

在本例中，I/O 需要 270mA 的 5VDC 电源，400mA 的 24VDC 电源，参见表 C-6。CPU 可以为模块提供 660mA 的 5VDC 电源和 280mA 的 24VDC 电源。所以 CPU 模块可以为扩展模块提供足够的 5VDC 电源，但是它没有给所有的输入和输出线圈提供足够的 24 VDC 电源。此系统需要至少 120 mA 的 24 VDC 附加的电源以操作所有包含的 24 VDC 输入和输出。

表 C-6　扩展模块电流消耗

型　　号	+5VDC 电流	+24VDC 电流
CPU224，14 输入		14×4mA = 56mA
3 个 EM223，每个 5V 电源需求	3×80mA = 240mA	
1 个 EM221，每个 5V 电源需求	1×30mA = 30mA	
3 个 EM223，每个 8 输入		3×8×4mA = 96mA
3 个 EM223，每个 8 继电器线圈		3×8×9mA = 216mA
1 个 EM221，每个 8 输入		8×4mA = 32mA
总需求	270mA	400mA

参 考 文 献

[1] 西门子（中国）有限公司自动化与驱动集团. S7-200 可编程序控制器系统手册. 2008.

[2] 西门子（中国)有限公司自动化与驱动集团. S7-200CN 可编程序控制器产品样本. 2012.

[3] 西门子（中国）有限公司自动化与驱动集团. 深入浅出西门子 S7-200 PLC. 北京：北京航空航天大学出版社，2003.

[4] 赵景波. 零基础学西门子 S7-200 PLC. 北京：机械工业出版社，2010.

[5] 宋伯生. PLC 编程理论、算法与技巧. 北京：机械工业出版社，2005.

反侵权盗版声明

电子工业出版社依法对本作品享有专有出版权。任何未经权利人书面许可，复制、销售或通过信息网络传播本作品的行为；歪曲、篡改、剽窃本作品的行为，均违反《中华人民共和国著作权法》，其行为人应承担相应的民事责任和行政责任，构成犯罪的，将被依法追究刑事责任。

为了维护市场秩序，保护权利人的合法权益，我社将依法查处和打击侵权盗版的单位和个人。欢迎社会各界人士积极举报侵权盗版行为，本社将奖励举报有功人员，并保证举报人的信息不被泄露。

举报电话：（010）88254396；（010）88258888

传　　真：（010）88254397

E-mail：　dbqq@phei.com.cn

通信地址：北京市万寿路 173 信箱

　　　　　电子工业出版社总编办公室

邮　　编：100036